U0173508

物联网
与电子商务

INTERNET OF THINGS AND E-COMMERCE

邵泽华·著

中国经济出版社
CHINA ECONOMIC PUBLISHING HOUSE

·北京·

图书在版编目（CIP）数据

物联网与电子商务/邵泽华著 . --北京：中国经
济出版社，2021. 11
　　ISBN 978-7-5136-6735-7

　　Ⅰ.①物… Ⅱ.①邵… Ⅲ.①物联网-研究 ②电子商
务-研究 Ⅳ.①TP393.4 ②TP18 ③F713.36

中国版本图书馆 CIP 数据核字（2021）第 233748 号

责任编辑　　贺　静
责任印制　　巢新强
封面设计　　任燕飞工作室

出 版 发 行　中国经济出版社
印 刷 者　北京力信诚印刷有限公司
经 销 者　各地新华书店
开　　　本　710mm×1000mm　1/16
印　　　张　20.5
字　　　数　315 千字
版　　　次　2021 年 11 月第 1 版
印　　　次　2021 年 11 月第 1 次
定　　　价　128.00 元
广告经营许可证　京西工商广字第 8179 号

中国经济出版社 网址 www.economyph.com **社址** 北京市东城区安定门外大街 58 号 **邮编** 100011
本版图书如存在印装质量问题，请与本社销售中心联系调换（联系电话：010-57512564）

　　商业的产生和发展都与产品的交换和流通等贸易活动相关，产品通过生产领域转入流通领域，最终进入消费领域，达到商业资本获取和商品生产的目的，实现产品的价值。商业贸易包括产品研发、生产、改进、销售、服务和消费等一系列目标具体的活动，商业结构体系、生产经营、营销管理、消费主体等相互联系、相互作用，使商业活动中各种要素之间的关系协调统一，形成商业物联网结构。

　　现代电子网络和通信技术的发展，使商品信息可以通过电子信息代码的方式进行传输，商务物联网历经一代代的变革，也借助电子信息化浪潮飞速发展，形成了以互联网为商品信息传输通道的电子商务物联网。电子商务物联网利用便捷智能的网络信息技术，将商业活动中生产、销售、消费等环节的各要素通过新的方式"联"在一起，提高了商务交互活动的效率和灵活度，符合商业的要求和期待，推动了商业的发展。

　　电子商务物联网依托传统商业物联网发展而来，商业模式和基础设施建设的目的是以满足资本要求、获取商品剩余价值为主，互联网的主要功能在于实现商品信息的传递，其中涉及的商品质量、销售价格、消费者信息安全、税收监管等方面的难题还需进一步探索。

　　现阶段国内外关于电子商务物联网的研究，均将物联网局限于技术层面，认为物联网是利用互联网、局部网络等通信技术将各种物体联系起来的网络，电子商务即可利用该网络实现高效的运营管理。

　　本书描述的电子商务物联网是以物联网理论为基础，将电子商务的运营作为一个整体的"三体系五平台"物联网结构进行研究，指出物联网中用户平台的需求为主导性需求，是物联网的组网和运行的主导者；其他四平台的需求为参与性需求，是物联网的组网和运行的参与者。在此基础上，本书概述了不同时期商务物联网的发展特性，并分析了不同类型的电子商务业务物联网和电子商务监管物联网的组网、结构、信息运行和功能等，明确指出电子商务物联网的发展方向为以消费者为用户的电子商务物联网，消费者的需求应该为电子商务物联网的主导性需求，电子商务物联网为消费者的利益服务。

以《满江红·电子商务》一词引出本书内容：

满江红·电子商务

电子平台，蕴商务，纤纤网络。
如大海，任君遨游，任君游弋。
千种风情随意择，万般颜色凭心酌。
美滋滋，享世界花花，多欢乐。

商似海，心如溪。
风乱舞，舟难泊。
看云腾雾涌，几多轮廓？
国商隐忧民商苦，
何时商海无刹制？
风波里，商户与平台，谁能托？

CONTENTS
目录

第一章

物联网概述

世界万物的本质相通，存在着共同的运行法则，人既循法则而生，却也不愿拘泥其中。那么，"究天人之际"就成为现实世界哲学研究无法回避的基本问题。"天地虽大，其化均也；万物虽多，其治一也。"① 天地万物之间的联系遵循着特定的规律，"时间、空间、信息、能量和物理实体是构成世界的五种要素……时间、空间、信息、能量和物理实体在一定的契机下共同结合，在不同的物理实体上呈现出特定的物理性状，共同构成了以特定方式运动和一定规律运行的世界"②。物联网世界观以时间、空间、信息为构成世界的三系，在三系的支撑下，天地万物以殊途而造化，因循一律而同归，展现出发展繁衍的功能，这些功能是信息在万物上运行所表现出来的状态。万物以信息代码为引，以能量为援，循例而行，互联互通。

"天何言哉？四时行焉，百物生焉，天何言哉？"③ 世界万物遵循的运行规律"天"自不会言明，而《道德经》中则有"人法地，地法天，天法道，道法自然"的模糊阐释。物联网哲学理论从研究信息和物理实体之间的关系着手，以"天人合一"的方式揭示了这一规律的实质："物联网体现的是不同物理实体之间的信息交互关系，反映的是对象为用户的服务。"④ 在能量的作用下，自然信息和社会信息以不同的信息代码为表现形式，在一定的时间和空间内运行于物理实体上，构成了自然物联网和社会物联网，二者各自的功能表现共同构成了人与自然和谐共处的物联网世界。

物联网世界中，信息的存在是客观的，但可被感知的信息则随着感知系统的进化和信息表现形式的增多而发生着量的改变。从人对信息的感知量由少到多渐进发展的角度分析，人类社会管理形态经历了从低级到高级的渐进

---

① 刘文典. 庄子补正 [M]. 昆明：云南人民出版社，1980：372.
② 邵泽华. 物联网——站在世界之外看世界 [M]. 北京：中国人民大学出版社，2017：3.
③ 杨伯峻. 论语译注 [M]. 北京：中华书局，2006：211.
④ 邵泽华. 物联网——站在世界之外看世界 [M]. 北京：中国人民大学出版社，2017：25.

演变。美国著名人类学家路易斯·亨利·摩尔根将人类历史划分为蒙昧社会时代、野蛮社会时代、文明社会时代，这种不同时期的社会管理形态，就是人类在不同发展阶段认识、参与、发现、研究和利用物联网的成果，反映出了人类对自然物联网和社会物联网不同深度的探索。在人类社会的不同发展阶段，人类感知信息的能力存在差异。随着社会的发展，人类感知系统的信息代码接口不断开放，对信息代码的接收敏感度不断提升，可被感知的信息不断增加，人类利用和管理信息的能力也会随之提升，社会物联网也会更加完善。

社会物联网是物联网系统理论中研究的重点。社会物联网强调的是"人本位"精神的实践，以服务用户为宗旨，把建立可靠、有序运行的人类社会活动秩序作为落脚点，从而约束社会活动各参与者的行为，明确其职责、权力范围内的行动原则，进而充分表现各物理实体的功能，建立物与物之间和谐稳定的关联关系。因此，制定合理的社会物联网运行规则成为社会活动各环节有序开展的基本保障。

"社会秩序乃是为其他一切权利提供了基础的一项神圣权利。然而这项权利决不是出于自然，而是建立在约定之上的。"[①] 在卢梭的观念中，"社会秩序"并非出于自然，而是人与人开展社会活动时"约定俗成"的产物。但"社会秩序"形成的根源，是人类更多地由自然人身份向社会人身份转化时产生的关联关系和秩序性社会活动规则，即"原始的自然人之间的自然物联网逐步演变成社会人之间的社会物联网"[②]。这一演化过程以人类不断增多的社会信息交流为基础，既展现了自然运行的规则，也是社会秩序构建的基础框架。

在实现特定功能的完整物联网中，所有的信息以为用户服务为目的而存在，并且信息的运行秉承既定的客观规律，使物联网的功能得到有效实现，冗杂的信息无所立足。"凡事豫（预）则立，不豫（预）则废"[③]，物联网以其信息运行的规律性保证了事物发生、发展次第演进的可预见性，各功能平台以为用户服务作为其出发点和落脚点，遵守信息运行的规则，实现着各自对应的功能。

---

① 卢梭. 社会契约论 [M]. 何兆武，译. 北京：商务印书馆，2003：4-5.
② 邵泽华. 物联网——站在世界之外看世界 [M]. 北京：中国人民大学出版社，2017：15.
③ 朱熹. 四书章句集注 [M]. 杭州：浙江古籍出版社，2014：27.

"物理世界中的所有物理实体都具有相应的功能，其功能是信息在物理实体上运行所表现出来的状态。信息以信息代码为表现方式，伴随能量载体在一定时间和空间内运行，与相应的物理实体发生作用，形成物理实体的功能。所有物理实体的功能总和，构成了纷繁多样的功能世界。"① 无论在自然界还是人类社会，不同的物理实体都有着各自不同的功能作用，物联网以统一的、规律的结构使不同物理实体有序地展现出这些不同的功能，从而保证整个世界的有序运行。"道之所言者一也，而用之者异。"② 物联网结构为规范社会不同领域的管理制度设定了一以贯之的普适性规则。

第一节　物联网的形成

任何物理实体均处于普遍联系的物联网世界中，物理实体之间通过能量承载信息代码，实现彼此信息交互，信息代码成为物理实体相互联系的中介。以辩证唯物主义的理论观之，物理世界的联系并不是具体物理实体的机械堆叠，而是一个在中介作用下有机联系的整体。"一切差异都会在中间阶段融合，一切对立都会经过中间环节而互相转移。"③ 用户和对象物理实体之间的信息传输必须经过"中间环节"的转移才能实现，而"中间环节"的存在正是物联网形成的必需要素。

用户需求的实现，需要特定对象为其服务，用户寻找对象为其服务的过程即物联网形成的过程。物联网中，用户的需求为主导性需求，其在寻求自身需求实现的过程中，形成物联网中的用户平台。用户作为物联网服务的享受者，无须亲自寻找对象，只需有合适的"中间环节"为其提供服务，实现其需求的传达，并为其寻找到满足需求的对象，此"中间环节"即物联网中的服务平台、管理平台和传感网络平台。

用户需求的实现以其需求的对外表达为前提，只有外部相关方准确、及

① 邵泽华. 物联网——站在世界之外看世界［M］. 北京：中国人民大学出版社，2017：3.
② 黎翔凤，撰，梁运华，整理. 管子校注［M］. 北京：中华书局，2004：41.
③ ［德］恩格斯. 自然辩证法［M］. 于光远，等，译编. 北京：人民出版社，1984：84.

时、完整地接收到用户需求，其需求才会有实现的可能。当用户通过相应的网络对外传输和表达自身需求时，该网络便成为物联网中的服务平台。服务平台作为用户平台对外联系和获取服务的必要功能平台，拥有自身的现实需求，并基于实现自身需求的目的，为用户的对外联系和服务获取提供服务通信支撑。但服务平台的需求仅为物联网中的一种参与性需求，它以用户主导性需求为前提，伴随用户主导性需求的实现而实现。

服务平台搭建起了用户与外界他物信息交互的桥梁，但用户通过服务平台成功表达自身需求后，还需有相应的环节实现对用户需求的统筹管理，该环节成为物联网中的管理平台。管理平台也有其自身需求，并在自身需求的推动下，为用户需求的实现提供统筹管理服务，即管理平台通过服务平台获取用户的需求，并遵从用户的意志，为用户寻找满足其需求的特定对象。物联网中，管理平台的需求同样为参与性需求。管理平台凭借为用户主导性需求的实现提供统筹管理服务，从用户平台获得满足自身需求的回报。

管理平台需要通过相应的信息传输方式为用户寻找对象，此信息传输方式即传感网络，由此形成物联网中的传感网络平台。传感网络平台作为物联网中的重要功能平台，能够实现管理平台与对象间的传感通信，但对于二者间的信息交互，其并非提供一种无偿支撑，而是将自身的需求融入其中，通过自身的功能表现从管理平台和对象平台中获得自身需求的满足。

拥有满足用户需求能力的物理实体，通过传感网络平台获得经管理平台发出的用户需求信息。在自身需求的影响下，该物理实体对用户需求的实现做出响应并通过传感网络平台反馈于管理平台。在此过程中，该物理实体形成物联网中的对象平台，并成为用户需求实现的最终执行环节，而对象平台在执行并实现用户需求的过程中，也将获得自身需求的满足。

至此，具有各自需求的用户平台、服务平台、管理平台、传感网络平台和对象平台便形成了。其中，用户平台的需求为主导性需求，服务平台、管理平台、传感网络平台和对象平台的需求为参与性需求。服务平台、管理平台、传感网络平台和对象平台基于各自不同的需求，以推动用户平台的需求实现为共同目标。各功能平台通过有序组合，形成各自需求相互协调与满足的物联网。

第二节　物联网的结构

现今，人们对物联网结构的研究普遍从传感网技术的应用方面着手，而非将物联网视为信息和物理动态交互运行的完整结构。其实，物联网不只是传感网，而是包括传感网在内的一个演化运动着的动态系统，是万物为了相互联系而组织形成的信息交互网络，在自然和社会中广泛存在。"世界上的各种现象就是物联网的功能表现，即信息在物理实体上运行的结果。"①

物联网形成于物理实体之间不同功能信息交互的基础上，随着新型信息技术研发水平的不断提升，各种不同类型的信息分割越发多样化，而为用户提供服务的部门主体分工也更加精细化。在完整的物联网结构中，传感网只是实现物联网内部信息完整交互的一个重要环节，物联网中的不同状态信息的正常运行和多种要素的协调作用需要物联网的完整结构为其提供保障。"失天之度，虽满必涸；上下不和，虽安必危。"② 物联网具体功能的实现需要信息体系和物理体系的相互协调配合，即信息体系中各信息域的信息在物理体系中对应物理层的支撑下才能实现有效传输，并在此过程中表现出相应的功能。

一、物联网信息体系结构

在学者热衷于物联网研究的今天，人们较偏重于具体技术手段和通信方式的实现，缺乏对物联网领域内信息的研究。实际上，物联网不只是关乎信息感知与传输的网络通信技术，而是有着一套完善、自主的信息运行机制的体系结构，即信息体系。

物联网信息体系能够将不同类别的信息加以采集和处理，置于适当的位置并作用于物理实体，进而使其发挥最大功能。物联网中运行的信息具有客观性、真实性、确定性、准确性、完整性、实时性、有效性、安全性、私密

---

① 邵泽华．物联网——站在世界之外看世界［M］．北京：中国人民大学出版社，2017：25.
② 黎翔凤，撰．梁运华，整理．管子校注［M］．北京：中华书局，2004：42.

性以及开放性十个特性①，这些特性在不同的信息运行阶段有着不同的作用，使得物联网中的信息能够客观存在并作用于物理实体，从而真实、准确、完整、系统地反映出客观事物的属性和内容。由此可知，各物理实体之间信息的运行形成了物联网信息体系。

从物联网理论研究着手对信息体系进行解析可知，物联网中千差万别的信息之间存在着相互影响又彼此合作的关系。从自然界到人类社会，各种信息的交互和转化遵循着共同的发展演变规律，特定的信息系统及其子系统的协同作用，使物联网信息体系整合，形成了宏观有序的"五域信息体系结构"，如图1-1所示。该结构包括用户域、服务域、管理域、传感域、对象域五个信息域，且用户、感知服务、控制服务、感知管理、控制管理、感知传感、控制传感和对象八种表现形式的信息分处于五个信息域中，"展现出物联网中信息的构成及其在对象与用户之间转化与循环的运行规律"②。

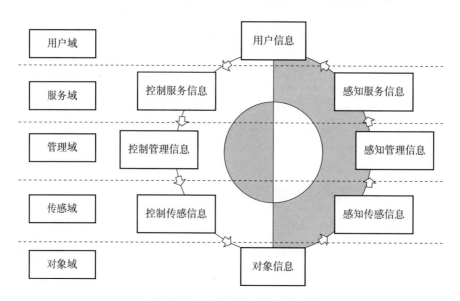

图1-1 物联网五域信息体系结构

物联网信息体系中的五域信息，讲求域内和域外信息的协调运行和协同作用，其均以为用户提供信息服务为导向。用户域的服务需求信息是其他四

① 邵泽华. 物联网——站在世界之外看世界［M］. 北京：中国人民大学出版社，2017：73.
② 邵泽华. 物联网——站在世界之外看世界［M］. 北京：中国人民大学出版社，2017：34.

域信息产生和发展的前提，用户域服务需求的最终执行信息由对象域提供，从而实现物联网信息运行环的首尾相合。

多种事物间的相互联系是物联网形成的基础，这就决定了物联网中各类信息存在庞杂、繁冗、无序的可能。信息遵循从用户到对象的五域信息闭环运行规则，以直接实现物联网为用户服务的职能为根本出发点，抓住了影响服务效率的最主要环节，筛选出符合该职能的有效信息，并按五信息域信息的具体属性要求构成信息体系，准确地找到用户控制信息的执行者，使得物联网中的有效信息能在运行中贯彻始终，排除了不属于五域内信息的干扰，实现了物联网信息资源的最优配置，展现了物联网中不同信息之间高度配合协作的能力。

二、物联网物理体系结构

物联网是由物理实体相互联系组成的信息网络，大量信息在不同物理实体之间交互运行，为用户服务。"物联网信息的运行离不开物理实体，每一信息域的信息运行都有相应物理实体的支撑。"[①] 每一个物理实体都存在于时间系、空间系和信息系中，一切物理实体的信息都有着多方面的属性，在能量的作用下与其他物理实体发生着信息的沟通和交换，保持、发展和实现自我功能。

物理实体的客观存在是物联网中五域信息运行的物理支撑，对应形成五个物理层，即用户层、服务层、管理层、传感网络层和对象层，且每层分别有对应的用户物理实体、感知服务物理实体、控制服务物理实体、感知管理物理实体、控制管理物理实体、感知传感物理实体、控制传感物理实体和对象物理实体，如图1-2所示。

物联网物理体系中的每一物理层均可由一个或多个物理实体组成，在各个不同类型、不同形态、不同状态的物理实体内部和物理实体之间有着统一的联系基础和特定的联系方式。其联系基础是为物联网的用户提供服务，其联系方式则派生于此基础，以为用户提供服务为目标，不断整合和传输相关服务信息，实现彼此联系，从而展现各个物理实体的功能。因此，信息的传递是物理实体存在价值的体现，物理实体则是信息采集、传输、存储、加工、

---

① 邵泽华. 物联网——站在世界之外看世界 [M]. 北京：中国人民大学出版社，2017：35.

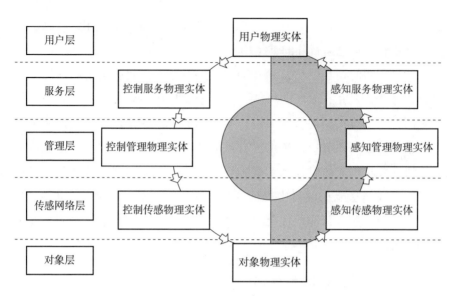

图1-2 物联网五层物理体系结构

应用等管理行为发生的物理基础，也是物联网信息直接联系现实物理世界的桥梁。

三、物联网功能体系结构

物联网功能体系以信息体系和物理体系的融合为基础，即信息体系中各信息域信息在物理体系中对应物理层物理实体支撑下运行，使相应物理实体展现出具体功能，形成物联网的功能体系，如图1-3所示。功能体系是物联网的外在功能表现，呈五平台结构，包括用户平台、服务平台、管理平台、传感网络平台和对象平台。物联网五功能平台均有其特定的功能：用户平台主导着物联网体系的形成，是其他四平台产生和存在的前提和基础；服务平台是用户平台和管理平台的信息传输通道，是用户享受服务的输入输出平台；管理平台是整个物联网体系运作的信息中枢和统筹平台，实现了物联网全部信息的汇总和管理；传感网络平台连接管理平台和对象平台，是对象获取和传送信息的传感通信渠道；对象平台则是用户意志的最终执行平台，通过感知和控制功能，实现为用户服务的功能。

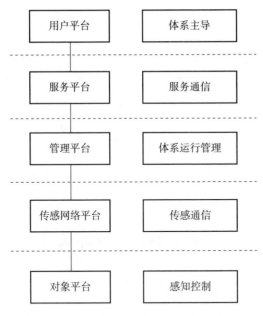

图1-3 物联网五平台功能体系结构

"物的有用性使物成为使用价值。"[①] 任何物理实体的有用性都建立在其能与他物进行信息交换或实体交换的基础上,这种"有用性"即物理实体的功能显现。"交换价值首先表现为一种使用价值同另一种使用价值相交换的量的关系或比例。"[②] 物联网功能体系的形成依赖于构成该物联网的同一物理实体内部或不同物理实体之间的信息交互,即同一物理实体的一种功能部分与另一种功能部分的交换,或一种物理实体的功能与另一种物理实体功能的交换。在物理实体特定功能信息交换的作用下,不同特性和不同功能的信息有了确定的归属,有序、规范地运行和流转于特定的同一或不同物联网中,为其各自的用户提供服务,实现物联网的价值。

四、物联网运行体系结构

物联网中,信息体系在物理体系上运行,形成功能体系,三者共同构成物联网运行体系结构,如图1-4所示。

---

① [德] 马克思. 资本论:第一卷 [M]. 中共中央马克思恩格斯列宁斯大林著作编译局,译. 北京:人民出版社,2004:48.

② [德] 马克思. 资本论:第一卷 [M]. 中共中央马克思恩格斯列宁斯大林著作编译局,译. 北京:人民出版社,2004:49.

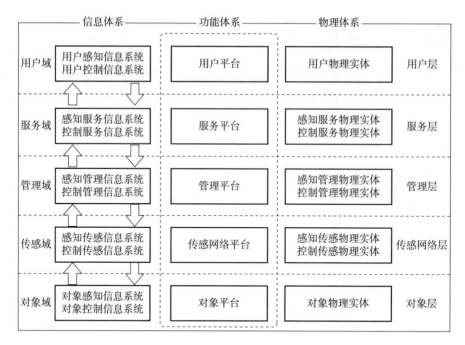

图1-4 物联网运行体系结构

物联网运行体系结构是物联网中信息、物理实体、功能三者构成及相互关系的展现。

信息体系中,各信息域拥有相应的感知信息系统和控制信息系统。这些信息系统作为信息在对应信息域中的运行规则,实现信息在信息域中的接收、识别、加工、传输、存储、发射等一系列有序运行。其中,用户域包括用户感知信息系统和用户控制信息系统,实现用户感知信息和用户控制信息在用户域的有序运行;服务域包括感知服务信息系统和控制服务信息系统,实现感知服务信息和控制服务信息在服务域的有序运行;管理域包括感知管理信息系统和控制管理信息系统,实现感知管理信息和控制管理信息在管理域的有序运行;传感域包括感知传感信息系统和控制传感信息系统,实现感知传感信息和控制传感信息在传感域的有序运行;对象域包括对象感知信息系统和对象控制信息系统,实现对象感知信息和对象控制信息在对象域的有序运行。

物理体系中,物理实体是物联网信息运行的支撑。用户层中,用户物理实体融合了用户感知信息系统和用户控制信息系统,为用户感知信息和用户控制信息的运行提供支撑；服务层中，感知服务物理实体和控制服务物理实体分别融合了感知服务信息系统和控制服务信息系统，为感知服务信息和控制服务信息的运行提供支撑；管理层中，感知管理物理实体和控制管理物理实体分别融合了感知管理信息系统和控制管理信息系统，为感知管理信息和控制管理信息的运行提供支撑；传感网络层中，感知传感物理实体和控制传感物理实体分别融合了感知传感信息系统和控制传感信息系统，为感知传感信息和控制传感信息的运行提供支撑；对象层中，对象物理实体融合了对象感知信息系统和对象控制信息系统，为对象感知信息和对象控制信息的运行提供支撑。

功能体系中，各功能平台形成于对应信息域与物理层的融合，其功能是信息在相应物理实体支撑下运行的外在结果表现。大千世界，万物通过信息交互普遍联系，形成不同类型、不同领域、不同范围的物联网，并且各种物联网均按照相同的物联网运行体系结构运行，表现出各自不同的具体功能。

第三节　物联网的类型

所有的物理实体都处在瞬息万变的物联网世界中，万事万物都与他物发生着联系，"自然界中没有孤立发生的东西。每个东西都作用于别的东西，反过来也这样"①。万物以能量为载体进行信息的传递，建立相互之间的联系，形成具有特定交互关系的物联网。这种交互关系不仅会随着万物的发展演变发生变化，也会随着时间、空间的推移和信息表现形式的改变而发生变化。

根据物理实体之间形成的具体交互关系，物联网有单体物联网、复合物联网和混合物联网三种类型。

一、单体物联网

当物联网中不同物理层的物理实体支撑信息的运行，且各相邻物理层物理实体之间均形成单一的、特定的信息交互关系时，该物联网为单体物联网。"单

---

① ［德］恩格斯．自然辩证法［M］．于光远，等，译编．北京：人民出版社，1984：303.

体物联网是构成物联网世界的基本结构和功能单元"①，其运行体系结构由信息体系、物理体系和功能体系组成，且功能体系中每一功能平台均为单一功能平台，对象与用户之间的信息交互通过信息在五个功能平台之间的依次运行来实现。

物联网旨在通过物理实体之间的信息交互及各运行环节之间的相互协调配合为用户提供服务。世界万物间的联系千变万化、多种多样，不同物理实体间的信息交互形成了具有不同功能表现的物联网。根据其整体结构、信息域信息系统、物理层内部结构完整与否，可将单体物联网分为完整单体物联网和非完整单体物联网。

完整单体物联网在整体结构上，拥有五域信息体系与五层物理体系相互融合而形成的完整五平台功能体系，即拥有确定的用户平台、服务平台、管理平台、传感网络平台和对象平台，通过各功能平台的相互协调为用户提供服务。另外，在功能表现上，完整单体物联网各功能平台的对应信息域均拥有完善的感知和控制信息系统，并且有对应物理层中完整物理实体作为支撑，能够以用户意志为目的，实现信息在各环节有序、有效、安全地接收、处理和发送等一系列完整运行，从而表现出完整的功能。在整体结构、信息系统及物理层内部结构均完整的条件下，单体物联网中的信息将表现出客观性、真实性、确定性、准确性、完整性、实时性、有效性、安全性、私密性和开放性10种特性，而这也是判断单体物联网是否完整的充要条件。

非完整单体物联网是指因整体结构不完整、信息系统不完整或物理层内部结构不完整而不具有完整功能表现的单体物联网。在物联网世界中，信息在不同物理实体的支撑下运行而形成的单体物联网以非完整单体物联网较为普遍。

完整单体物联网和非完整单体物联网均是自然界和人类社会中的客观存在。完整单体物联网中的某些信息系统和物理实体存在于非完整单体物联网之中，非完整单体物联网中的某些信息系统和物理实体也参与构成完整单体物联网。

二、复合物联网

物联网中不同物理层的物理实体支撑信息的运行而形成不同功能平台，当存在某一功能平台由两个或两个以上相同类型的物理实体支撑形成的不同

---

① 邵泽华.物联网——站在世界之外看世界［M］.北京：中国人民大学出版社，2017：41.

分平台组成时，该物联网为复合物联网。

复合物联网包括两个及以上的单体物联网，其五个功能平台中至少有一个功能平台是由两个或两个以上功能分平台组成的复合功能平台，而在复合功能平台中，每一功能分平台均具有类似的功能表现。

以不同的功能平台为基础，复合物联网有五种存在形式，分别为以用户平台为基础的复合物联网、以服务平台为基础的复合物联网、以管理平台为基础的复合物联网、以传感网络平台为基础的复合物联网和以对象平台为基础的复合物联网。不同的复合物联网是不同物理实体之间在特定时间和空间环境下信息交互的客观需求表现。

三、混合物联网

当物联网中包括两个或两个以上单体物联网，且存在某一个或一组物理实体在不同单体物联网中位于不同物理层，承担不同物理支撑职能，从而构成不同功能平台时，该物联网为混合物联网。

根据物理实体支撑不同信息域信息构成对应功能平台的数量，可将混合物联网分为四种形式：物理实体支撑两域信息构成两平台的混合物联网、物理实体支撑三域信息构成三平台的混合物联网、物理实体支撑四域信息构成四平台的混合物联网以及物理实体支撑五域信息构成五平台的混合物联网。

混合物联网体现的是同一物理实体在不同条件下可以支撑不同信息域的信息运行而表现出不同的功能。混合物联网中各物理层的物理实体都有可能在不同物联网中承担不同的物理支撑职能，使混合物联网不断扩展，而混合物联网中的不同单体物联网则可通过这些共同物理实体相互关联，进行资源的相互调用，为各自用户提供更完善的服务。

复合物联网和混合物联网均是由两个及以上的单体物联网单元组成，其功能是各单体物联网功能融合后的总和。因此，复合物联网和混合物联网也有完整和非完整之分。当复合物联网或混合物联网中的某单体物联网为非完整物联网时，该复合物联网或混合物联网就是非完整复合物联网或非完整混合物联网。故而整个世界是完整物联网与非完整物联网的共同结合，完整物联网体现世界的规律性，非完整物联网展现世界的多样性。[①]

---

① 邵泽华. 物联网——站在世界之外看世界［M］. 北京：中国人民大学出版社，2017：128.

第四节 物联网与电子商务

一、社会物联网

物联网普遍存在于自然界和人类社会中。在自然界中，自然物理实体之间的信息交互形成自然物联网；在人类社会中，社会物理实体之间的信息交互形成社会物联网。自然物联网实现自然信息的有序运行，为包括自然人在内的自然物理实体提供在其自然环境中存在的必需法则。但人作为高级智慧生物，自然物联网并不能满足其逐步变广和加深的信息交互需求。在自然人向社会人转变的过程中，社会物联网随之形成。

人类社会活动的主题围绕文化、政治、经济展开。文化是人们在思想、理论、信念、道德、教育、科学、文艺等方面的活动表现及由此形成的人与人之间的相互关系；政治是通过运用公共权力而实现和维护特定阶级和社会利益要求，处理和协调各种社会利益要求的社会关系；经济是在一定的生产资料所有制的基础上进行的生产、交换、分配、消费等活动，以及在这些活动中结成的人与人之间的关系。文化、政治、经济构成人类社会活动的三个基本领域，人们在这三个基本领域中的社会活动对应形成文化物联网、政治物联网、经济物联网等社会物联网，三个基本领域的社会物联网又由许许多多的行业物联网分支组成，各行业物联网的独立与交互运行表现出人们纷繁复杂的社会活动功能现象。

社会物联网作为物联网在人类社会活动中的应用体现，以满足人类日渐增长的物质和精神文化需求为目的。当前，随着人们对物联网及其相关技术的不断深入研究，人类社会正因科技支撑下的物联网应用而逐步向智慧化的时代迈进。从人们赖以生存的衣、食、住、行等最基本需求视之，在这样的一个时代，人们的生产生活活动将发生翻天覆地的变化。

从原始社会的衣不遮体，到现代社会的讲究穿着打扮，"衣"体现着人类文明的发展与进步。注重形象的人，往往对穿着有较高的要求，希望在不同天气、不同心情、不同场合通过不同的服装搭配来包装和表达自我，但往往又因为挑选服饰而烦恼并浪费大量的时间。在物联网应用下的智慧化时代，人们将不再为此而烦恼，智能衣柜将自动感知主人的体型特征，并结合主人的心情、外出的场合和当天的天气，自动为主人挑选出最恰当的服装搭配；当服饰不再合身或者不再被主人喜欢时，智能衣柜也可以根据主人的要求（如价格、款式、材质、用途等），通过网络自动为主人筛选出合适的服饰并且模拟出各种服饰的上身效果，如果主人满意，便可直接购买。除此之外，在物联网应用下的智慧化时代，服装将不再只有遮体御寒、展示形象的传统作用，而是融合了健康监测、保健、位置定位等各种智能化功能的智能服装。例如，智能服装上将设置许多不同类型的传感器以及信号发射装置，在人们穿上智能服装的同时，便可自动实现个人体温、血压、脉搏等身体特征的检测，并可通过传感网络将检测数据传送到健康管理平台，进一步为人们提供健康指导服务；对于老人和儿童而言，装有定位功能的智能服装显得非常适用，通过为老人和儿童穿戴上此类智能服装，家属可以在手机上随时监测到老人和儿童的行踪，并且还可实现异常行踪的及时报警。

"食"是生命得以存在的前提，既为人们提供生存的能量，又能满足人们喜好不一的味蕾。随着人们生活水平的日益提高，食品种类也变得丰富多样，人们在"食"方面所面临的最主要挑战已不再是饥饿，而是日益严峻、危害人们健康的食品安全问题。关于食品安全事件频发的原因，其中非常重要的一点是消费者和管理者都不能准确知晓食品的来源，出现问题时溯源困难，使得制假贩假、制毒贩毒的不法商户有可乘之机。随着物联网应用下的智慧化时代的来临，基于物联网技术的食品溯源体系将逐步出现在消费者的日常生活中，食品安全问题将因此得到很大程度的解决。通过食品溯源体系，人们所吃的食物都将会拥有专属的二维码、RFID 等信息标签。这些信息标签就相当于食品的"身份证"，人们可以通过扫描这些标签了解到食品生产、制造、加工、检测、运输等全生命周期环节的相关信息，这不仅能保障消费者的知情权，还将食品的整个生产经营过程始终纳入有效的监控中，从而保证食品的安全，让人们吃得安心、喝得放心。

随着经济的迅猛发展，人们的物质生活水平得到了前所未有的提高。在"住"方面，人们不仅要求住房本身结构和布局的合理性，还追求居住空间的舒适性。在物联网应用下的智慧化时代，高度智能化和信息化的智能家居将让人享受到舒适的居住生活。当主人起床时，智能照明系统会自动感知主人的起床动作，为主人带来合适的光线感受；当主人准备洗漱时，只需要轻松按下按钮，牙刷、牙膏、水杯便即刻准备妥当；当在外忙碌一天的主人回家时，智能管家系统会根据主人一天的状态，为主人提供最适合的放松模式。当然，主人也可以告诉智能管家系统晚上家里要准备生日宴会，覆盖整个房间的智能墙幕则会自动营造出适合的主题氛围。在智能管家系统的帮助下，主人再也不必为了水电气的缴费而烦恼，它会提前料理好一切，甚至自主为主人节省能源开销；同时主人也不必为出门后家里的安全问题担忧，智能管家系统将协同智能安防系统，全方位保护主人的住宅安全。

人类城市化的发展使人们在城市生活中享受到了许多便捷的生活服务，但与此同时，随着城市人口以及车辆数量的快速增加，各种交通问题也成为制约城市发展的瓶颈。尤其在大城市里，道路交通流量急剧增加，交通拥堵、交通安全、交通违法以及由交通引起的环境污染问题等尤为突出，而传统的修路、扩路等基础建设手段已不足以解决这些问题。因此，"城市交通病"已成为交通参与者和管理者共同的烦恼。在物联网应用下的智慧化时代，智能交通的出现将在很大程度上解决各种交通问题，改善人们的出行体验，优化人们的出行感受，使城市交通的运转更加高效、环保。凭借智能交通物联网，在道路上行驶的机动车以及在道路上安装的指示牌、摄像头、地感线圈等共同组成了交通道路的感知器官，可以实时采集交通道路上的运行状态信息，实现交通运行管理的信息化和智慧化。例如，智能交通管理平台可通过分析收集到的信息，自动控制交通信号灯的切换时间，对交通拥堵进行自动疏导和调节；当人们需要导航时，导航系统能够参照道路地理信息和道路流量情况，给出最佳的行驶路线建议；当某段道路发生交通事故时，车载设备能够实时接收到交通管理平台发出的提示信息，让司机提前规避交通事故可能造成的拥堵；当需要停车时，司机也不必再为找不到停车场而烦恼，车载设备将为其提供附近实时的停车场车位信息；当外出时，人们通过面部识别，就能够轻松完成公交、出租车、地铁、共享单车等出行工具的使用及相关费用的支付等。

二、商务物联网

商务物联网是商务活动参与者以各自需求为目的进行交互所形成的物联

网，体现的是人们在商务活动中形成的商务关系，其本质是通过商务平台对商务对象进行管理，为商务用户提供服务。商务物联网形成于人类商务活动的开端，伴随人类社会的发展而发展，在不同属性的社会中服务于不同的商务用户，体现出不同的社会特征。

1. 以族民为用户的商务物联网

商业起源于商品交换，最初的商品交换形态是"物物交换"。在原始社会，个人承担的劳动生产活动单一，在个人产出的生产和生活资料超出本人所需时，超出部分的产品便成为交换物，被用于与他人生产的产品进行交换，在满足其他个体需求的同时，实现自身对更多产品的需求。

随着原始社会生产工具的改进和生产技术的提高，按血缘关系确定的氏族集体形成，各氏族集体间的社会分工更加明确。原始部落生产产品单一性和需求产品复杂性的矛盾逐渐显现，当某氏族生产的产品超出了本部落的人均需要时，超出部分的产品便转化为交换物，被用于与其他氏族的剩余产品进行交换，以满足各自的生产生活需求。

氏族之间的物物交换行为的常态化，形成了人类社会最古老的商业贸易形式。作为氏族集体的组成者和参与者，族民相应地享有并可使用氏族集体的资源。由此，在原始社会中，以族民为用户的商务物联网便逐步建立起来，如图 1-5 所示。当作为整体的氏族与其他氏族进行物物交换时，氏族甲是商品交换行为发生的主导者，并实际管理着整个产品交换的过程，在该商务物联网中扮演着用户平台、服务平台、管理平台、传感网络平台的角色，氏族乙是交换产品的生产者，在该商务物联网中扮演着对象平台的角色；反之亦然。物物交换的活动行为由部落氏族统一管理，由于氏族内部的一切物资都属族民所有，因而交换所得的产品也由全体族民共享。

2. 以奴隶主为用户的商务物联网

在奴隶制度形成初期，随着原始社会向奴隶社会过渡，原始社会氏族中有着较大领导权的族民首领拥有越来越多的私人财产，逐步掌握了产品交换权，开始根据自身的需求，控制交换物的生产和交易。已经拥有了部分私有财产的积累者凭借资本优势，役使战俘、异族和弱小的无私产劳动者为其生产以交换为目的的商品，从而产生了奴隶制生产方式。商务物联网不再是原始社会时期的简单剩余产品的交换物联网，而是逐渐转变为以获取产品、交

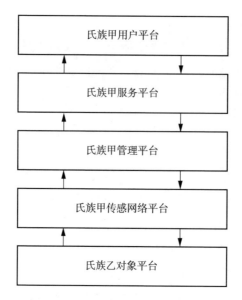

图 1-5　以族民为用户的商务物联网

换利益为目的的商务物联网，即以奴隶主为用户的商务物联网（见图 1-6）。

　　货币的产生和稳定流通将简单的"以物易物"转变为商品和货币的交换，买和卖分裂为两个独立的经济行为。拥有生产资料的奴隶主得以通过买断劳动者的人身自由，迫使其成为奴隶，进而主导社会生产，掠夺奴隶的劳动成果，占有所有商品的交易权，根据自身需求主导商务物联网的建立和运行，与其他拥有商品交易权的奴隶主进行商品交换，分别组成以奴隶主为用户的商务物联网中的用户平台和对象平台。

　　随着中国殷商时期奴隶制度的逐渐完善，在奴隶主用户平台的主导下，形成了一批专门从事商品交换、商业和市场管理服务工作的人，集中进行商品贩运以及交易的管理和联络活动，搭建了以奴隶主为用户的商务物联网中的服务平台、管理平台和传感网络平台，为用户平台和对象平台的奴隶主提供商品贸易管理服务和通信服务，以保障该商务物联网的正常运行。后期商朝灭亡，善于经商的商朝人仍从事往来贸易的中介工作，自此该类人通称为"商人"，扮演着商务物联网中的服务平台、管理平台和传感网络平台的角色，为拥有交易资料的奴隶主甲用户平台提供服务，与奴隶主乙对象平台达成商品交易；反之亦然。

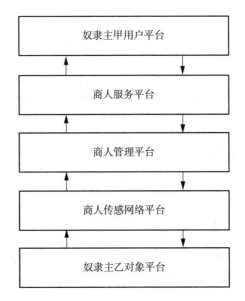

图 1-6　以奴隶主为用户的商务物联网

3. 以封建地主为用户的商务物联网

在奴隶社会向封建社会转变的过程中，商务物联网的发展促进了官僚商人社会地位的提升，在奴隶社会末期，商人能够广泛参与国家军政要务，占据了大量的土地、隶农、生产工具等农业生产资料，成为新兴的特权阶层。因此，在封建社会建立初期，特权阶层为满足其文化、政治、经济的统治需要，便以层层土地分封的方式，占有了绝大部分的农业生产资料，确定了封建地主在商务物联网中的用户平台地位，主导建立起了以封建地主为用户的商务物联网（见图 1-7）。

以封建地主为用户的商务物联网的建立和运行以封建土地所有制为基础，自给自足的自然经济占据了绝对统治地位，但由于地理、气候等因素的影响，生产所得往往难以自给。封建地主为满足自身需求，除了利用土地资源将劳动者对象牢牢束缚在自己的土地上从事农业和手工业生产之外，还需由商人从事"贩运性商业"，与其他土地上的生产者交换所缺必需品。商人在封建地主的主导下，支撑形成商人服务平台、商人管理平台和商人传感网络平台，为封建地主提供商品交易管理和信息联络服务。从事农业和手工业商品生产的劳动者为了获得封建地主私有土地的耕种权，在将绝大多数产品缴纳给封建地主用于交换私有土地耕种权的基础上，留下一部分农副产品满足其自身基本生活需要，另一部分用于买卖，形成为封建地主服务的劳动者对象平台和普通消费者对象平台。以封建地主为用户的商务物联网在封建地主阶级的主导下运行，五平台协同作用，发挥各自功能，为封建地主用户提供服务。

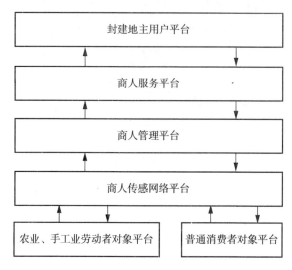

图 1-7　以封建地主为用户的商务物联网

4. 以资本拥有者为用户的商务物联网

到了封建社会晚期，官僚大商人和地主买办在重商政策的影响下，地位逐渐上升，参与了商务物联网的建设，完成了大量的商业资本原始积累，并在此基础上，在一定区域内把所有的大商人组织在同一商业行会内，商谈经营策略和经济走向，制定共同的经济制度，维护自身利益。统治阶级为了获取财政支持、维护统治需求、变革治国策略，联合这些力量壮大起来的商人，进一步肯定和发展了商品经济在社会中的作用，新兴的资产阶级力量随即产生，不断地冲击和瓦解着封建经济体系。这些新兴的资本拥有者进行商业革命，占有了社会上的大部分生产资料，逐渐形成垄断，确立起用户平台地位，主导建立了以资本拥有者为用户的商务物联网（见图 1-8）。

资本拥有者用户平台为了获取更大的利润，采取了加快资本循环流通过程的措施，将产品委托于比自身更熟悉市场和消费者的商人或商业组织进行销售，商务交易平台得以产生，专门为资本拥有者用户平台提供商品买卖的管理和通信服务，支撑以资本拥有者为用户的商务物联网中的商务服务平台、商务交易管理平台、商务传感网络平台的运作。

随着工业革命的开展，产品的生产由手工业生产转变为大机器生产，生产效率大大提高，掌握生产资料的资本拥有者形成了更加庞大和完善的用户平台，不仅丰富了产品的总量，还相对增加了劳动者的收入，提升了消费者的购买力，消费者群体也随之扩大；一些拥有少量私产的小手工业者、小知识分子和小商人可以保持一定的独立性，大多从事小型商务活动，逐渐发展成为从事商品买卖和销售的商户。以资本拥有者为用户的商务物联网中，在资本拥有者用户平台的主导下以及商务交易平台的管理下，消费者所获取的商户商品信息几乎全部来自资本拥有者和商务交易平台，从而导致消费者与商户渐渐失去了联系，商户甚至需要完全依靠商务交易平台替他们联系消费者。于是，商户和消费者必须通过商务交易平台来进行商品交换，均成为以资本拥有者为用户的商务物联网中的对象平台，为满足资本拥有者的利益需求服务。至此，以资本拥有者为用户的商务物联网中的五平台确立，在资本拥有者用户平台的主导下协同运行。

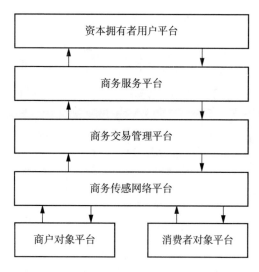

图 1-8　以资本拥有者为用户的商务物联网

5. 以人民为用户的商务物联网

在以人民为用户的商务物联网中，人民当家作主，作为用户平台享受政府和社会提供的公共服务。政府管理平台统筹管理各公共事业的运作，为人民用户提供相关的政府服务，保障人民用户能够享受到基本的社会资源。人民用户平台中的个体若要享受超出政府基础服务的资源，则需通过自己劳动所得的收入换取。在商务物联网中，人民用户平台主导消费，人民用户平台中的个体就作为消费者存在。

一般而言，服务于消费者的商业活动有三种：一是从事商品生产和销售劳动；二是从事商品管理和向消费者转移的劳动；三是从事流通领域中信息传递的劳动。而在以人民为用户的商务物联网中，从事商品生产劳动的是商户，其负责向人民用户提供具体的商品服务，成为该商务物联网的对象平台；从事商品管理和转移劳动的人，被统称为商务交易平台，负责为人民用户统筹管理商品和服务信息，在人民用户的主导下发挥管理平台的功能；从事流通领域信息传递的劳动者，在商务交易平台的统筹管理下承担服务平台和传感网络平台功能，在人民、商务交易平台和商户之间，为该商务物联网提供通信服务。

这些劳动为人民节约了购买商品的精力和时间，减少了相同价值量生产的社会必要劳动时间，劳动者在生产等量商品时也相对地减少了社会劳动的总量，这不仅能使人民获得物质上、精神上的使用价值和价值，还能促进商业劳动和社会生产效率的提升。因此，以人民为用户的商务物联网既能实现商品静态的价值，也能创造商品动态的价值，既能满足用户平台的主导性需求，也能实现其他四平台的参与性需求，是真正为人民服务的商务物联网，如图 1-9 所示。

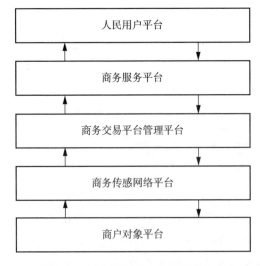

图 1-9 以人民为用户的商务物联网

三、电子商务物联网

1. 电子商务物联网的产生

电子商务物联网是人们通过电子信息代码开展商务交易活动而形成的商务物联网。在人类文明不断进步的过程中，电子信息代码伴随着信息技术的发展而产生，使得可被感知的信息量大大增加，信息传播的距离和范围得到极大扩展，催生了以电子信息代码交互为主的现代通信方式，互联网则是现代通信方式的典型代表。人们将感知控制、存储、大数据等各类技术与以互联网为代表的现代通信技术相结合，建立了以电子信息代码为信息交互媒介的社会物联网，这成为电子商务物联网产生并迅猛发展的前提。

电子商务物联网由传统商务物联网发展演变而来，是传统商务物联网与现代通信技术相结合的产物，是物联网在人类社会活动中的具体应用体现，在较短时间内得到了全世界的持续关注和推广普及。电子商务物联网作为一种全新的商务交易模式，其出现不仅改变了商品零售业传统门店营销的交易模式，而且引发了物流行业结构的大规模调整和变革，极大地方便了人们的日常生活，并成为国内、国际商品贸易市场持续发展繁荣的中流砥柱，是国家间综合国力竞争的重要方面。

2. 电子商务物联网的类型

电子商务物联网的特点在于商务活动各参与方以电子信息代码交流的方式代替了传统的现场面对面交流，破除了商品和服务贸易的时空限制，实现了传统贸易流程的电子信息化转变。商户和消费者可以在互联网等现代通信技术的支持下，通过商务交易平台管理平台进行交流，形成跨时空的信息沟通，这便简化了商品和服务贸易的资源整合流程，大大提高了商务交易的效率。

电子商务物联网不仅是物联网的应用，更是相关企业商务活动和管理模式的创新，涵盖了消费者、商户、商务交易平台运营商等商务活动参与者及生产企业、物流企业、应用系统终端开发商、网络运营商、政府等相关方的需求，为社会各种经济要素的融合提供了更多的可能。

电子商务交易活动中，消费者、商户、商务交易平台运营商和互联网在各自需求的主导下，为实现有效的商务交易活动，形成电子商务业务物联网

（简称"业务网"）。同时，为保障人民的商务交易活动，政府在人民的授权下构建了电子商务监管物联网（简称"监管网"），对业务网的运行进行监管，以维护社会稳定、保障人民利益。由此，共形成七种不同类型的电子商务物联网：①以商户为用户的电子商务物联网；②以商务交易平台和商户为双用户的电子商务物联网；③以商务交易平台为用户的电子商务物联网；④以商务交易平台、商户和消费者为三用户的电子商务物联网；⑤以商务交易平台和消费者为双用户的电子商务物联网；⑥以商户和消费者为双用户的电子商务物联网；⑦以消费者为用户的电子商务物联网。

物联网中，用户是整个物联网服务的享受者，其需求作为主导性需求，是管理平台运营管理的目标指引；其余四平台的需求为参与性需求，在为用户提供服务的同时实现。对于不同类型的电子商务物联网，其主导性需求因用户的不同而不同，这便形成了各类型电子商务物联网服务宗旨和运营管理策略的差异性，其功能表现也随之变化。

第二章

以商户为用户的
电子商务物联网

第一节　以商户为用户的业务网的形成

一、商户用户平台的形成

1. 商户的需求

社会活动中，人们供需关系的交互形成了商务物联网。商户凭借商务经营活动的开展，获得相应的经济收益，期望实现自身利润最大化。

（1）拓展商品市场范围的需求

传统商务通常是商户与消费者之间的现场信息交互活动，商户商品市场范围通常局限在某一地域内，市场的供应总量不断接近市场的潜在需求，特定商品的销售市场通常处在饱和状态，制约着商品销售量的提升。商户商品经营利润最大化的实现，需要其拓展更大的商品市场范围。

（2）扩大消费者规模的需求

传统商务活动中，商户商品信息只能辐射周边有限的消费者市场，现有消费者群体规模较小，购买力不足；同时，商品信息不利于向更多消费者展示，无法激发潜在消费者的购买欲望，导致商品销量有限。商户商品经营利润最大化的实现，需要扩大消费者规模，以增加商品销量。

（3）提高商品销售效率的需求

传统商务活动中，商品往往需要多级分销，才能实现商品信息向各地消费者的传输。商品信息的逐级传输需要消耗大量时间，速度慢、效率低，制约了商品的销售效率。商户商品经营利润最大化的实现，需要提高商品的销售效率。

（4）降低商品经营成本的需求

经营成本方面，商户商品销售利润的实现受到基础设施投入、人力投入、库存投入及行政审批等成本的制约。

在基础设施投入上，传统商务活动的开展往往对经营场所基础设施具有较强的依赖性，如销售店铺、仓储设施、商品展示厅等，通常是实体商务得以有效开展的支撑，而这些基础设施的建设需要商户投入较多的资金。

在人力投入上，除了人员管理、恢复人员生产力等必需的投入外，传统商务活动的开展（如零售店铺）依赖现场工作人员的宣传、推销与服务，这又将增加不少人力成本。

在库存投入上，传统商务活动需要有一定的商品库存量，以满足消费者对不同款式、不同规格商品的需求，这使得传统商务活动受季节性和商品流行性影响较大。一旦出现商户投资或判断偏差，很容易出现库存积压，造成经营资金周转紧张。

在行政审批投入上，为保证商户的合法经营，商户经营活动的开展必须经过工商、税务等部门的一系列登记和审批，并取得相应的营业执照、公章等，而商户在商务经营活动烦琐的手续办理过程中，不仅需要花费资金成本，往往还需要花费较长的时间。

此外，一些商户为突破地域的限制、提升销售业绩、扩大品牌影响力，会在各地区设店经营，凭借经营店铺的数量优势争取更多的消费者，但商户的人力、物力经营成本也必然随之提高。

传统商务活动中较高的经营成本限制了商户经营利润的获取，商户为实现商品经营利润最大化，需要在基础设施、人力、库存、行政审批等方面尽可能地压缩成本。

2. 商户用户平台需求主导下的组网

社会经济发展推动着人们的物质需求及消费能力不断提高，为商户带来了巨大的商机。一方面，以互联网为代表的电子信息技术的产生和发展，为人们社会活动提供了便捷、高效、远距离的信息交互方式；另一方面，人们逐渐从互联网的应用带来的各种信息管理服务中发现新的商机，逐步具备业务网的组网条件。

商户的需求是业务网组网的原动力，也是业务网的主导性需求。商户在自身经营利润最大化需求的主导下，发起业务网的组网，形成业务网中的用户平台（见图2-1），以期通过业务网的运行，实现商品更广、更快、更多和更低成本的销售。

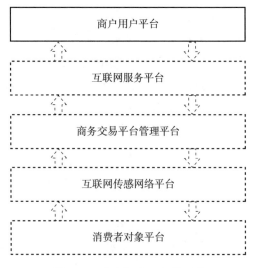

图 2-1　商户用户平台的形成

二、互联网服务平台的形成

1. 互联网服务网络运营商的需求

互联网的本质是一种信息传输工具，快捷、高效、开放、远距离传输是其最大优势。信息从网络的一端发起，能够在以秒计算的短时间内迅速传播到覆盖范围内的每一个角落，使整个世界成为一个信息地球村。

互联网由相应的服务网络运营商维护管理，不同地区的企业、社会团体、组织和个人在产生互联网使用需求时，需要依靠相应的服务网络运营商为其提供互联网的接入服务。服务网络运营商将互联网的接入服务作为一种商业业务，从各互联网使用者处获得相应的收益。从商务的角度出发，服务网络运营商希望能够为更多的人提供互联网的接入服务，在实现自身网络运营业务规模不断发展壮大的同时，获得更多的业务收益。

2. 互联网服务平台需求驱动下的参网

人类的一切社会活动均是信息传输的过程，社会活动越复杂，传输的信息内容就越丰富，而传输的信息内容越丰富，表明活动达成的难度就越大。互联网出现的意义正是在于将原本基于各种传统媒介的高成本、低速度、小信息量、窄覆盖的信息传输过程转变为低成本、高速度、大信息量、广覆盖的信息传输过程，从而极大地提高信息传输的效率，提升人类各项活动的达成率。

商户在经历传统商务活动中相对低效率、小信息量、窄覆盖、高成本的信息传输过程后，需要凭借互联网的应用，实现其商品信息的电子信息代码转化，进而实现商品信息高效率、大信息量、广覆盖、低成本的传输。互联网服务网络运营商的商业利益需求与商户的主导性需求相匹配，是业务网中的一种参与性需求。在该参与性需求的驱动下，互联网参与业务网组网，形成互联网服务平台，如图 2-2 所示。互联网服务网络运营商为商户经营活动提供互联网服务通信支撑，实现业务网的运行，获得相应的经济收益。

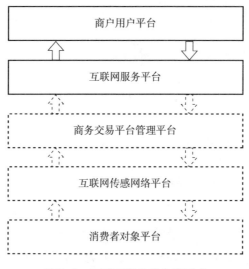

图 2-2　互联网服务平台的形成

三、商务交易平台管理平台的形成

1. 商务交易平台运营商的需求

商务交易平台运营商主要从事商品买卖的流通活动，拥有敏锐的商业嗅觉和市场洞察力，能够通过对人们社会活动中各种社会关系的解读，发现并把握相应商机，最终通过实现相关方的需求而赢得自身的商业价值。

在社会活动的参与过程中，创造商业价值和利润是商务交易平台运营商的重要需求。互联网的发展和应用，为商品的高效流通提供了便利条件，激发了商务交易平台获取更大利润的意愿。

2. 商务交易平台管理平台需求驱动下的参网

互联网服务平台的形成，为商户用户平台提供了创新商务经营模式的可能。商户用户平台希望通过网络扩大经营销售范围，提升商品销售效率，降低经营成本，提高品牌影响力，从而获得更多经济收益。商务交易平台运营商知悉商户用户平台需求后，发现自身利益获取的需求与商户用户平台的需求相匹配，于是在自身利益需求的驱动下，参与业务网的组网，为商户商品网络销售提供统筹管理服务。商务交易平台运营商自身利益获取的需求，成为该业务网中的一种参与性需求。

商务交易平台运营商拥有丰富的资源和强大的市场宣传开拓能力，与广大商户建立联系并达成合作协议，由其搭建形成商务交易平台管理平台（见图2-3），为商户的商务经营提供统筹管理服务，帮助商户寻找世界范围内的潜在消费者，实现商品跨空间、全时段、高效率和低成本的销售。商务交易平台通过提供管理服务，从商户用户平台获取相应报酬，以实现自身的利益需求。

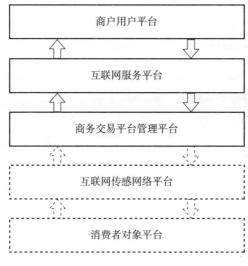

图 2-3　商务交易平台管理平台的形成

四、互联网传感网络平台的形成

1. 互联网传感网络运营商的需求

互联网的出现让人们可以通过电子信息代码的形式，实现信息快速、高效和大范围的传输与交互。传感网络运营商凭借为人们的社会活动提供互联网传感通信方式，获得相应的经济收益。

传感网络运营商希望自身运营网络拥有更多的使用者，以获得尽可能多的经济收益。

2. 互联网传感网络平台需求驱动下的参网

商务交易平台管理平台在对商户用户平台商品信息的统筹管理中，需要通过相应的传感通信方式为商户用户平台寻找到目标消费者，并促成二者间商品交易的达成，实现商户的商品销售。互联网传感网络运营商在自身需求的驱动下，借此商机参与业务网的组网，为业务网提供互联网传感通信支撑。

互联网作为传感网，形成业务网中的互联网传感网络平台（见图2-4），实现商户用户平台商品信息有序、高效、实时地向消费者传输，促进商品交易的达成；同时实现消费者商品需求信息向商务交易平台管理平台的传输，帮助商户用户平台更好地了解市场，促进商品更好地销售。互联网传感网络运营商的需求是业务网中的一种参与性需求，与商户用户平台的需求相匹配。互联网传感网络运营商在参与业务网的运行、实现商户用户平台主导性需求的过程中，获得相应的经济收益。

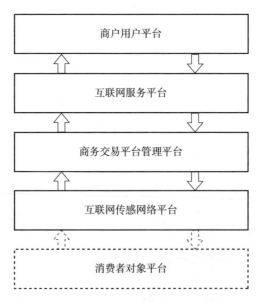

图2-4　互联网传感网络平台的形成

五、消费者对象平台的形成

1. 消费者对象平台的需求

社会活动中，每一个人都有相应的生产、生活资料需求，并在获取生产、生活资料的过程中成为消费者。传统商务模式中，消费者的购物消费行为发生于实体商店，对商品的选择和购买会占用消费者大量的时间和精力。

随着社会文明的发展，消费者除对物质本身的需求不断提升外，对方便、快捷的购物方式的需求也不断增强，希望足不出户便能够浏览和购买各类所需商品，获得更舒适的消费体验。

2. 消费者对象平台需求驱动下的参网

互联网的快速发展与普及，吸引和聚集了来自世界各地的数量迅猛增加的互联网使用者，不同的互联网使用者在互联网海量的信息资源库中各取所需、各得其所。互联网使用者作为消费者群体的组成部分，具有方便、快捷地获取生产和生活资料的现实需求。随着商户用户平台、互联网服务平台、商务交易平台管理平台和互联网传感网络平台的形成，这一需求的实现逐渐成为可能。

消费者在方便、快捷地获取生产和生活资料需求的驱动下，参与业务网的组网，形成消费者对象平台，如图 2-5 所示。消费者对象平台的需求是该业务网中的一种参与性需求，与商户用户平台的主导性需求相匹配。消费者对象平台在通过购买商品来实现商户用户平台主导性需求的同时，自身方便、快捷地获取生产和生活资料的需求也得到满足。

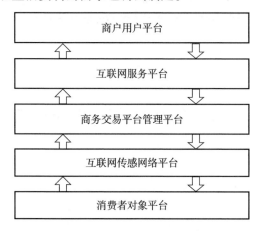

图 2-5 消费者对象平台的形成

六、业务网的整体形成

从商户用户平台在自身需求主导下发起组网，到互联网服务平台、商务交易平台管理平台、互联网传感网络平台和消费者对象平台在各自需求驱动下参与组网，各功能平台凭借各自需求的相互匹配与满足而有序组合，在整体上形成以商户为用户的业务网。

该业务网中，商户用户平台的需求为主导性需求，是业务网形成的决定性因素；其他各功能平台的需求为参与性需求，是各功能平台参与组成业务网而为商户用户平台主导性需求的实现服务的动因。各功能平台通过有序协同，在实现商户用户平台主导性需求的同时，使得自身的参与性需求得到满足。

以商户为用户的业务网的形成，开辟了一种全新、高效的商务模式。该商务模式将存在于零售商店、大型超市、工厂仓库等货架上的商品信息转化为电子信息代码，并为其提供方便合理的存储、检索、反馈、再加工方式，从而提高了商务活动中信息传播的效率，进而提升了整个商务活动的效率。在互联网等电子信息技术的支撑及商务交易平台管理平台的统筹管理下，传统商务物联网中的部分商人实现了向电子商务商户的转变，并成为业务网中的用户，凭借业务网的运行，实现其商品快速、高效、广范围、低成本营销并获利的需求。与此同时，商务交易平台运营商通过为各商户提供管理服务，从商户处获得相应报酬；广大的消费者在实施各自购物消费行为而最终使商户商品经营目的达成的过程中，自身对方便、快捷的物质获取方式的需求也得到满足；互联网运营商凭借为业务网提供服务通信和传感通信功能支撑，获得相应的通信服务收益。

第二节 以商户为用户的电子商务物联网的结构

一、业务网的结构

在商户需求主导下，商户、商务交易平台运营商、消费者凭借互联网服务通信和传感通信的支撑，形成以商户为用户的业务网，其结构如图 2-6 所示。

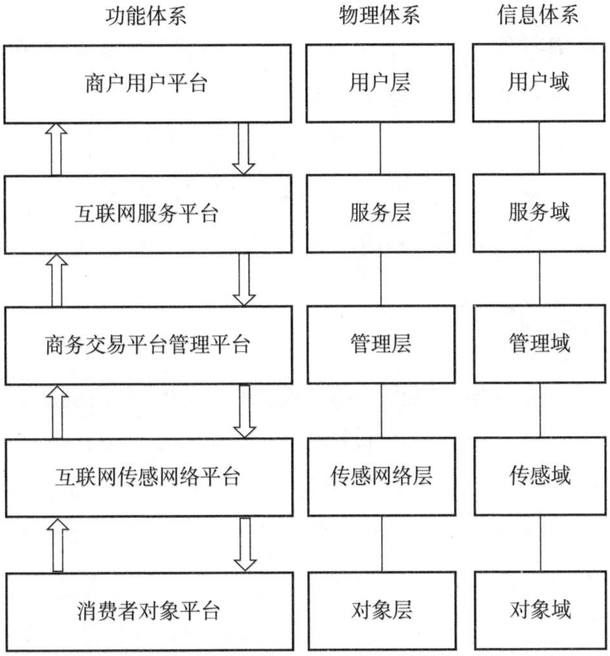

图 2-6

功能体系	物理体系	信息体系
商户用户平台	用户层	用户域
互联网服务平台	服务层	服务域
商务交易平台管理平台	管理层	管理域
互联网传感网络平台	传感网络层	传感域
消费者对象平台	对象层	对象域

图 2-6 以商户为用户的业务网的结构

以商户为用户的业务网由信息体系、物理体系和功能体系组成，信息体系在物理体系上运行形成功能体系。其中，功能体系是该业务网中各种商务信息有序运行的外在功能表现，由商户用户平台、互联网服务平台、商务交易平台管理平台、互联网传感网络平台和消费者对象平台组成。

商户用户平台对应于信息体系中的用户域和物理体系中的用户层，由用户域中商户用户感知与控制信息在用户层中商户互联网终端支撑下运行，实现对整个业务网的体系主导。

互联网服务平台对应于信息体系中的服务域和物理体系中的服务层，由服务域中互联网网络运营商感知服务与控制服务信息在服务层中互联网服务通信服务器支撑下运行，实现业务网中商户用户平台与商务交易平台管理平台间的商务信息交互。

商务交易平台管理平台对应于信息体系中的管理域和物理体系中的管理层，由管理域中商务交易平台运营商感知管理与控制管理信息在管理层中商务交易平台管理服务器支撑下运行，实现对整个业务网的体系运营管理。

互联网传感网络平台对应于信息体系中的传感域和物理体系中的传感网络层，由传感域中互联网网络运营商感知传感与控制传感信息在传感网络层中互联网传感通信服务器支撑下运行，实现业务网中商务交易平台管理平台与消费者对象平台间的商务信息交互。

消费者对象平台对应于信息体系中的对象域和物理体系中的对象层，由对象域中消费者对象感知与控制信息在对象层中消费者互联网终端支撑下运行，实现业务网的感知与控制功能。

二、监管网的结构

在涵盖整个社会文化、政治、经济的社会物联网中，政府作为总管理平台，围绕作为用户的人民的需求表现出其统筹管理功能。在社会物联网的运营管理中，政府管理平台始终致力于为人民营造一个富强、民主、文明、和谐、美丽的生活环境，满足人民获得具有幸福感的服务享受的需求。

随着以商户为用户的业务网的形成，作为整个社会物联网管理平台的政府部门，从维护社会稳定、保障人民大众利益的角度出发，需对该物联网的运行实施相应的监管。由此，在以商户为用户的业务网基础上，形成了监管网，如图 2-7 所示。

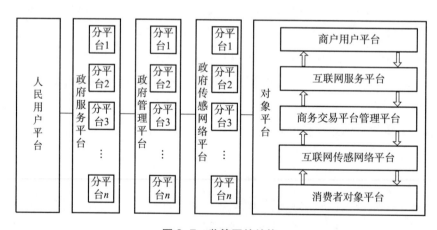

图 2-7　监管网的结构

该监管网在结构上是以人民用户平台为基础的复合物联网，其功能体系由人民用户平台、政府服务平台、政府管理平台、政府传感网络平台以及监管对象形成的对象平台组成，其中各平台的功能包括以下几个方面。

人民用户平台由作为整体的人民大众形成，凭借政府管理平台的统筹管理，获得舒适的文化与物质服务。

政府服务平台由政府服务部门或机构形成，不同业务领域的政府服务部门或机构形成其中的不同服务分平台，为人民用户平台提供不同的政府服务。例如，工商行政服务部门形成工商行政服务分平台，为人民用户平台提供涉及市场管理、商标管理等方面的服务；质量技术监督服务部门形成质量技术监督服务分平台，为人民用户平台提供产品质量责任问题方面的服务；法务服务部门形成法务服务分平台，为人民用户平台提供各类司法服务。

政府管理平台由政府管理部门或机构形成，不同业务领域的政府管理部门或机构形成其中的不同管理分平台，开展不同的电子商务监督统筹管理工作。例如，工商行政管理部门形成工商行政管理分平台，开展市场管理和商标管理工作，对制假、售假、价格欺诈等各种违法经营行为进行查处；质量技术监督管理部门形成质量技术监督管理分平台，对生产、流通领域的产品质量开展监督检查，并对生产、销售伪劣商品的行为予以查处；税务管理部门形成税务管理分平台，依法开展税务征收管理工作。

政府传感网络平台由政府管理平台与对象平台间采取的监督管理传感通信方式形成，不同传感通信方式（可以是电子网络、纸质文件或者具体人员的现场传达等）形成不同传感网络分平台，实现相应政府管理分平台与对应监管对象平台间的传感通信，包括同一政府管理分平台与不同监管对象分平台间的传感通信、不同政府管理分平台与相同或不同监管对象分平台间的传感通信。例如，税务管理分平台需与不同监管对象分平台建立相应的税收监管传感通信机制，而某一监管对象分平台在接受税务监督管理的同时，也可能接受工商行政、质量技术监督、法务等管理分平台的监管而与之建立不同的传感通信机制。

对象平台则由以商户为用户的业务网中的各功能平台形成。该业务网中的不同功能平台均为政府监管对象，形成不同的对象分平台。各对象分平台在政府监督管理下，于业务网中开展各自的商务业务。

第三节 以商户为用户的电子商务物联网的信息运行

一、业务网的信息运行

以商户为用户的业务网凭借信息在各功能平台间的有序运行，实现电子商务各参与方之间有效的商务交易活动，并在此过程中使各功能平台的需求得到满足。

以商户为用户的业务网中，商户与消费者之间商务交易活动的完整呈现涉及两部分信息运行过程，即商品营销的信息运行过程和商品订单发货的信息运行过程。

1. 商品营销的信息运行过程

以商户为用户的业务网中，商品营销的信息运行过程是指商户基于对消费者需求、消费能力等信息的把握，在商务交易平台管理平台的统筹管理下，有计划地组织其商品信息向消费者营销展示的过程，包括消费者商品消费需求感知信息的运行过程和商户商品营销控制信息的运行过程。

（1）消费者商品消费需求感知信息的运行过程

消费者商品消费需求感知信息的运行过程是作为用户的商户获取消费者商品消费需求信息的过程。在以商户为用户的业务网商务模式下，其商户用户为了促进商品销售、实现自身的盈利，在制定相关市场营销决策时，必然需要着重考虑消费者市场特点，以大量的市场信息作为决策依据。

以商户为用户的业务网中，不同消费者的商品消费需求信息即为商户需要获取和了解的市场信息。这些商品消费需求信息以感知信息的形式呈现，并在商务交易平台管理平台的统筹管理下，依次经互联网传感网络平台、商务交易平台管理平台、互联网服务平台，实现由消费者对象平台向商户用户平台的运行，如图2-8所示。

（2）商户商品营销控制信息的运行过程

以商户为用户的业务网中，商户用户需对市场供需拥有较强的洞察能力和匹配能力，能快速发现消费者的消费特点并引导消费者的消费行为，这是其在电子商务交易活动中占据主导地位的关键。凭借商务交易平台管理平台

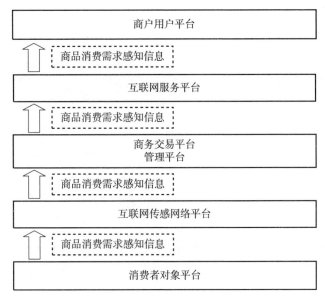

图 2-8　消费者商品消费需求感知信息的运行过程

对消费者消费需求感知信息的梳理，商户从消费者的商品搜索、消费记录、账号注册等信息中获取不同消费者的个人需求信息，洞悉不同消费者的消费习惯，并据此制定适当的营销策略，使商品营销宣传能够更加明确，更贴近消费者需求，从而获得控制消费者消费行为的主动权。

以商户为用户的业务网中，商户商品营销控制信息的运行过程即商户通过互联网服务平台、商务交易平台管理平台、互联网传感网络平台将其各种商品营销信息以控制信息的形式传输给消费者对象平台，以吸引、控制消费者购物消费的信息运行过程，如图 2-9 所示。

以商户为用户的业务网中，消费者商品消费需求感知信息的运行过程与商户商品营销控制信息的运行过程构成商品营销的信息运行闭环，实现商户用户对消费者对象消费需求和消费行为的有效掌握和控制。

2. 商品订单发货的信息运行过程

以商户为用户的业务网中，商品营销的信息运行过程实现了商户销售商品向消费者的有效推介，但商品销售的完成还需有商品订单发货的信息运行过程。商品订单发货的信息运行过程是商户用户平台根据消费者对象平台商品订单信息向消费者对象平台发送商品的信息运行过程，包括消费者商品订单感知信息的运行过程和商户发货控制信息的运行过程。

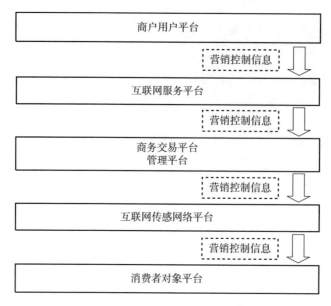

图 2-9　商户商品营销控制信息的运行过程

（1）消费者商品订单感知信息的运行过程

消费者商品订单感知信息的运行过程是指消费者确定需求商品，生成商品订单信息，并以感知信息的形式依次通过互联网传感网络平台、商务交易平台管理平台、互联网服务平台传输给商户的过程，如图 2-10 所示。

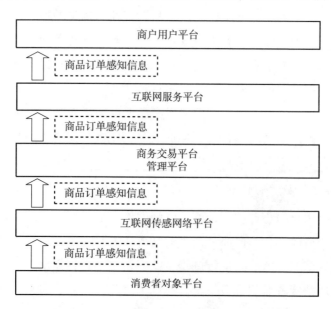

图 2-10　消费者商品订单感知信息的运行过程

在消费者商品订单感知信息的具体运行过程中，消费者在本身消费需求及商户商品营销控制信息的促进下实施消费行为，完成商品下单支付并生成商品订单感知信息。消费者商品订单感知信息包括所购商品类别、型号、款式等商品信息，支付方式、支付时间、支付金额等支付信息，以及收货人姓名、收货地址、联系电话等收货人信息。凭借互联网传感网络平台的传感通信支撑，消费者将商品订单感知信息传输到商务交易平台管理平台。商品订单感知信息经商务交易平台管理平台分析处理后，通过互联网服务平台实现向对应商户用户平台的进一步传输，最终完成整个信息运行过程。

（2）商户发货控制信息的运行过程

商户发货控制信息的运行过程是指商户向消费者发送其订单商品，并将发货控制信息依次通过互联网服务平台、商务交易平台管理平台、互联网传感网络平台传输给对应的消费者对象平台，由消费者对象平台确认收货的过程，如图2-11所示。

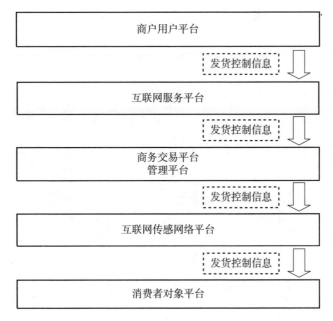

图2-11　商户发货控制信息的运行过程

在商户发货控制信息的运行过程中，商户在接收到消费者商品订单感知信息后，根据消费者提供的收货地址、联系方式等信息，向消费者发送商品并将发货控制信息通过互联网服务平台传输至商务交易平台管理平台；商务交易平台管理平台通过相应的物流系统对商品物流信息进行实时跟踪和上传，并经互联网传感网络平台将商品物流信息传输给对应的消费者对象平台。在整个信息运行过程中，发货信息以控制信息的形式呈现，并最终由消费者执行，确认收货，完成商户发货控制信息的运行过程。

以商户为用户的业务网中，消费者商品订单感知信息的运行过程和商户发货控制信息的运行过程构成商品订单发货的信息运行闭环。该闭环信息运行过程的完成，最终实现了商户的商品销售获利，其他各功能平台也在此过程中通过不同的功能表现实现了各自的需求。

二、监管网的信息运行

监管网中，政府管理平台在人民用户平台的授权下对以商户为用户的业务网中的各功能平台开展相应的监督管理工作，以维护社会稳定、保障人民利益。

在监管网的运行中，人民用户平台在政府服务平台、政府管理平台和政府传感网络平台的中间衔接下与作为被监管对象的商户用户平台、互联网服务平台、商务交易平台管理平台、互联网传感网络平台和消费者对象平台之间分别形成不同的信息运行过程。

1. 监管商户用户平台的信息运行过程

监管商户用户平台的信息运行过程是政府管理平台针对监管对象平台中商户用户平台的经营行为开展监督管理工作而形成的信息运行过程，如图 2-12 所示。

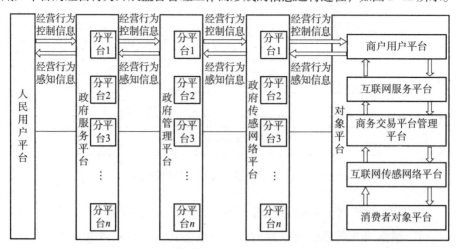

图 2-12 监管商户用户平台的信息运行过程

监管商户用户平台的信息运行过程包括商户用户平台经营行为感知信息的运行过程和商户用户平台经营行为控制信息的运行过程。

在商户用户平台经营行为感知信息的运行过程中,商户用户平台作为被监管对象,其经营行为信息以感知信息的形式经相应的政府传感网络分平台传输至对应的政府管理分平台。例如,商户通过营业执照的办理将其商店或企业名称、地址、负责人、资金数额、经济成分、经营范围、经营方式、从业人数、经营期限等经营行为信息以电子或纸质材料的方式告知当地工商行政管理部门,由工商行政管理部门进一步审核处理。

相应的政府管理分平台对商户用户平台经营行为感知信息进行处理后,再通过相应的政府服务分平台,向人民用户平台传达监管对象平台中商户用户平台的经营行为信息,由此完成商户用户平台经营行为感知信息的运行过程。例如,人民大众可通过相应的政府服务网站查阅商户的营业执照、征信、工商行政处罚、法律纠纷等信息。

在商户用户平台经营行为控制信息的运行过程中,相应的政府管理分平台通常会在人民用户平台的授权下,直接根据获取到的监管对象平台中商户用户平台的经营行为感知信息开展相应的控制管理工作。政府管理分平台生成商户用户平台经营行为控制信息,并通过相应的政府传感网络分平台向商户用户平台传达,商户用户平台再根据控制信息的内容执行相应的经营行为。例如,工商行政管理部门会在发现管辖地某商户用户平台有违法违规行为时,通过相应的方式对该商户用户平台进行处罚,以纠正其违法经营行为。

2. 监管互联网服务平台的信息运行过程

监管互联网服务平台的信息运行过程是政府管理平台针对监管对象平台中互联网服务平台的服务通信运营行为开展监督管理工作而形成的信息运行过程,如图 2-13 所示。

监管互联网服务平台的信息运行过程包括互联网服务平台服务通信运营行为感知信息的运行过程和互联网服务平台服务通信运营行为控制信息的运行过程。

在互联网服务平台服务通信运营行为感知信息的运行过程中,互联网服务平台的服务通信运营行为信息以感知信息的形式,通过相应的政府传感网络分平台传输至对应的政府管理分平台;政府管理分平台对互联网服务平台

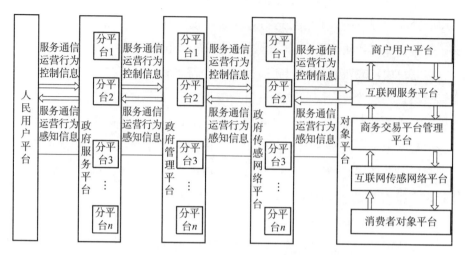

图 2-13　监管互联网服务平台的信息运行过程

的服务通信运营行为感知信息进行分析处理后，再通过相应的政府服务分平台将该感知信息传输给人民用户平台，从而完成互联网服务平台服务通信运营行为感知信息的运行过程。例如，国家网信部门通过相应传感通信方式获取互联网服务平台运营安全感知信息，并通过其服务网站告知大众。

在互联网服务平台服务通信运营行为控制信息的运行过程中，相应的政府管理分平台在人民用户平台的授权下，直接对互联网服务平台进行控制管理。政府管理分平台根据获取到的互联网服务平台服务通信运营行为感知信息生成运营行为控制信息，再通过对应的政府传感网络分平台传输到互联网服务平台，由互联网服务平台按要求执行运营行为。例如，国家网信部门在发现互联网服务平台出现安全漏洞或异常时，通过相应的传感通信方式要求互联网服务平台采取有效措施修复安全漏洞或解决问题，以保障服务通信网络运营安全。

3. 监管商务交易平台管理平台的信息运行过程

监管商务交易平台管理平台的信息运行过程是政府管理平台针对监管对象平台中商务交易平台管理平台的统筹管理运营行为开展监督管理工作而形成的信息运行过程，如图 2-14 所示。

监管商务交易平台管理平台的信息运行过程包括商务交易平台管理平台统筹管理运营行为感知信息的运行过程和商务交易平台管理平台统筹管理运营行为控制信息的运行过程。

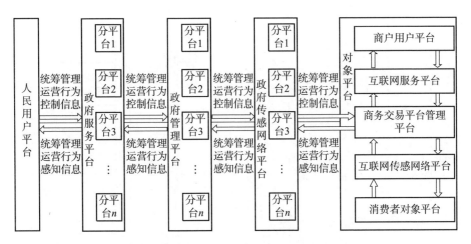

图 2-14 监管商务交易平台管理平台的信息运行过程

在商务交易平台管理平台统筹管理运营行为感知信息的运行过程中，商务交易平台管理平台的统筹管理运营行为信息以感知信息的形式，通过相应的政府传感网络分平台传输至对应的政府管理分平台；政府管理分平台对商务交易平台管理平台的统筹管理运营行为感知信息进行分析处理后，再通过相应的政府服务分平台将该感知信息传输给人民用户平台，从而完成商务交易平台管理平台统筹管理运营行为感知信息的运行过程。例如，国家工商行政管理部门通过相应的传感通信方式获取商务交易平台管理平台运营合规与否的感知信息，并通过其服务网站告知人民大众。

在商务交易平台管理平台统筹管理运营行为控制信息的运行过程中，相应的政府管理分平台在人民用户平台的授权下，直接对商务交易平台管理平台进行控制管理。政府管理分平台根据获取到的商务交易平台管理平台统筹管理运营行为感知信息生成运营行为控制信息，再通过对应的政府传感网络分平台传输到商务交易平台管理平台，由商务交易平台管理平台按要求执行运营行为。例如，国家工商行政管理部门在发现商务交易平台管理平台出现违反相关法律法规的运营行为时，通过相应的传感通信方式对商务交易平台管理平台提出控制管理要求，商务交易平台管理平台必须按要求执行。

4. 监管互联网传感网络平台的信息运行过程

监管互联网传感网络平台的信息运行过程是政府管理平台针对监管对象平台中互联网传感网络平台的传感通信运营行为开展监督管理工作而形成的

信息运行过程, 如图 2-15 所示。

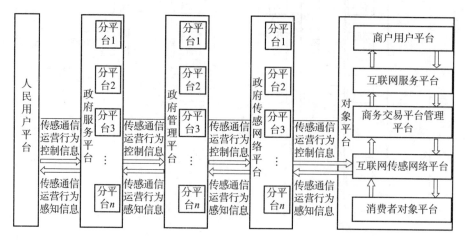

图 2-15　监管互联网传感网络平台的信息运行过程

　　监管互联网传感网络平台的信息运行过程包括互联网传感网络平台传感通信运营行为感知信息的运行过程和互联网传感网络平台传感通信运营行为控制信息的运行过程。

　　在互联网传感网络平台传感通信运营行为感知信息的运行过程中, 互联网传感网络平台的传感通信运营行为信息以感知信息的形式, 通过相应的政府传感网络分平台传输至对应的政府管理分平台; 政府管理分平台对互联网传感网络平台的运营行为感知信息进行分析处理后, 再通过相应的政府服务分平台将该感知信息传输给人民用户平台, 从而完成互联网传感网络平台传感通信运营行为感知信息的运行过程。

　　在互联网传感网络平台传感通信运营行为控制信息的运行过程中, 相应的政府管理分平台在人民用户平台的授权下, 直接对互联网传感网络平台进行控制管理。政府管理分平台根据获取到的互联网传感网络平台传感通信运营行为感知信息生成运营行为控制信息, 再通过对应的政府传感网络分平台传输到互联网传感网络平台, 由互联网传感网络平台按要求执行运营行为。

　　5. 监管消费者对象平台的信息运行过程

　　监管消费者对象平台的信息运行过程是政府管理平台针对监管对象平台中消费者对象平台的消费行为开展监督管理工作而形成的信息运行过程, 如图 2-16 所示。

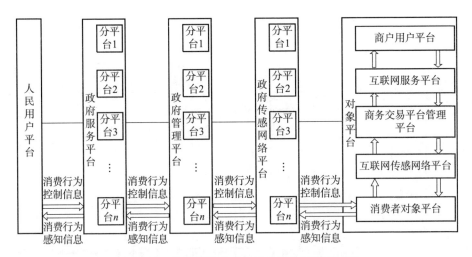

图2-16 监管消费者对象平台的信息运行过程

监管消费者对象平台的信息运行过程包括消费者对象平台消费行为感知信息的运行过程和消费者对象平台消费行为控制信息的运行过程。

在消费者对象平台消费行为感知信息的运行过程中，消费者对象平台的消费行为信息以感知信息的形式，通过相应的政府传感网络分平台传输至对应的政府管理分平台；政府管理分平台对消费者对象平台的消费行为感知信息进行分析处理后，再通过相应的政府服务分平台将消费者对象平台消费行为感知信息传输给人民用户平台，从而完成消费者对象平台消费行为感知信息的运行过程。例如，相应的国家经济市场管理部门通过各种传感通信方式获取消费者对象平台的消费行为信息（如购买商品类型、数量、总消费额等），通过对这些信息的统计分析为国家经济政策的制定提供依据。

在消费者对象平台消费行为控制信息的运行过程中，相应的政府管理分平台在人民用户平台的授权下，直接对消费者对象平台的消费行为进行引导控制管理。相应的政府管理分平台基于对市场消费的引导、市场秩序和社会稳定的维护，生成相应的消费行为控制信息，并通过对应的政府传感网络分平台传输到消费者对象平台，从而促使消费者对象平台合规合法消费。例如，国家公安部门在刀具、枪支、化学品等危险品的管制中，通过相应的传感通信方式与广大消费者建立信息交互关系，以引导消费者避免购买违禁商品。

6. 监管网的信息整体运行过程

监管网中，政府管理平台在履行职能及对业务网中商户用户平台、互联网服务平台、商务交易平台管理平台、互联网传感网络平台和消费者对象平台进行监管的过程中，形成监管网的信息整体运行过程，如图 2-17 所示。

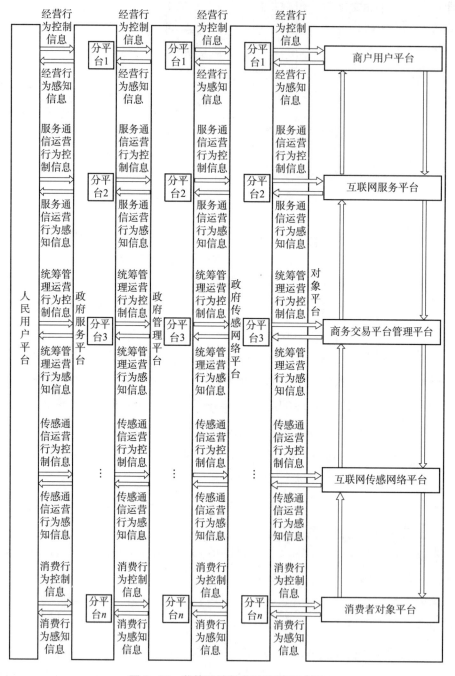

图 2-17 监管网的信息整体运行过程

在监管网的信息整体运行过程中，各被监管对象分平台在对应政府管理分平台的统筹监管以及政府服务分平台和传感网络分平台的服务通信与传感通信支撑下，与人民用户平台形成不同的单体物联网信息运行闭环。这些不同的单体物联网信息运行闭环不仅以共同用户为节点，同时也可基于某一个或多个共同的政府服务分平台、政府管理分平台或政府传感网络分平台形成不同的节点。在这些节点的联结下，对各被监管对象分平台进行监管形成的信息运行过程构成监管网信息运行整体。

第四节 以商户为用户的电子商务物联网的功能表现

一、业务网的功能表现

在以商户为用户的业务网中，各功能平台基于自身需求的实现，在运行中形成各自不同的功能表现。

1. 消费者对象平台的功能表现

随着社会经济的发展，人们的消费能力不断提升。在信息技术的支撑下，电子商务逐渐成为广大消费者热衷的购物方式，形成了巨大的网络消费市场。在以商户为用户的业务网中，消费者的个人需求作为一种参与性需求，支配着其消费功能表现。消费者的功能表现往往又受多方面因素影响，常在商户商品营销的作用下被激发。

（1）消费者对象平台的消费执行功能表现

在以商户为用户的业务网中，消费者对象平台包括分布于世界各地的消费者对象分平台，各消费者对象分平台是具体消费的执行平台，通过各自的购物消费实现商户用户平台的商品销售及获利需求。

不同消费者对象分平台的消费者在通过对应的互联网传感网络分平台访问商务交易平台管理平台时会接收到各种商品营销信息。商户营销的目的是促使消费者购买商品，对于消费者而言，商品营销信息即是一种控制信息，其在这种控制信息促动下，自身需求被激发，会产生相应的消费行为。

通常不同消费者对象分平台中的消费者具有各自的性格、性别、文化、习惯、生活等差异性特征，这些特征是各消费者对象分平台对不同商品营销控制信息响应执行的重要因素，消费者往往会选择与自身特点相匹配的商品营销信息进行消费。以性别因素为例，女性消费者会基于自身日常化妆需求的特点选择相应的化妆品营销信息进行消费，而男性消费者在化妆品消费方面显然远不如女性消费者，但在诸如电子产品、健身器材等商品消费方面相较于女性消费者具有更大的需求。

消费者消费执行的功能表现还取决于商户商品营销是否符合消费者的消费心理，即商品营销过程中，商品功能、品质、价格等本身属性的宣传，消费者的消费体验以及相关的打折优惠活动是否能够吸引和打动消费者。当商户商品营销与消费者的消费心理相适应，消费者便会自然而然地下单消费。例如，大型的购物节、促销日形成巨额交易量和交易额的原因正是商品营销与广大消费者的消费心理相匹配，能够在消费优惠上对消费者产生极强的吸引力。许多消费者在没有真正的、迫切的商品使用需求下，往往基于商品营销宣传的明显价格优惠力度而进行相应的消费。

（2）不同消费者群体的功能表现特点

在电子商务交易活动中，消费者对商品的体验大多来自对已标明商品信息的视听感受和与商户交流时的感性判断。消费者在访问商务交易平台管理平台时，能对商户发布的商品信息进行大范围的快速搜索和比较，并结合自身参与性需求购买消费，但往往不同的消费者群体具有不同的功能表现特点。

1）不同性别消费者群体功能表现的特点。

从性别因素上分析，男性消费者和女性消费者在消费目的和消费方式上存在着一定的差别。男性消费者往往更注重实用性与便利性，女性消费者则更注重在整个过程中的消费体验。在消费结构方面，女性消费者是消费需求旺盛的居民群体，逐渐成为消费增长的主要驱动力。随着女性就业率不断提高，男女收入差距不断缩小，未来女性消费者的经济将更加独立，消费行为将更加自由。著名商业战略咨询机构 BCG 曾对国内女性收入进行调查预测，至 2020 年，中国女性群体总收入水平将由 2010 年的 1.3 万亿美元增长至 4 万亿美元。据此预期，未来国内居民消费水平增长的主要动力可能来源于女性消费人群的消费驱动。

在具体商品类型的消费需求上，男性与女性群体也表现出性别差异。一般情况下，在电子产品和体育娱乐用品消费者中，男性占较大比例；在服装鞋帽、化妆品消费中，女性则成为主要消费群体。2015年发布的《女性生活蓝皮书》中的《2014年中国城市女性消费状况调查报告》显示，2014年，被调查女性家庭收入用于消费、储蓄、投资的比例为61∶23∶16，消费比例比上年显著上升。被调查女性中最大一笔开支用于购买服装服饰的人数最多，已连续7年稳居个人最大一笔开支的第一位。

2）不同地域消费者群体功能表现的特点。

从地域因素上分析，由于不同地域往往存在着收入水平、地区发展水平等经济因素和社会文化因素（如文化价值、民族风俗）、心理因素（如消费者个性、态度、兴趣）、地理因素（如气候）等非经济因素的差别，居民消费在整体上表现出区域差异。

区域消费差异是指不同地理区域的消费者表现出的消费价值观、消费模式和群体消费行为的差别。司马迁在《史记》里有"百里不同风，千里不同俗"之说，这种地域风俗的差别影响着人们的消费功能表现，并且是造成区域消费差异的重要因素。此外，区域经济发展水平决定着区域消费者的整体购买力。例如，北京市统计局发布的数据显示，2015年，北京市社会消费品零售总额突破1万亿元，实现10338亿元，连续8年保持全国最大消费城市的地位①。与北京一同迈入消费万亿元大关的还有上海，相关数据显示，2015年，上海全市完成消费总额10055.76亿元，同比增长8.1%②。

3）不同年龄段消费者群体功能表现的特点。

从年龄因素上讲，不同年龄段的消费者因生理、心理、收入及社会经历的差异，会形成不同的消费观和消费功能表现。比如，青年消费者在消费上普遍具有追求时尚和新颖、表现自我和个性且易冲动等特点，表现在具体商品消费上就是喜爱购买最新的、有特色的商品，易受个人情感的支配。中老年消费者则具有以下特征：富于理智，很少感情用事，大多以切身需要来支配自己的消费行为；坚持己见，不易受外界影响，对别人介绍或者商户宣传的商品往往会根据自己的经验和智慧进行一番分析判断；精打细算，消费中

---

① 北京市统计局．消费升级融合发展——北京社零额突破1万亿的回顾与展望［EB/OL］. http∶//tjj. beijing. gov. cn/tjsj. 31433/sjjd_ 31444. html. 2016-01-29.

② 人民网. 2015年消费品零售总额同比增长8.1%，上海迈入万亿级消费城市行列［EB/OL］. http∶//house. people. . com. cn/n1/2016/0218/c164220-28132034. html. 2016-02-18.

会以整个家庭为中心，量入为出，注重节俭，对商品的价格、质量、用途、品种等都会仔细了解对比；品牌忠诚度较高，在长期的生活过程中，已经形成一定的生活消费习惯，在对自己日常使用的商品和品牌的选择上不会做大的改变。

4）不同风险态度消费者群体功能表现的特点。

从管理学的角度讲，人大致可分为三种：风险追求者、风险回避者和风险中立者。在以商户为用户的业务网中，亦可根据消费者群体在功能表现上对于风险的不同态度将其分为追求、回避和中立三类，即风险追求型消费者、风险回避型消费者和风险中立型消费者。

风险追求型消费者是以休闲娱乐为目的的购物群体，猎奇心理和经济支配能力较强，乐于购买个性商品、享受定制服务。风险追求型消费者群体大多具有多变不定的需求，喜欢彰显个人品位，对产品的功能效果期望值较高，对价格不敏感。其关注点多集中于产品的款式潮流以及做工的精致性，阶段性需求特点明显。风险追求型消费者因其对新事物的偏爱，消费需求变化速度较快，往往具有相对较低的品牌忠诚度，其消费功能表现行为易受商户的营销宣传和潮流推荐的控制和影响。

风险回避型消费者大多是拥有快节奏生活的商务化购物群体，注重产品性价比，多固定使用某些品牌产品。风险回避型消费者群体的消费行为较为理性，目的性明确，通常较少受各类营销广告以及他人购买行为的影响，能够快速锁定自身需求商品，并量入为出地约束自身消费功能表现行为。该类消费者拥有着相对固定的购物习惯和品牌理念，注重时间和劳动成本的节约，价格敏感度相对较高，合理的定价是决定其商品选择的重要影响因素。

风险中立型消费者是追求商品和服务效果与其预期目标相适配的购物群体，既关注商品在价格、质量、性能、外观等方面的差异，又愿意承担较小风险来尝试新鲜事物。此类消费者群体易根据自身喜好选择合适的产品，商户也更容易根据该类消费者的注册资料、商品搜索记录、所处地理位置等感知信息，洞悉其消费习惯和消费行为，从而实现特定营销控制信息向该类消费者的有效传输，引导其消费决策的实施。

除上述从性别、地域、年龄、风险态度等方面对消费者消费功能表现特点的分析之外，从教育背景、家庭收入、职业、生活方式等方面进行分析，不同的消费者群体在整体上也具有不同的消费功能表现特点。对于消费者个体而言，同一消费者群体中，不同的消费者因个体性格、喜好等方面的差异，也有着更进一步的消费功能表现差异。

2. 商务交易平台管理平台的功能表现

物联网以用户需求为主导，管理平台在自身需求的驱动下围绕用户需求的实现，表现出其统筹管理功能。在以商户为用户的业务网中，商务交易平台管理平台的自身需求作为一种参与性需求，是其运营管理业务网的动力；商户用户的需求作为业务网中的主导性需求，是商务交易平台管理平台运营管理功能表现的方向指引。

以商户为用户的业务网中，商务交易平台管理平台洞悉商户用户对商业经营中商品高销量和销售收益最大化的切实需求，并围绕商户用户需求的实现为商户用户寻求广泛、精准的销售市场，提供丰富的经营策略及便利、快捷、顺畅的营销模式。在商务交易平台管理平台对整个业务网的运营管理下，商户用户平台的需求得到最大限度的满足。

（1）商务交易平台管理平台功能表现的基本内容

商务交易平台管理平台作为商户与消费者商务活动的中间衔接与统筹管理平台，其功能表现的基本内容主要体现于对消费者需求、商户商品营销、订单支付等信息的统筹管理方面。

1）对消费者需求进行市场细分。

在以商户为用户的业务网中，消费者对象分平台分布于世界各地且相互独立。各消费者对象分平台通过对应的互联网传感网络分平台与商务交易平台管理平台实现信息交互，向商务交易平台管理平台传输各自的商品消费需求感知信息。各对象分平台的消费者通过互联网访问商务交易平台管理平台，进行会员注册、个人资料填写、商品搜索浏览，即将自身相应的商品消费需求感知信息传输至商务交易平台管理平台。对于商户而言，各商品消费需求感知信息均为其所需信息，但这些信息并不是有序地、有组织地、有规律地向商务交易平台管理平台传输，而是无序地、随机地、零散地从不同消费者对象分平台传输至商务交易平台管理平台。这些信息汇集于商务交易平台管理平台，其价值还需要经过商务交易平台管理平台的进一步统筹处理来显现。

商务交易平台管理平台在消费者商品消费需求感知信息的处理策略上，

通常以市场细分作为统筹管理的主要手段，将来自各地的、零散的消费者商品消费需求感知信息进行有规律的整合，以提取出有利于商户商品销售的信息，实现信息的价值转化。

市场细分是指商人根据市场需求的多样性和消费者消费行为的差异性，把整体市场（全部消费者和潜在消费者）划分为若干具有某种相似特征的消费者群体，以便选择、确定自己的目标市场。市场细分是市场营销的重要手段，对商人的营销实践具有重要意义。通过市场细分，商人可以了解现有市场各类消费者的同质需求、异质需求，以及消费需求的变化趋势，可以有针对性地开展营销活动，最大限度地吸引消费者，达到巩固和扩大现有市场的效果。同时，通过市场细分，商人可以较容易地发现市场的空白点，通过把这些空白市场作为自己的目标市场，以最小的竞争成本实现经营获利。在以商户为用户的业务网中，商务交易平台管理平台从商户营销需求出发，将消费者商品消费需求感知信息与消费者的性别、地域、年龄、职业、收入、购买频次，以及具体商品的品牌、销量、价格等因素结合起来进行细分，从而让这些原本散乱的信息呈现出一定的规律，为商户的营销决策提供依据。

2）大数据分析应用。

大数据是由数量巨大、结构复杂、类型众多的数据构成的数据集合。人类在社会文明的发展历程中，利用数字认识和改造世界由来已久。随着互联网、信息系统等电子信息技术的发展，全球数据量正呈现出前所未有的爆发式增长态势，各行各业每时每刻都在形成海量数据。与此同时，数据类型及来源的多样性、数据产生与分析的实时性、数据的低价值密度等复杂特征日益显著，这些都标志着大数据时代的到来。数据就是财富，如何有效利用这些海量数据、发挥出数据的价值，是人类社会活动，尤其是现代商业的需要。

与传统数据相比，大数据具有规模性、高速性、多样性以及无处不在等全新特点。大数据时代，数据不仅是一种技术和资源，更是一种思维方式和管理、治理路径。信息时代，大数据将使人类的生活及其理解世界的方式发生颠覆性的改变。从国家治理，到企业决策，再到个人生活服务，大数据都以其巨大能量影响着人们的生活、工作与思维。在国家层面，大数据可以为国家交通、教育、医疗、环保等方面的政策制定提供重要数据支撑。一直处于世界经济发展及信息技术发展与应用前沿的美国，视大数据为"未来的新石油"，赋予了大数据的发展非同一般的战略意义。在商业领域，大数据的作用就是以快速获取、处理、分析和提取有价值的、海量的、多样化的交易数据、交互数据为基础，针对企业的运作模式提出有针对性的方案。也就是说，大数据的意义或作用在于辅助决策。利用大数据分析，能够总结经验、发现规律、预测趋势，这些都可以为决策提供辅助支撑。人们掌握的数据信息越多，进行相应的决策时才能越科学、精确、合理。现代企业均可以借助大数据分析，提升管理和决策水平，实现经济效益的提升。

在大数据的应用上，相较于传统商务，电子商务更加重视对数据的利用，从数据中发现价值。在以商户为用户的业务网中，商务交易平台管理平台汇集了大量的消费者行为记录，依据这些数据能够快速了解消费者的商品消费需求。通过大数据分析，商务交易平台管理平台可为商户解决一系列问题，比如：如何快速、准确地将商品推送给目标消费者；如何加大商品的有效曝光度；如何更好地吸引消费者；如何提高消费者的活跃度，降低消费者的弃单率；等等。在具体的应用实施上，商务交易平台管理平台开发和应用相应的大数据分析技术，建立业务所需的大数据分析模型，并在众多管理服务器中安装大数据分析信息系统，从而形成相应的大数据分析能力。

商务交易平台管理平台大数据分析的具体表现：

①消费者购物行为及商品销量预测分析。

在电子商务中，消费者网上消费行为数据具有重要价值，商务交易平台管理平台通过收集并分析这些消费行为数据，可以预测消费者的下一步购物行为。对于商户而言，明确消费者未来需求是实现商品良好销售的重要因素。商务交易平台管理平台利用消费者访问商务交易平台网站所产生的行为轨迹数据，分析消费者搜索、浏览商品的类别，预测消费者商品需求类别，并据此推送相应的商品；根据消费者询价及对商品价格的筛选情况，预测消费者的购买力，从而向高端消费者推荐名牌商品，向普通消费者推荐物美价廉的商品，以匹配不同消费者对商品的不同心理价位；跟踪消费者经常购物的网店，对此类数据进行分析，预测用户的下一次购物行为将可能发生在哪类网店。

在大数据背景下，消费者消费行为数据量的增加为商务交易平台管理平台提供了精准把握消费者群体和个体消费行为方式的数据基础。商务交易平台管理平台基于为商户提供的管理服务，将所有消费者划分为许多不同的消费群体，通过对每个消费群体甚至每个消费者的消费行为数据进行分析，实现精准化、个性化和智能化的广告推送和商品推广，这也是实现市场细分的技术手段。

②商品关联分析。

事物之间往往存在着某种关系，商品关联分析能够发现商品之间的组合销售关系，利用这种关系可以影响和改变消费者的购买行为。在电子商务中，商品交易数据量庞大，商务交易平台管理平台通过对这些数据的挖掘，构建关联模型，可以更好地向消费者呈现商品。在业务网中，每一位消费者通过商务交易平台管理平台购物时都有自己的购物车，商务交易平台管理平台往往会提取消费者购物车中的商品信息，借助商品关联分析向消费者推荐与已选商品相关联的商品，消费者可实现商品组合购买。这样既节约了消费者的商品搜索时间，又有效地刺激了消费者的购买消费行为，提高了商户的商品交易量。例如，当消费者通过商务交易平台管理平台搜索某类商品时，在网页相应位置会同时显示出其他的关联商品。这类关联商品往往也是消费者需要的，消费者不用再重新搜索，即可将商品组合买下，这便促进了更多商品的销售。

商务交易平台管理平台还利用商品关联分析寻找在同一个事件中出现的不同项的相关性。比如，寻找消费者某次购买商品的活动中所买不同商品的相关性，再通过挖掘出的这些商品关联规则了解消费者的行为，从而为电子商务的运营决策提供支撑。

商品关联分析洞悉了商品之间的关联组合条件，挖掘出了消费者对象平台的商品购买需求，带来了商品销量的快速增长，最大限度地实现了商户的盈利目的。同时，商务交易平台管理平台基于丰富管理服务的提供，获得了更多的经济回报。

3）对商户营销信息进行统筹处理。

商务交易平台管理平台是以商户为用户的业务网中商户用户平台和消费者对象平台之间的衔接平台，可对各商户的商品营销信息进行统筹处理，并以最清晰、简洁、直观、高效的方式呈现给分布于世界各地的消费者对象分平台。商务交易平台管理平台商品营销信息统筹处理主要表现为商品品类划分、商品营销信息展示布局等。

①商品品类划分。

商务交易平台管理平台如同一个大型的购物商场，汇集了各种商品信息。

为了将商品信息有序地呈现给消费者，便于商品的销售，每一个商场都会有相应的商品分区，消费者可以根据商品分区方便快速地进行商品购买消费，商务交易平台管理平台同样如此。商务交易平台管理平台具有相应的商品分类信息系统，通过该信息系统可将商品数据库中琳琅满目的商品信息按照预先设定的商品目录进行合理的划分，以不同层级形式在有限的页面空间中有序、快速地呈现不同商品的信息。例如，商务交易平台管理平台商品一级目录将各种商品划分为电子产品、服饰、化妆品、家居用品、运动器材、食品等，二级目录则又在一级目录下实现商品的进一步细分，以此类推。此外，商务交易平台管理平台通常还会根据数据流量分析，为商品设置相应的价格、销量、热搜、评价等标签，消费者通过这些标签进行筛选，可以快速获取所需商品信息，从而提升商品销售的效率。

②商品营销信息展示布局。

商品营销信息展示布局是商务交易平台管理平台商品营销统筹管理过程中吸引消费者购物消费的重要因素。在业务网的运营过程中，商务交易平台管理平台不断了解消费者的期望和心理，并据此指导和优化商品营销信息展示布局，通过精巧的布局和便捷的操作争取到更多的消费者，促成更多的交易，从而实现商户用户平台利益最大化。

在商品营销信息展示布局的具体实施上，简洁、大方的布局设计是商务交易平台管理平台考虑的首要因素，通过整齐、有序的信息展示，让消费者在访问商务交易平台管理平台时，能够一目了然地获取商品营销信息。

产品图片和视频的使用是商品营销信息展示布局中增强商品吸引力的重要手段，商务交易平台管理平台通过经过美化的图片展示和视频插入，将商品的用途和优点更直观地呈现在消费者面前。

为了将商品营销信息快捷、高效地呈现给消费者，有效的导航设置是商务交易平台管理平台的必要方式，消费者通过井然有序的导航路径，可在不同营销页面实现轻松切换。

优惠信息发布是商品营销信息展示布局的常用手段，商务交易平台管理平台会紧紧抓住消费者期望折扣和优惠的心理，在网站首页明显区域用粗体字和绚丽的色彩突出显示相应的优惠信息，让消费者在访问商务交易平台管理平台时，能快速获取商品优惠信息。

购物车的设计是商品营销信息展示布局中促成商品交易的关键因素之一，通过色彩鲜艳的、明显的按钮设计，让消费者情不自禁地想要点击按钮，从而促成交易。

此外，在商品营销信息展示布局中，商务交易平台管理平台还会应用到搜索工具，让消费者快速获取所需要的商品信息；在相应区域为忠实消费者推出"推荐产品"服务，通过跟踪消费者的足迹，为其推荐可能感兴趣的商品，以此增加交易量。

4）消费支付方式提供。

在消费者消费支付感知信息的运行过程中，商务交易平台管理平台为提升消费者的消费付款体验，避免消费者因付款障碍而取消订单，通常会提供多种支付渠道，让消费者自由选择，包括网上在线支付、货到付款、线下汇款等。

（2）商务交易平台管理平台功能表现的特点

以商户为用户的业务网中，商户用户的需求作为主导性需求，是其他各功能平台参与性需求实现的前提。商务交易平台管理平台为实现自身的参与性需求，在功能表现上以商户用户需求的实现为指引，尽可能地维护与保障商户用户的利益。

以商户为用户的业务网在运行中表现其功能，商户用户平台在商务交易平台管理平台的帮助下，实现商品向消费者对象平台的销售并从中获得相应的利益。商务交易平台管理平台则凭借其统筹管理功能表现从商户用户平台获得收益提成，满足自身需求。因此，在以商户为用户的业务网中，商务交易平台管理平台与商户用户平台实为利益共同体，其收益来源最终都指向消费者对象平台。

在业务网的运营管理中，商务交易平台管理平台运用其平台资源，极力地为商户用户平台获取市场资源，实现商户用户平台商品信息高效、快捷、无阻力、有针对性地向消费者对象平台展示。凭借商务交易平台管理平台为商户用户平台创造的便利营销环境和条件，商户用户平台能够最大限度地实现商品又好又快的销售和获利。商务交易平台管理平台不仅可以从商户用户平台更多的销售收入中获得更多的报酬，同时又能让更多的传统商人看到电商的优势从而获取其信任，使越来越多的传统商人愿意与商务交易平台管理平台合作，通过商务交易平台管理平台开展商务经营活动。商务交易平台管理平台在平台规模不断发展壮大的过程中，可以实现自身收益的不断增加。

3. 商户用户平台的功能表现

在以商户为用户的业务网中，商户用户平台作为业务网的主导性功能平台，其需求是通过电子商务活动实现商品经营利益最大化。在功能表现上，商户用户平台以自身需求的实现为目标，凭借对消费者商品消费需求和特点的把握，制定出符合其盈利目的的经营决策。

商户用户平台功能表现的基本内容体现在商品货源选择、商品宣传展示、打折促销活动、消费者忠诚度营销、精准营销等方面。

（1）商品货源选择

在以商户为用户的业务网中，商户基于自身经营获利的需求，通过各种渠道寻找最符合自身利益的商品进行销售，即销售商品以利润最大化为主要目的。因此，在商品货源的选择上，无论哪类商品、何种品牌，成本控制往往是商户考虑和关心的首要因素。凭借低成本商品货源的选择，商户不仅能在同类商品的销售竞争中发挥价格优势，也能赚取更多的差价收益。对于消费者而言，在商品表观特征差别不大的情况下，较低的价格通常具有更大的吸引力。

（2）商品宣传展示

在商品宣传展示方面，不同于实体店中消费者的亲身感受，文字、图片、音频、视频等多媒介相结合的方式是业务网中商户普遍采用和依靠的宣传展示手段。为了让自家商品展现出较强吸引力，促使消费者购买，商户在文字、图片、音频、视频等多媒介的运用上会充分考究、融会贯通。例如，在文字运用上，用简洁、醒目的文字传递商品的关键属性；在图片运用上，通过美化过的实物照片、模特照片，使消费者产生相应视觉感受；在音频、视频运用上，通过动态、立体的信息呈现商品的功能特点。基于各种媒介的组合宣传，使消费者对商品形成质量可靠、功能强大、性价比高、值得信任等心理感受，从而没有顾虑地购买商品。

（3）打折促销活动

打折促销是商户在特定市场范围和经营时期内，在商品原价的基础上给予一定让利的营销策略。打折促销是最简单、最直接的营销策略，在实体商业和网络商业中均有普遍应用。商户通过给予消费者价格优惠，可以有效地吸引消费者，刺激消费者的消费欲望，引导消费者大批量购买商品，创造出"薄利多销"的市场获利机制。

在以商户为用户的业务网中，打折促销是商户常用的营销策略，消费者几乎每时每刻都能在商务交易平台管理平台发现打折商品。在具体实施中，各商户根据自身经营情况决定打折促销的力度、方式、时间等，可以是任意优惠折扣、任意开始时间、任意持续时间和结束时间。打折促销的方式也多种多样，从商品营销的角度出发，可以是单品直接打折，也可以是通过商品秒杀、买送结合、商品关联、多件包邮等方式给予优惠；从店铺营销的角度出发，打折促销方式可以是全店商品折扣优惠、满就送等。

（4）消费者忠诚度营销

消费者忠诚度营销是指通过一系列方式提高现有消费者的消费满意度，以稳定现有消费者群体，使其成为长期的销售目标。根据二八定律，只要一个企业掌握了20%的核心客户，就可以维系80%的盈利收入。因此，维系消费者忠诚度是商户维持盈利收入的重要举措。

在消费者忠诚度营销策略上，商户用户平台通常以提供和传递独特的消费价值为手段，提升消费者的消费满意度以及对商户的信任度，变新消费者为老消费者，变老消费者为忠实消费者，从而建立消费者忠诚度。商户能够赢得消费者回头消费的重要前提是取得消费者的信任，并借此获得消费者较为完整的个人信息，再根据这些信息为消费者提供个性化需求商品。消费者在对商户用户平台的信任不断增加的过程中，对商户用户平台的忠诚度也就随之形成，商户用户平台也就可以基于消费者的忠诚度获得持续盈利。

（5）精准营销

精准营销是在精准定位的基础上，依托现代信息技术手段建立个性化的顾客沟通服务体系，可帮助企业实现可度量的低成本扩张。精准营销的实现是在大数据条件下，以消费者需求为依据，通过市场细分获得不同消费者群体甚至个人的消费特征信息，根据这些消费特征信息向特定消费者提供有针对性的、个性化的商品信息。

精准营销下市场细分的基础是对消费者群体的充分定位与分析，商务交易平台管理平台通常具有可实现与消费者强互动性的信息处理系统，商户可依托这种信息处理系统，科学、合理地定位和区分消费者，建立个性化的消费者营销机制，以促进商品销售。

在以商户为用户的业务网中，互联网服务平台和互联网传感网络平台作为联结商户用户平台、商务交易平台管理平台和消费者用户平台的两个信息传输环节，其网络运营商基于自身商业需求的实现，在功能表现上在于为业务网提供方便、快捷、高效的信息运行方式。

二、监管网的功能表现

社会是人类个体关系发展到一定阶段的产物，社会中的一切生产生活活动都与人息息相关。人是社会的主体，对社会的发展起着决定性的作用，同时社会的发展又以人的生存、发展和幸福为目的。政府是社会的管理者，通过对各种社会活动的监管，维护人民大众的合法权益。

在监管网中，政府管理平台对业务网的不同功能平台进行统筹监管，保障商务活动的有序稳定开展，为监管网中的人民用户提供可持续的文化、物质、精神服务。

监管网在运行中，各功能平台形成不同的功能表现。

1. 人民用户平台的功能表现

人类社会中，人民的需求是对自身生存发展基本权利的追求和对美好生活的需要。人民在追求需求实现的过程中，形成各种社会关系，如电子商务交易关系。在电子商务交易活动中，人民用户平台在其消费权益需求的主导下形成监管网，对业务网的运行进行监管。监管网为人民消费者的商务交易活动提供购物保障，维护人民用户平台的消费权益。

人民用户平台为实现需求的可持续发展，推动社会文明的不断进步，授权能够代表人民用户平台根本利益的人民代表群体，扮演社会管理者的角色，形成政府组织，对电子商务交易活动进行统筹管理，以保障和维护人民用户平台的利益。

2. 政府服务平台的功能表现

政府服务平台是连接人民用户平台和政府管理平台、实现二者信息交互的功能平台。政府服务平台通过相应政府服务部门，接收人民用户平台的不同服务需求，为人民用户平台提供文化、教育、医疗、科技、就业、社保、商务等方面的政务服务。

3. 政府管理平台的功能表现

政府管理平台立足于人民用户平台的需求，由人民用户平台组织形成，为人民用户平台需求的实现提供统筹管理服务。

政府管理平台在统筹管理中，围绕人类的社会活动，制定出一系列的方针政策、法律法规，建立起一套维护社会有序运行的规则，引导和约束个人及社会组织的行为，为人民用户平台提供高效、全面的社会管理服务，满足人民用户平台的需求，实现人民意志，保障人民权益。

4. 政府传感网络平台的功能表现

政府传感网络平台是实现政府管理平台与对象平台信息交互的功能平台。政府传感网络平台以不同方式，将被监管对象在社会活动中的行为感知信息传输至政府管理平台，同时也以不同方式将政府管理平台的监管指令传输给相应的被监管对象。

5. 对象平台的功能表现

监管网在人民用户平台的利益需求主导下运行。为满足人民用户的主导性需求，监管网中的政府管理平台将业务网各功能平台作为监管网中的对象平台进行监管。

在监管网中，相关政府网络监管部门依据《中华人民共和国网络安全法》《互联网 IP 地址备案管理办法》《中华人民共和国计算机信息系统安全保护条例》《信息网络传播权保护条例》等法律法规和条例，对业务网中互联网服务平台和互联网传感网络平台实施监管，保证二者在电子商务交易活动中，能够为人民用户提供安全、稳定、可靠的服务通信和传感通信服务。

商户用户平台、商务交易平台管理平台、消费者对象平台是该业务网中的活动主体，直接关系着监管网中人民用户平台的利益。监管网对业务网的监管，重点是对业务网中的商户用户平台、商务交易平台管理平台、消费者对象平台的监管。

（1）业务网商户用户平台为监管网对象平台的功能表现

商户是人民大众生产、生活资料的提供者。监管网中，政府管理平台为维护人民消费者的权益，会对业务网中商户用户平台的商务经营活动进行监管。业务网商户用户平台在监管网中政府管理平台的监管下，形成相应功能表现。

业务网商户用户平台通过业务网的运行，实现商务利益最大化，满足自身的主导性需求。监管网由人民用户主导，业务网商户用户平台在政府管理平台的统筹管理下，作为对象为人民用户服务，获得政府管理平台的法律认可，从而实现业务网商户用户平台在监管网中的参与性需求。

业务网商户用户平台作为监管网的对象平台时，需要为监管网中人民用户平台提供服务，才能实现其参与性需求；而业务网中商户用户平台盈利的主导性需求，只能通过业务网的运行来实现。商户权衡自身在业务网中的主导性需求和在监管网中的参与性需求，选择不参与监管网、被动参与监管网或主动参与监管网。

1）政府商品质量管理分平台监管下的功能表现。

国家质量管理相关部门为保障产品质量水平，制定了《中华人民共和国产品质量法》《中华人民共和国消费者权益保护法》《网络交易监督管理办法》等一系列法律法规，从制度层面加强对产品质量的监督管理，明确产品质量主体责任，保护消费者的合法权益，维护市场经济秩序。国家质量管理相关部门在对业务网中商户用户平台商品质量实施监管的过程中，形成电子商务商品质量监管网，如图 2-18 所示。

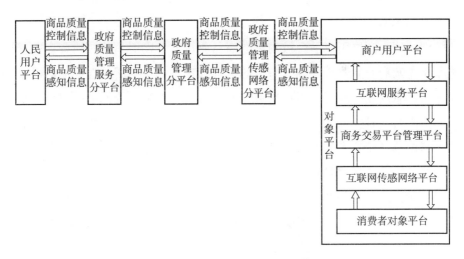

图 2-18　电子商务商品质量监管网

在监管网中政府商品质量管理分平台监管要求下，业务网中商户用户平台有以下三种类型的功能表现：

①业务网商户用户平台不参与电子商务商品质量监管网。

在电子商务商品质量监管网中，政府质量管理分平台要求作为对象的业务网商户用户平台在商品生产和销售中，向消费者提供满足相关质量标准要求的商品。同类商品质量越高，成本也越高。在价格一定的情况下，业务网中商户用户平台如果按照商品质量监管网的要求销售高品质商品，将会减少自身在业务网中的获利。

因此，业务网中商户用户平台为实现自身商务利益最大化的需求，避免国家的质量监管对其销售利润产生不利影响，会选择不参与商品质量监管网的组网。业务网商户用户平台一旦脱离商品质量监管网的监管，其销售的商品就可能出现质量不稳定的现象，损害消费者合法权益，不利于实现商户的长远利益，甚至最终导致商户受到法律制裁。

②业务网商户用户平台被动参与商品质量监管网。

电子商务商品质量监管具有国家强制性，业务网商户用户平台只有参与监管网的组网，才能获得政府层面的经营许可。若政府质量管理部门发现业务网商户用户平台经营活动不符合法律法规要求，将对其进行相应处罚。因此，业务网商户用户平台基于长远经营利益考虑，会选择被动参与商品质量监管网的组网。

业务网中商户用户平台被动参与商品质量监管网时，从法律程序上接受监管网中政府商品质量管理分平台的监督管理。业务网所销售商品的质量相关业务信息由业务网商户用户平台主导运行，不能被监管网中政府商品质量管理分平台实时获悉和审核。在实际经营中，业务网商户用户平台掌握着产品质量的选择权，为了实现自身利益最大化，商户可能按照自身在业务网中的主导性需求选择所销售商品的质量，导致网络交易商品的质量参差不齐。商品质量信息在业务网中运行，政府质量监管部门无法实施有效监管，容易造成执法受阻，遭遇执法困境，损害消费者权益，商户也终将被消费者淘汰，情节严重者甚至会受到法律制裁。

③业务网商户用户平台主动参与电子商务商品质量监管网。

电子商务商品质量监管网在满足人民用户利益需求的基础上，也会满足参与监管网组网的业务网用户平台的参与性需求，保障其合法经营的权益。业务网商户用户平台为在市场竞争中得到法律保护，会主动参与电子商务商品质量监管网的组网。

业务网中商户用户平台主动参与电子商务商品质量监管网的情况可进一步分为以下两类：

一是销售商品质量合格，但不具备价格竞争优势的商户。业务网中商户用户平台遵守国家质量监管法律法规，为消费者提供符合国家质量标准要求的商品。业务网中商户用户平台在保证商品质量的过程中，商品的生产和管理成本会相应增加，导致商品销售价格较高。相较于不参与监管网和被动参与监管网的商户，该类商户在市场竞争中价格竞争力较弱。

二是销售商品质量合格，且具有价格竞争优势的商户。业务网中商户用户平台参与电子商务质量监管网的组网，接受政府质量监管，向消费者销售高品质商品；同时，业务网中商户用户平台为获得更大的商务利益，利用核心技术的创新降低生产成本，获得竞争优势，吸引更多消费者为其主导性需求提供服务。但若在市场竞争中，该类商户与不参与监管网和被动参与监管网的商户形成了不对等竞争关系，其在技术与创新方面的竞争优势将逐渐减弱。

2）政府营销宣传管理分平台监管下的功能表现。

国家相关政府管理部门为维护市场秩序、保障消费者的合法权益，制定了《中华人民共和国广告法》《中华人民共和国消费者权益保护法》等法律法规，对业务网商户用户平台在商务经营中的营销宣传功能表现加以规范和约束，形成了电子商务商品营销宣传监管网，如图2-19所示。

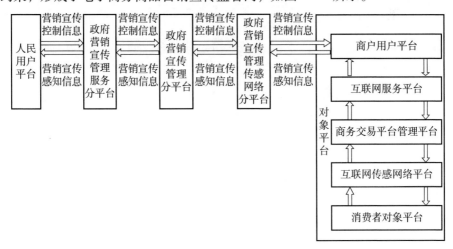

图2-19　电子商务商品营销宣传监管网

在监管网中政府营销宣传管理分平台监管要求下，业务网中商户用户平台有以下三种类型的功能表现：

①业务网商户用户平台不参与商品营销宣传监管网。

在监管网中政府营销宣传管理分平台的监管下，业务网商户用户平台作为监管网的对象平台，应遵循公平、诚实、守信的原则，向消费者提供真实、全面、准确、清楚的商品营销宣传信息，不得采用虚构交易、虚标成交量、虚假评论或者雇用他人等方式进行销售诱导。

营销宣传是业务网商户用户平台提升商品销量的重要手段。业务网商户用户平台若遵照电子商务营销宣传监管网的要求开展商品营销，商品的全部信息都将真实地展示在消费者面前。其中商品缺陷信息的展示，将不利于商品的销售，制约业务网商户用户平台商务利益的实现。业务网商户用户平台为了追求自身商务利益最大化，有可能在商品营销宣传上脱离国家法律法规的监管，不参与电子商务商品营销宣传监管网的组网。业务网商户用户平台在监管之外，为最大限度地实现自身的主导性需求，开展商品营销宣传活动时易进行虚假夸大宣传、虚假交易、虚假评价、刷单刷信等违法营销宣传行为，损害国家和人民的利益，这类商户最终会被消费者抛弃，情节严重者甚至会受到法律制裁。

②业务网商户用户平台被动参与商品营销宣传监管网。

电子商务商品营销宣传监管网是在人民用户平台主导下形成的物联网，由人民用户授权政府营销宣传管理分平台进行强制监管。业务网中商户用户平台为获得政府经营许可，实现长远经营，被动参与商品营销宣传监管物联网组网，成为其对象平台。

业务网商户用户平台被动参与商品营销宣传监管网时，只是从法律程序上接受政府营销宣传管理分平台的监督管理。商品营销宣传信息由业务网商户用户平台主导形成，向业务网消费者对象平台的传输无须经过监管网。因此，商品营销宣传信息在业务网中运行，不能被监管网中政府营销宣传管理分平台实时获悉和审核，业务网商户用户平台可以采用最符合自身商务利益的宣传方式推广商品。政府监管网营销宣传监管分平台虽有法可依，却受制于信息获取的局限性，不能实现对营销宣传信息的有效监管。商户在利益的驱使下，容易做出违法宣传行为，损害消费者利益，最终因此而遭到淘汰。

③业务网商户用户平台主动参与商品营销宣传监管网。

电子商务商品营销宣传监管网在满足人民用户的主导性需求时，也满足业务网中商户用户平台的参与性需求，保护其合法营销宣传的权益。业务网中商户用户平台为了在商品营销宣传中得到法律保护，会主动参与电子商务商品营销宣传监管物联网的组网。

主动参与商品营销宣传监管网的业务网商户用户平台可分为以下两类：

一是商品营销宣传信息真实、全面、准确，但商品不具备竞争优势的商户。在商品营销宣传中，该类业务网商户用户平台遵守国家相关法律法规，为监管网人民用户平台消费者提供真实、全面、准确的商品信息。由于该类业务网商户用户平台销售的商品在功能、性能、价格等真实属性方面不具备明显竞争优势，相较于不参与监管网和被动参与监管网的商户，其商品市场竞争力弱。

二是商品营销宣传信息真实、全面、准确，且商品具有明显竞争优势的商户。在主动参与商品营销宣传监管网的过程中，业务网中商户用户平台为了获取营销宣传市场竞争优势，会生产、销售具有核心技术和创新性的商品，增加商品在功能、性能、价格等真实属性方面的竞争优势。但若同不参与监管网和被动参与监管网的商户进行不对等的营销宣传竞争，该类业务网商户用户平台商品的属性优势将被削弱。

3）政府价格管理分平台监管下的功能表现。

国家为了充分发挥价格合理配置资源的作用、稳定市场价格总体水平、保护消费者和经营者的合法权益、促进经济健康发展，制定了《中华人民共和国价格法》《禁止价格欺诈行为的规定》《政府制定价格行为规则》等法律法规，在监管网的政府管理平台中建立了政府价格管理分平台，对商品的交易价格实施管理和调控，形成电子商务商品价格监管网，如图2-20所示。

在监管网政府价格管理分平台监管要求下，业务网中商户用户平台有以下三种类型的功能表现：

①业务网商户用户平台不参与商品价格监管网。

在监管网政府价格管理分平台的监管下，业务网商户用户平台作为监管网中的对象平台，在商品经营中不得相互串通、操纵市场价格和损害其他经

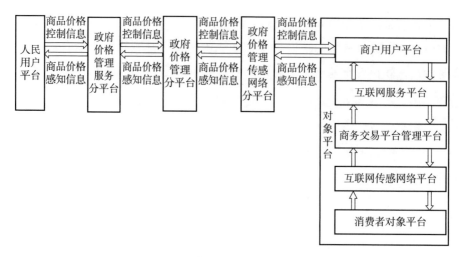

图 2-20　电子商务商品价格监管网

营者或者消费者合法权益；不得利用虚假或使人误解的价格手段，诱骗消费者或其他经营者与其进行交易。

价格是决定商品销量的重要因素之一，业务网商户用户平台在监管网的价格法律框架约束下，不能随意使用价格手段调节商品销量，这会制约其商品销量，影响其商务获利。业务网商户用户平台为实现自身商务利益最大化、脱离国家法律法规的监管，可能选择不参与电子商务商品价格监管网的组网。业务网商户用户平台在政府监管之外，可根据自身的主导性需求来调整商品价格，可能会做出以次充好、诱导消费、标价虚高等违法行为，损害消费者的合法权益，最终导致其受到法律制裁。

②业务网商户用户平台被动参与商品价格监管网。

在监管网中，政府价格管理分平台为保障人民用户平台消费者的利益，对业务网商户用户平台的商品价格进行强制监管。业务网商户用户平台只有参与电子商务商品价格监管网的组网，成为其对象平台并接受监管，才能获得政府的经营许可。业务网商户用户平台为实现在法律框架内的长远经营，会被动参与电子商务商品价格监管网。

业务网商户用户平台被动参与电子商务商品价格监管网时，只是程序上接受监管网中政府价格管理分平台的监督管理。商品价格信息在业务网商户用户平台的主导下，运行于业务网中，不需经过商品价格监管网即可向业务网中消费者对象平台传输。因此，政府价格管理分平台不能实时获悉和审核商品价格信息。业务网商户用户平台可在实际经营中，以最符合自身商务利益的价格手段促进商品的销售，政府价格管理分平台不能对其价格信息进行实时监管，商户可能做出非法制定价格的行为，消费者的合法权益因此无法得到切实保障，这实际上不利于商户的长远发展。

③业务网商户用户平台主动参与商品价格监管网。

在电子商务商品价格监管网中，政府价格管理分平台在满足人民用户平台主导性利益需求的同时，也满足参与监管网的业务网商户用户平台的参与性需求，保护其合法的价格功能表现。业务网商户用户平台主动参与商品价格监管网，是为获得政府层面的经营许可，在价格功能表现上得到法律保护，从而实现自身在商品价格监管网中的参与性需求。

主动参与电子商务商品价格监管网的业务网商户用户平台可分为以下两类：

一是价格功能表现合法合规，但商品整体竞争能力一般的商户。业务网商户用户平台在商品价格功能表现上，遵守国家关于商品价格管理的相关法律法规，制定与商品真实功能和性能匹配的销售价格。由于该类业务网商户用户平台销售商品在质量、功能、性能等整体竞争力上不具备明显竞争优势，相较于不参与监管网和被动参与监管网商户，其商品的市场竞争力较弱。

二是价格功能表现合法合规，且商品整体竞争力强的商户。在主动参与商品价格监管网的过程中，业务网商户用户平台为获得市场竞争优势，会销售具有核心技术和创新性的商品，提升商品在质量、功能、性能等方面的市场竞争力。但当具有同等实力的业务网商户用户平台为了实现商务利益最大化，不参与监管网或被动参与监管网时，该类业务网商户用户平台的整体竞争力将在不对等的市场竞争中被削弱。

4）政府市场竞争管理分平台监管下的功能表现。

国家相关部门制定了《中华人民共和国反不正当竞争法》及《中华人民共和国专利法》《中华人民共和国商标法》《中华人民共和国著作权法》等一系列法律法规，对商户的市场竞争行为予以管理约束，形成了电子商务商品市场竞争监管网，如图 2-21 所示。

在监管网中政府市场竞争管理分平台的监管要求下，业务网中商户用户

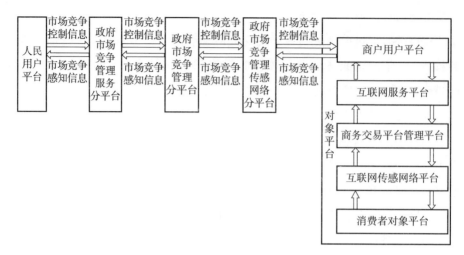

图 2-21 电子商务商品市场竞争监管网

平台有以下三种类型的功能表现：

①业务网商户用户平台不参与商品市场竞争监管网。

在监管网中政府市场竞争管理分平台的监管下，参与监管网的业务网商户用户平台在经营活动中，不能采用违反商业道德的手段去争取交易机会，或破坏他人的竞争优势，损害消费者和其他经营者的合法权益，扰乱社会经济秩序。

业务网商户用户平台参与电子商务商品市场竞争监管物联网时，会限制自身的商业竞争手段，不能最大限度地吸引消费者。业务网商户用户平台为利用多种手段参与市场竞争，实现自身商务利益最大化，会脱离国家法律法规的监管，不参与电子商务商品市场竞争监管网的组网。业务网商户用户平台在市场竞争监管之外，可以根据自身主导性需求，任意采用市场竞争手段参与市场竞争。商户为追求高利润，可能做出低质低价、侵权违约、制假售假等恶性竞争行为，破坏市场竞争环境，扰乱社会正常经营秩序，损害消费者权益以及其他合法参与市场竞争商户的利益，这最终会导致其被市场淘汰，甚至受到法律制裁。

②业务网商户用户平台被动参与市场竞争监管网。

在监管网中政府市场竞争管理分平台的强制监管下，业务网商户用户平台只有参与电子商务商品市场竞争监管网的组网，成为其对象平台接受监管，才有可能获得政府经营许可。业务网商户用户平台为实现长远经营，会被动参与电子商务商品市场竞争监管网。

业务网商户用户平台被动参与电子商务商品市场竞争监管物联网时，仍以实现自身在业务网中的主导性需求为目的。业务网商户用户平台的市场竞争业务信息在业务网中运行，不需经过电子商务商品市场竞争监管网的审核。因此，业务网商户用户平台在实际市场竞争中，以符合自身商务利益的竞争方式促进商品的销售，政府市场竞争监管分平台对业务网商户用户平台在业务网中的竞争行为管控效果不理想，无法有效保障消费者和其他竞争商户的合法权益，这也不利于商户自身的长远利益。

③业务网商户用户平台主动参与市场竞争监管网。

业务网商户用户平台为了在市场竞争中得到法律保护，会主动参与电子商务商品市场竞争监管物联网，可分为以下两类：

一是市场竞争行为合法合规，但商品整体竞争力一般的商户。业务网商户用户平台主动响应政府市场竞争监管要求，合法参与市场竞争。在同质商品竞争中，该类业务网商户用户平台与不参与监管网和被动参与监管网的业务网商户用户平台形成了不对等竞争关系，难以获得市场竞争优势。

二是市场竞争行为合法合规，且商品整体竞争力强的商户。业务网商户用户平台在主动参与监管网时，会凭借技术研发和创新，销售整体竞争力强的商品，争取市场竞争优势。相比之下，不参与监管网和被动参与监管网的业务网商户用户平台不受政府监管，可在价格、营销宣传、知识产权等方面有针对性地调整竞争策略。在长期的不对等竞争下，主动参与监管网的业务网商户用户平台的市场竞争优势将被削弱。

5）政府税务管理分平台监管下的功能表现。

国家为促进电子商务的健康发展、保障消费者权益，在税务征收方面制定了《中华人民共和国企业所得税法》《中华人民共和国个人所得税法》《中华人民共和国税收征收管理法》《网络发票管理办法》等一系列法律法规，对业务网商户用户平台经营税的征收进行管理，形成了电子商务税务监管网，如图2-22所示。

在监管网中政府税务管理分平台监管下，业务网中商户用户平台有以下三种类型的功能表现：

①业务网商户用户平台不参与税务监管网。

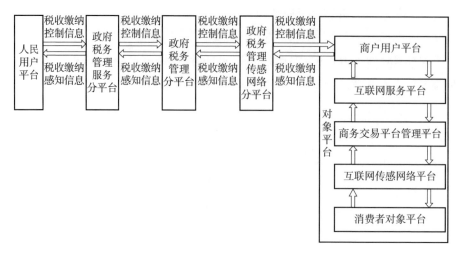

图 2-22　电子商务税务监管网

在电子商务税务监管网中，政府向参与监管网的业务网商户用户平台征收一定比例的营业税，用于社会管理，为人民用户平台提供服务。业务网商户用户平台依法纳税会减少经营利润，制约其商务利益最大化需求的实现。

业务网商户用户平台为满足自身在业务网中商务利益最大化的主导性需求，可能不参与电子商务税务监管物联网。在政府税务监管外，业务网商户用户平台会获取所有销售利润，做出逃税漏税等违法行为，为国家税收工作增加难度，损害国家、社会和集体的利益，以及合法纳税人的正当权益，其将会受到法律制裁。

②业务网商户用户平台被动参与税务监管网。

税务征收是国家强制举措，包括法人企业、非法人企业和自然人在内的所有纳税人均应依法纳税。依法纳税是业务网商户用户平台经营活动获得政府许可的前提，业务网商户用户平台为实现长远合法经营，会被动参与电子商务税务监管物联网。

被动参与税务监管网的业务网商户用户平台虽进行了工商注册和税务登记，但业务网商户用户平台经营信息通过业务网运行，税务管理部门对业务网商户用户平台销售收入信息的监管在很大程度上依赖于业务网商户用户平台的主动性和诚实性。部分业务网商户用户为满足自身利益最大化的主导性需求，会降低成本，处理销售数据，导致政府税收监管无账可查，使本来应征收的关税、消费税、增值税、所得税等税款大量流失，加剧了国家经济风险，损害了人民利益，也会影响商户自身的长远发展，该类商户终将被消费者淘汰。

③业务网商户用户平台主动参与税务监管网。

在电子商务税务监管网中，政府税务管理分平台在实现税务征收的同时，会对业务网商户用户平台的合法经营予以支持和保护。因此，业务网商户用户平台会主动参与电子商务税务监管网，通过依法纳税，实现自身合法经营的参与性需求。

主动参与税务监管网的业务网商户用户平台分为以下两类：

一是依法纳税，但销售收入一般的商户。业务网商户用户平台按照国家税务相关法律法规规定，主动诚信纳税。当该类业务网商户用户平台所销售商品的使用价值与市场中销售的同类商品相当时，市场竞争中该类业务网商户用户平台商品无明显竞争优势，销售收入有限。该类业务网商户用户平台可能认为依法纳税会减少其回收的资本，不利于生产规模的扩大。与不参与监管网或被动参与监管网的业务网商户用户平台相比，该类业务网商户用户平台的发展速度相对缓慢。

二是依法纳税，且销售收入高的商户。业务网商户用户平台主动参与监管网，在依法纳税的同时，自主生产研发或使用具有竞争力的商品，可提高商品销量，销售收入较高。但当不参与监管网和被动参与监管网的业务网商户用户平台销售具有同样竞争力的商品时，可不按规定纳税，获得更大利润。该类业务网商户用户平台在这种不对等竞争中，资金回笼速度相对较慢，其在业务网中的主导性需求实现会受到限制。

6）政府统计管理分平台监管下的功能表现。

国家为了科学、有效地组织统计工作，保障统计资料的真实性、准确性、完整性和及时性，发挥统计在了解国情国力、服务经济社会发展中的重要作用，促进社会建设与发展，制定和实施了《中华人民共和国统计法》，并据此对电子商务数据信息进行统计监管，形成了电子商务统计监管网，如图2-23所示。

在监管网中政府统计管理分平台监管要求下，业务网商户用户平台有以下三种类型的功能表现：

①业务网商户用户平台不参与统计监管网。

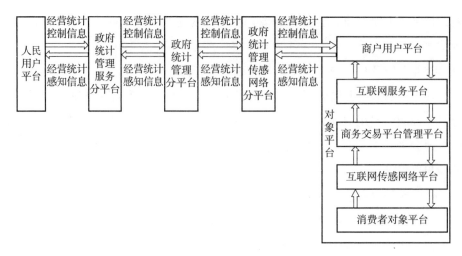

图 2-23　电子商务统计监管网

　　在电子商务统计监管网的要求下，参与监管网的业务网商户用户平台需向政府统计部门及时提供真实、准确、完整的统计调查资料，不得提供不真实、不完整的统计资料，不得迟报、拒报统计资料。业务网商户用户平台遵照统计监管要求提供全部经营业务信息，会对其商务利益最大化需求的实现产生一定制约。

　　业务网商户用户平台为了实现商务利益最大化，会避免向监管网中政府统计管理分平台提供不利于其主导性需求实现的数据信息，不参与电子商务统计监管网的组网。业务网商户用户平台在监管网的统计监管之外，可任意地实施经营行为，导致商户信息统计数据缺失，影响国家方针政策的制定和实施，造成市场秩序混乱，损害人民利益，最终会导致其受到法律制裁。

　　②业务网商户用户平台被动参与统计监管网。

　　统计是政府在推动社会发展需求下的强制举措，业务网商户用户平台只有配合政府统计管理分平台的统计监管工作，才能获得政府对其合法经营活动的支持。业务网商户用户平台基于长远经营考虑，会被动参与统计监管网的组网。

　　在业务网商户用户平台的主导下，其经营业务信息在业务网中运行，政府统计管理部门的统计工作依赖于业务网商户用户平台的主动、诚信配合。业务网商户用户平台被动参与监管网时，可根据自身在业务网中的主导性需求，调整数据记录，向政府统计管理部门提供经过处理的经营业务信息。政府统计管理分平台无法实时监控业务网中商户的数据信息，也不能从商务交易平台获取完整、准确的商户信息，导致大数据的统计容易出现偏差，给政府更好地为人民服务工作带来挑战，无法保障人民利益。该类商户终将被市场淘汰。

③业务网商户用户平台主动参与统计监管网。

电子商务统计监管物联网中，政府统计管理部门在为人民用户平台提供统计服务的过程中，也能满足对象平台的参与性需求。业务网商户用户平台为获得监管网对其合法经营活动的法律保护，会主动参与统计监管网的组网。

业务网商户用户平台主动参与监管网，会积极配合政府统计管理部门的统计工作，真实、准确、完整地向其提供网站流量、订单流量、经营收入等数据信息。政府统计管理部门可以有效掌握业务网商户用户平台的完整业务信息，并实施相关的经济调控、金融管理和税收政策，调控业务网商户用户平台的经营行为。与不参与监管网或被动参与监管网的商户相比，该类商户主导下的业务网的运行有效性将受到一定的制约。

7）政府信用管理分平台监管下的功能表现。

国家为推动社会文明建设，保障和维护人民利益，通过《中华人民共和国消费者权益保护法》《征信业管理条例》等法律法规的制定与实施，以及社会信用体系的建设，对商务活动中各业务网商户用户平台的信用行为进行规范、约束和监督，形成了电子商务信用监管网，如图2-24所示。

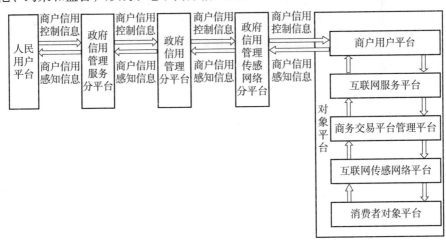

图2-24 电子商务信用监管网

在监管网中政府信用管理分平台的监管要求下，业务网商户用户平台有以下三种类型的功能表现：

①业务网商户用户平台不参与信用监管网。

信用监管网要求参与监管网的业务网商户用户平台在经营活动中诚实守信、合法经营。业务网商户用户平台按照监管网的要求开展经营活动，会限制自身在业务物联网中主导性需求的实现。

业务网商户用户平台为实现自身主导性需求，可能不参与信用监管网的组网。业务网商户用户平台在政府信用监管体系之外，主导着信用信息在业务网中的运行，根据自身利益需求，开展信用营销活动，会造成电子商务诚信缺失问题，冲击政府信用保障体系，威胁国家和人民的利益，最终会导致其受到法律制裁。

②业务网商户用户平台被动参与信用监管网。

在政府信息监管强制举措下，业务网商户用户平台只有参与信用监管网的组网、接受信用监管，才能获得政府的经营许可。业务网商户用户平台为避免自身经营活动受到法律制裁，会被动参与信用监管网。

在业务网中，商户用户平台信用信息由商户用户平台主导运行。当业务网商户用户平台被动参与监管网时，为了实现自身在业务网中的最大商务利益，通常会向监管网中政府信用管理分平台提供有利于自身的信用信息，规避政府信用监管，造成政府信用监管无实际效果，商户用户平台可能出现虚假信息诈骗、仿冒充正、售后推责等问题，侵害消费者的合法权益。这类平台终将被市场淘汰。

③业务网商户用户平台主动参与信用监管网。

业务网商户用户平台为使自身经营活动得到国家法律保护，会主动参与信用监管网。

业务网商户用户平台在主动参网的情况下，会按照国家法律法规要求，在商务经营、税收缴纳等方面形成诚实守信的功能表现。业务网商户用户平台诚实守信的营销行为，会为其赢得更多消费者的信任，在市场竞争中占据一定优势。与不参与监管网和被动参与监管网的业务网商户用户平台相比，该类业务网商户用户平台需要付出更多经营成本，将影响其在业务网中主导性需求的实现。

8）政府财务管理分平台监管下的功能表现。

国家为了加强经济管理、财务管理和国家审计监督，维护国家财政经济秩序，提高经济效益和财政资金使用效益，保障国民经济和社会健康发展，制定和实施了《中华人民共和国会计法》《中华人民共和国审计法》《企业会计制度》等相关法律法规，对企业经营中会计、财务、审计等方面的行为进行监督管理。政府财务管理相关部门在对业务网商户用户平台进行监管的过程中，形成了电子商务财务监管网，如图 2-25 所示。

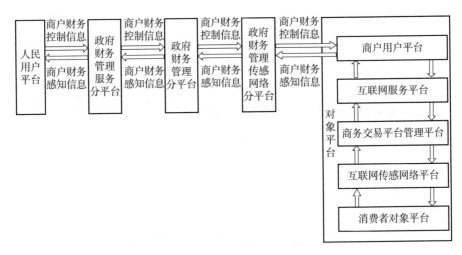

图 2-25　电子商务财务监管网

在监管网中政府财务管理分平台监管要求下，业务网商户用户平台有以下三种类型的功能表现：

①业务网商户用户平台不参与财务监管网。

电子商务财务监管网获取业务网商户用户平台的财务数据，目的在于规范业务网商户用户平台财务行为，为经济管理、税务征收、资本运作提供依据。业务网商户用户平台财务信息被政府财务管理分平台获取时，意味着需接受政府的财务监管，承担应有的经济责任。

业务网商户用户平台为实现利润最大化，满足自身在业务网中的主导性需求，会选择不参与电子商务财务监管网。业务网商户用户平台会在政府财务监管之外，实施有利于其主导性需求实现的财务行为，逃避正规纳税和应承担的经济责任，不利于政府经济管理工作的开展，影响人民合法权益的实现。这类平台终将接受法律制裁。

②业务网商户用户平台被动参与财务监管网。

财务监管是国家强制举措，业务网商户用户平台只有配合政府部门财务监管，才有可能得到政府的经营许可。业务网商户用户平台为实现合法经营，会被动参与财务监管网。

业务网商户用户平台的财务总账、报表数据、财务分析数据等业务信息，由商户用户平台主导，运行于业务网中，监管网中政府财务管理分平台财务监管工作依赖于业务网商户用户平台的信息提供。业务网商户用户平台被动参与监管网时，为避免承担经济责任、实现更多商务利益，会向政府财务管理分平台传输有利于自身的信息，使得政府财务管理分平台无法实时监控业务网商户用户平台的财务数据，给政府经济管理工作带来巨大挑战，影响人民用户平台需求的实现。这类平台终将被市场淘汰。

③业务网商户用户平台主动参与财务监管网。

在电子商务财务监管网中，政府财务管理分平台在实现财务信息获取的同时，也为参与监管网的业务网商户用户平台的合法经营活动提供法律支持和保护。业务网商户用户平台为实现在财务监管物联网中的参与性需求，会主动参与财务监管网。

业务网商户用户平台在主动参与监管网的情况下，会按照国家法律法规要求，规范自身财务行为，向政府财务管理部门提供真实、准确的财务状况信息。相较于不参与监管网和被动参与监管网的业务网商户用户平台，该类业务网商户用户平台会承担更大的社会经济责任，其在业务网中主导性需求的实现会受到影响。

9）政府信息安全管理分平台监管下的功能表现。

国家政府部门依据《中华人民共和国宪法》《中华人民共和国治安管理处罚法》《计算机软件保护条例》《中华人民共和国计算机信息系统安全保护条例》《中华人民共和国电子签名法》等一系列法律法规，对人民在社会活动中的隐私信息予以保护。政府相关信息安全管理部门在对业务网中商户用户平台信息安全功能表现进行监管的过程中，形成电子商务信息安全监管网，如图2-26所示。

在监管网政府信息安全管理分平台监管要求下，业务网商户用户平台有以下三种类型的功能表现：

①业务网商户用户平台不参与信息安全监管网。

在电子商务信息安全监管网中，政府信息安全管理分平台为维护人民用

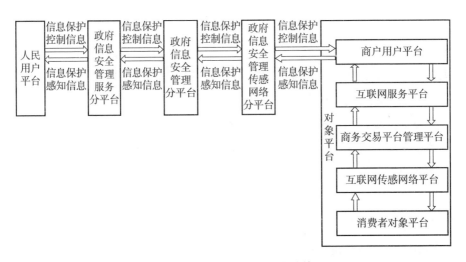

图 2-26　电子商务信息安全监管网

户的利益，将业务网商户用户平台作为对象平台进行监管。电子商务信息安全监管网业务网商户用户平台在接受政府监管时，需要增加信息安全技术使用和管理投入，保护消费者个人信息安全，这势必会减少业务网中商户用户平台的商务利益获取，影响其主导性需求的实现。

业务网商户用户平台为降低经营成本、增加利益获取，可能不参与电子商务信息安全监管网的组网。业务网商户用户平台在信息安全监管之外，不需要增加消费者个人信息的保护投入，并可在消费者不知情的情况下，利用已掌握的消费者个人信息谋求更大的经济利益，实施信息售卖、泄露等违法行为，侵害消费者权益，扰乱社会秩序。这类平台终将受到法律制裁。

②业务网商户用户平台被动参与信息安全监管网。

电子商务信息安全监管网的监管行为由国家强制力保证实施。在国家法律法规的约束下，政府信息安全管理部门能够发挥行政职能，打击侵犯消费者个人信息安全的行为。业务网商户用户平台为了规避法律责任和法律后果，在监管网政府信息安全管理分平台的组织下，作为对象平台被动参与信息安全管理网的组网，接受政府的强制监督与管理。

在电子商务交易活动中，消费者个人信息在业务网中运行，由业务网商户用户平台掌握。监管网中政府信息安全管理分平台职能的实际发挥，依赖于业务网商户用户平台的信息传输，监管网不能自行获取。因此，实施消费者个人信息保护的主体仍是业务网商户用户平台。业务网商户用户平台在追求主导性需求的过程中，形成有利于自身的信息安全功能表现，且该类信息是否传输给政府信息安全管理分平台用于监控，完全由商户自身决定，监管网无法自行获取，政府信息安全监管分平台的职能发挥受阻，无法有效保障消费者权益。该类商户终将遭到市场淘汰。

③业务网商户用户平台主动参与信息安全监管网。

消费者在参与业务网的组网时，需要实现其参与性需求，希望业务网的运行能够保证自身基本信息的安全。业务网商户用户平台为了实现其获取更大利润的主导性需求，采取了一定的消费者个人信息安全保护措施，并主动参与电子商务信息安全监管网的组网，从而提升网络交易信誉度，吸引消费者，赚取更大商务利益。

主动参与信息安全监管网的业务网商户用户平台分为以下两类：

一是拥有保护消费者个人信息安全的意识，但不具备信息保护能力的商户。当业务网商户用户平台参与监管网时，需要为消费者提供信息保护技术和管理支持。由于该类业务网商户用户平台不具备信息安全保护能力，在建立信息安全管理系统、提升信息安全保护能力的过程中会增加经营成本，从而削弱其保护消费者个人信息安全产生的竞争优势，影响其业务网中主导性需求的达成。

二是拥有保护消费者个人信息安全的意识，且具备信息保护能力的商户。业务网商户用户平台主动参与监管网，建立了相对完善的信息安全维护系统和管理体系，能够保护消费者个人信息安全，更好地实现业务网中消费者对象平台的参与性需求，激发消费者的购买欲望。信息安全维护系统的运营会增加该类商户用户平台的资金投入，与不参与监管网和被动参与监管网的业务网商户用户平台所售同类商品进行价格竞争时，会形成不平等的市场竞争关系，其获利相对较少，降低该类业务网商户用户平台主动参与监管网的意愿。

（2）业务网商务交易平台管理平台为监管网对象平台的功能表现

在监管网中，政府管理平台为维护商业经营秩序、保障人民用户消费者的利益，会将业务网中的商务交易平台管理平台作为对象平台实施监管。监管网中政府管理平台不仅要求业务网商务交易平台管理平台在企业运营上遵守相关法律法规，也要求业务网商务交易平台管理平台承担起对业务网商户用户平台的监督管理职责，以保证业务网商户用户平台有着合法守法的商务经营功能表现。

1）政府监管下业务网商务交易平台管理平台为商业主体的功能表现。

业务网中的商务交易平台管理平台作为商业主体通过商务交易平台的运营获得商务收益。国家各职能部门依据《中华人民共和国民法典》《中华人民共和国刑法》《中华人民共和国公司法》《中华人民共和国劳动合同法》《中华人民共和国企业所得税法》《中华人民共和国劳动法》《中华人民共和国会计法》《中华人民共和国统计法》《中华人民共和国产品质量法》《中华人民共和国消费者权益保护法》等系列法律法规，对业务网商务交易平台管理平台实施监督管理，形成电子商务商业主体监管网，为监管网中人民用户平台的利益提供保障，如图 2-27 所示。

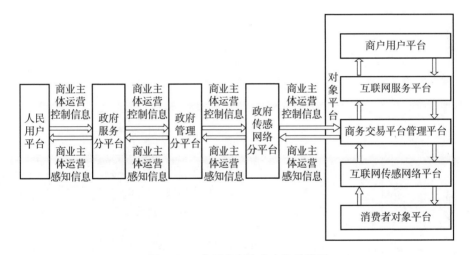

图 2-27　电子商务商业主体监管网

业务网商务交易平台管理平台要实现可持续运营，需得到监管网中政府管理平台的认证。通过权衡自身的商业主体经营利益需求和人民用户平台主导性需求，业务网商务交易平台管理平台形成以下三种功能表现类型：

①业务网商务交易平台管理平台不参与商业主体监管网。

业务网商务交易平台管理平台为实现利益最大化、避免其经营行为受到法律法规的约束，会选择不参与电子商务商业主体监管网。业务网商务交易平台管理平台在经营中可能利用网络的虚拟性，不进行工商注册、税务登记，逃避政府监管，但其违法行为终将受到法律制裁。

②业务网商务交易平台管理平台被动参与商业主体监管网。

业务网商务交易平台管理平台为了规避法律风险，会被动参与电子商务商业主体监管物联网。在实际经营中，业务网商务交易平台管理平台为保障自身利益，利用政府监管对其数据搜集和信用管理的依赖性，向相关政府监管部门提供对自身有利的业务信息，但这样会损害社会和人民的利益，其将承担相应的法律风险。

③业务网商务交易平台管理平台主动参与商业主体监管网。

业务网商务交易平台管理平台为实现自身商业主体的长远发展，会主动参与监管网，遵守国家相关法律法规，获得国家政府部门对其商业主体权益的保护。

2）政府监管下业务网商务交易平台管理平台为商业载体的功能表现。

在业务网中，商务交易平台管理平台作为商业载体，为商户和消费者的商务交易活动提供平台。在监管网中，政府管理平台为实现对业务网商户用户平台经营活动的监管，希望业务网商务交易平台管理平台承担起对商户入驻信息及经营活动过程审核管理的责任，形成了电子商务商业载体监管网，以维护监管网中的人民用户平台的权益，如图2-28所示。

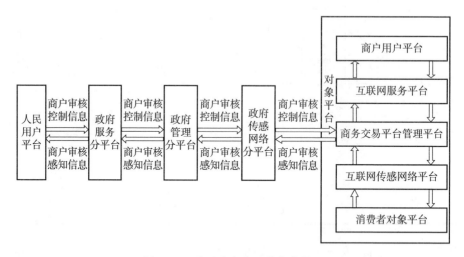

图 2-28　电子商务商业载体监管网

①业务网商务交易平台管理平台对商户入驻信息审核管理的功能表现。

政府相关部门制定了《网络交易监督管理办法》、《中华人民共和国消费者权益保护法》《上海市消费者权益保护条例》《第三方电子商务交易平台服务规范》等法律法规和标准规范，在商户的身份、经营、信用等信息审核方面，对业务网商务交易平台管理平台做出了明确的规定和要求。

在国家法律法规的强制要求下，业务网商务交易平台管理平台制定相应的商户入驻审核规则，对商户的入驻信息进行审核。商户是业务网中的用户，实际主导着业务网运行，业务网商务交易平台管理平台要实现自身商务利益，需维护和保障业务网商户用户平台的利益。因此，在入驻审核规则的制定与实施上，业务网商务交易平台管理平台只是被动进行入驻商户的初步筛选，不对商户入驻信息进行严格有效的把控和审核。

在入驻审核规则的制定上，各业务网商务交易平台管理平台标准不一，通常只要求商户提供身份证明、经营品牌、经营产品资料等基本认证信息，不要求商户提供征信、财务状况等信息。

在入驻审核规则的实施上，业务网商务交易平台管理平台在获取和保存商户提交的资料后，通常不对材料的真实性进行校验。

②业务网商务交易平台管理平台对商户商品经营过程进行审核管理的功能表现。

相关政府监管部门制定了《网络交易监督管理办法》《互联网广告管理暂行办法》和《〈关于禁止价格欺诈行为的规定〉有关条款解释的通知》等法律法规，要求业务网商务交易平台管理平台对商户发布的商品相关信息进行监控，以规范业务网商户用户平台在商品交易过程中的经营行为，避免监管网中人民用户平台的权益遭受侵害。

商户为业务网中的用户，是业务网商务交易平台管理平台获取商务利益的来源。因此，业务网商务交易平台管理平台在业务网的运营管理上侧重于实现与保障业务网商户用户平台的利益，对监管网中人民用户平台权益和市场经营秩序的维护不是其运营管理上的重点。

面对监管网中政府管理平台所发出的控制指令，业务网商务交易平台管理平台作为业务网中的管理平台，没有权力对业务网的商户用户平台进行监管；再者，业务网中商务交易平台管理平台与商户用户平台是利益共同体，不希望有相关因素对二者的利益获取产生阻碍。

3）政府监管下业务网商务交易平台管理平台为金融主体的功能表现。

国家政府部门依据《中华人民共和国民法典》《中华人民共和国中国人民银行法》《中华人民共和国商业银行法》《关于促进互联网金融健康发展的指

导意见》《第三方电子商务交易平台服务规范》等系列法律法规，以及《互联网金融风险专项整治工作实施方案》《通过互联网开展资产管理及跨界从事金融业务风险专项整治工作实施方案》《非银行支付机构风险专项整治工作实施方案》等文件，对业务网商务交易平台管理平台的各种电子金融服务业务进行规范和约束，形成电子商务金融主体监管网，如图2-29所示。

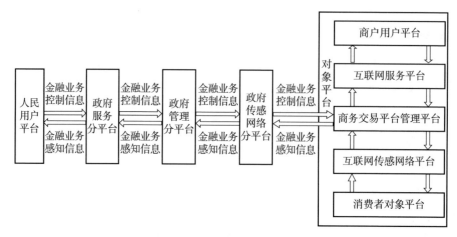

图 2-29   电子商务金融主体监管网

在业务网中，商户与消费者间的商务交易在商务交易平台管理平台形成了巨量资金沉淀，商务交易平台管理平台以此为资本，涉足零售、担保、信贷等金融服务业务。

业务网商务交易平台管理平台金融业务庞杂，尚未设置实时上报政府监管机构的机制，其资金流动信息不处于相关政府监管机构的实时监控中。业务网商务交易平台管理平台掌握着大量未处于监管网管理下的金融资本，使得国家和人民的金融安全存在隐患。

（3）业务网消费者对象平台为监管网对象平台的功能表现

业务网消费者对象平台作为监管网对象平台，由各相关政府管理平台根据《中华人民共和国宪法》《中华人民共和国治安管理处罚法》《中华人民共和国枪支管理法》《中华人民共和国国家安全法》《民用爆炸物品安全管理条例》《危险化学品安全管理条例》《易制毒化学品管理条例》《音像制品管理条例》《中华人民共和国野生动物保护法》等法律法规的规定，对消费者的消费行为进行引导，要求其合法消费，不成为违法禁售物品流通的帮手，如图2-30所示。

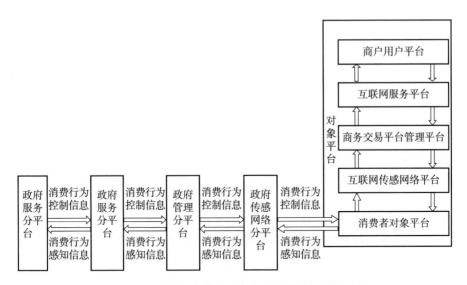

图 2-30　业务网消费者对象平台为监管网对象平台

业务网消费者对象平台根据自身利益需求，形成以下三种功能表现类型：

1）业务网消费者对象平台不参与监管网。

在监管网中，政府通过《中华人民共和国消费者权益保护法》《侵害消费者权益行为处罚办法》《网络交易监督管理办法》等法律，保护人民用户平台的权益；通过对业务网消费者对象平台的监管，约束业务网消费者对象平台的消费行为，维护社会秩序，保障人民用户平台的利益。

消费者在自身购物需求的作用下，参与业务网的组网，成为业务网中的对象平台。消费者的消费行为发生于业务网中，业务网中消费者对象平台只参与业务网运行，即可实现其购物需求。监管网对业务网中消费者对象平台的监管会制约对象平台消费者需求的实现。在业务网中，有的对象平台消费者为了避免监管网对其消费行为的制约，会选择不参与监管网。

如果业务网消费者对象平台不参与监管网，监管网中政府管理平台就不能对业务网中消费者对象平台的消费行为实施监管，监管网对业务网整体监管的有效性也无法实现。

2）业务网消费者对象平台被动参与监管网。

监管网中政府管理平台对业务网消费者对象平台进行监管，依法对业务网中消费者对象平台的违规消费行为进行处罚。在业务网中，有的消费者对象平台为了规避处罚风险，接受政府管理平台的监管，被动参与监管网的组网。

业务网中消费者对象平台通过参与业务网电子商务交易活动，实现自身的购物消费需求。业务网中消费者对象平台被动参与监管网时，其消费行为信息在业务网中运行，监管网中政府管理平台不能全面掌握消费行为信息。在政府重点监管的消费领域中，业务网消费者对象平台参与监管网的组网，接受政府监管，避免承担消费风险；在政府约束力较小的消费领域中，业务网消费者对象平台可根据自身在业务网中的消费需求，有选择性地参与监管网的组网。因此，业务网中消费者对象平台的消费信息不完全处于政府监管中，监管网对业务网整体的监管有效性会降低。

3）业务网消费者对象平台主动参与监管网。

监管网依法对业务网进行监管，保护消费者的合法权益。消费者的购物需求是其参与组建业务网的驱动力，业务网消费者对象平台为了使其在业务网中的购物行为得到法律保护，会主动参与监管网的组网。

监管网中政府管理平台通过监管对象平台，保护监管网中人民用户平台的权益。业务网消费者对象平台作为监管网中的对象平台，依法接受政府对其在业务网中消费行为的监管。在监管网中政府管理平台的有效监管下，业务网运行质量提升，这样虽然可以保护监管网中人民用户平台的权益，但降低了业务网的运行效率，影响业务网消费者对象平台参与性需求的实现，业务网消费者对象平台参与监管网的主动性也将受到影响。

第三章

以商务交易平台和商户为双用户的电子商务物联网

第一节 以商务交易平台和商户为双用户的业务网的形成

一、商务交易平台和商户双用户平台的形成

1. 商务交易平台运营商和商户的需求

业务网的应用和互联网的普及，使得更多的商户有了发展壮大的机会，越来越多的商户与商务交易平台达成商品营销服务协议。在商务交易平台的运营管理下，以商户为用户的业务网逐渐发展壮大，商户用户和消费者对象的规模不断增长。商务交易平台也在业务网的运营中积累了丰富的贸易资源，形成了较强的商业影响力。

（1）商务交易平台运营商获取运营利益和提升影响力的需求

商务交易平台由专门的运营商负责建设并运营，利用公共平台的资源优势，将众多生产生活供应商和消费者集聚起来，为商户和消费者提供营销、支付、安全认证、售后等一体化商品贸易平台，获取商业利润。

随着入驻商户和商品的增加，商务交易平台运营商需要在商业资源不断丰富的基础上调整商业策略，利用平台集成经营的优势，为商户提供集中的网络经营环境，从而调动商户开展电子商务经营活动的积极性，推动商户商品交易量的增加。为了获取更大的运营利益和提升平台影响力，商务交易平台运营商需要获得商品营销主动权，主导业务网的运营。

（2）商户扩大商品销售规模和销售利润的需求

以商户为用户的业务网的发展，使众多商户用户通过商务交易平台，面向消费者开展零售、供应等贸易销售活动。在商务交易平台的运作下，商户可以规范和协调商品交易流程、减轻库存和配送压力，使商品信息的沟通更

加便捷，极大地降低流通成本和管理成本；可以提高交易量、降低经营成本，使商户的经营规模迅速扩大。

越来越多的传统商人转型成为电子商务商户，与商务交易平台运营商达成相应的商品营销服务协议，期望提升商品销售量，获得商业利益。

2. 商务交易平台和商户双用户平台需求主导下的组网

商户利益需求的实现，需借助商务交易平台的整合营销优势。商户为了进一步扩大自身网络销售规模、获取更大的销售利润，需要与覆盖范围广、协调性强、效率高的商务交易平台运营商达成更深的合作；商务交易平台运营利润的获取和平台影响力的提升也需在商户商品营销中实现。因此，商户获取最大的销售利润与商务交易平台需求的目标相一致，能够达成合作。

商务交易平台和商户在各自需求的主导下，形成商务交易平台用户平台和商户用户平台，共同主导以商务交易平台和商户为双用户的业务网的形成，实现各自的利益需求，如图3-1所示。

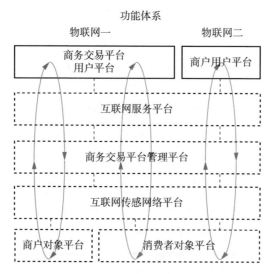

图3-1 商务交易平台和商户双用户平台的形成

二、互联网服务平台的形成

1. 互联网服务网络运营商的需求

互联网是为电子商务交易活动提供通信服务的一种信息传输方式。在以商务交易平台和商户为双用户的业务网中，商务交易平台用户平台和商户用户平台需要特定服务平台为其提供通信服务，网络运营商可以扮演该通信服务的主体角色，实现双用户需求信息的对外传输和服务信息的反馈。网络运营商需要在商务交易平台运营商及商户使用互联网的过程中，获得相应的经济利益。

2. 互联网服务平台需求驱动下的参网

在商务交易平台用户平台和商户用户平台的需求主导下，网络运营商为了赚取商业利润，会参与业务网的组成，为商务交易平台用户平台和商户用户平台提供通信服务，实现自身追求经济价值的参与性需求。互联网由此支撑形成以商务交易平台和商户为双用户的业务网中的互联网服务平台（见图3-2）。

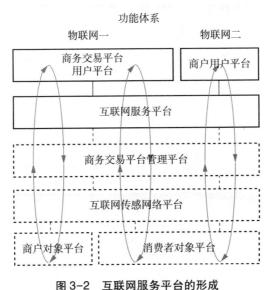

图 3-2 互联网服务平台的形成

三、商务交易平台管理平台的形成

1. 商务交易平台运营商的需求

商务交易平台用户平台和商户用户平台形成后，还需有相应的管理平台为其需求的实现进行统筹管理。商务交易平台需利用自身资源优势，协调双用户平台的利益配置。

商务交易平台运营商将网络交易活动过程标准化，在为双用户平台提供管理服务的过程中，需要按照平台运营规则对商务交易平台、商户和消费者之间的交易进行沟通和结算，为商户和自身平台提供商业贸易的平台、资源、市场等利益聚集通道和环境，建立双边收益模式，从双方获取商业利润，满足商务交易平台运营商的利益需求。

2. 商务交易平台管理平台需求驱动下的参网

商务交易平台用户平台的需求产生后，商务交易平台运营商为了更直接地获取商业利润，将自身作为管理平台提供服务。商户用户平台在商务交易平台运营商雄厚的商业资源和实力的协助下，也可通过与商务交易平台运营商合作营销，明确定位自己的产品，获取更大的经济利益。

商务交易平台运营商与双用户平台需求一致，能够有效统筹和实现商务交易平台用户平台和商户用户平台的主导性需求，为双方商品营销和利润获取提供统筹管理服务，从而实现自身的商业利益需求。因此，商务交易平台运营商在其参与性需求的驱动下，支撑形成了以商务交易平台和商户为双用户的业务网中的管理平台，即商务交易平台管理平台，如图3-3所示。

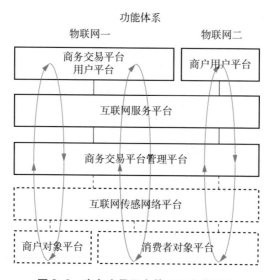

图3-3　商务交易平台管理平台的形成

四、互联网传感网络平台的形成

1. 互联网传感网络运营商的需求

互联网运营商的商务利益需要在业务网中实现。在以商务交易平台和商户为双用户的业务网中，商务交易平台管理平台在统筹管理双用户需求的过程中，需要互联网通信、数据库、信息搜索等技术为其提供信息传输通道。

信息技术催生了互联网经济，业务网的形成为互联网经济的发展提供了契机。互联网运营商利用其掌握的诸多网络信息技术，可以在电子商务交易活动中实现自身商业价值。因此，互联网运营商需要进一步将信息传感技术运用到以商务交易平台和商户为双用户的业务网中，实现自身的经济收益需求。

2. 互联网传感网络平台需求驱动下的参网

在电子商务交易活动中，互联网运营商的经济收益需要在业务网中实现。在自身需求的影响和商务交易平台的统筹运作下，互联网运营商愿意继续作为传感网络平台，为商务交易平台管理平台和相应对象平台提供传感通信服务，接受商务交易平台和商户双用户平台的主导，参与以商务交易平台和商户为双用户的业务网的组网。互联网由此支撑形成以商务交易平台和商户为双用户的业务网中的互联网传感网络平台，如图 3-4 所示。

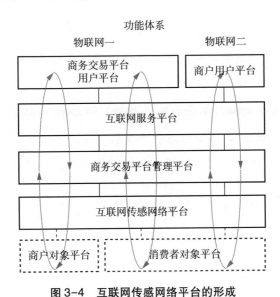

图 3-4　互联网传感网络平台的形成

五、商户和消费者双对象平台的形成

1. 商户和消费者的需求

业务网一步步向主流经济、核心业务方面扩散，呈现出多元化发展局面，扩大了消费市场。众多商户和消费者根据自身所处市场变化情况，对商务交易模式的选择更多地由传统商业转向了电子商务。

（1）商户扩大营销利润的需求

伴随着传统制造业、信息服务业和密集型企业等各类商户对业务网越来越多的应用，电子商务不仅是一种网络虚拟经济模式，还在实体商户的转型中起着重要的作用。

商户通过商务交易平台创造的公开、便捷、高效的平台环境进行网络交易活动，变革原有经营模式，加大产品的宣传力度，从而达到吸引更多消费者的目的，以实现自身商业经营的经济利益需求。

（2）消费者自主便捷购物的需求

随着业务网的发展，网络购物市场不断壮大。商务交易平台管理平台搭建的网络购物环境日臻成熟。电子商务在消费者人群中的渗透，使得消费者的网络购物潜力不断被挖掘；互联网的发展也为网络消费者市场的增长起到了推动作用。

网络购物给消费者带来了较人便利，进而影响了消费者的购物习惯和消费观，越来越多的消费者通过商务交易平台管理平台进行网络购物，实现其具有自主意识、特色化、个性化的消费需求。

2. 商户和消费者双对象平台需求驱动下的参网

业务网用户平台对该业务物联网参与者的运行和活动方式有着决定性影响。在以商务交易平台和商户为双用户的业务网中，商务交易平台管理平台同时为商务交易平台用户平台和商户用户平台服务，并针对二者的不同需求通过互联网传感网络平台寻找满足用户需求的对象。

商户和消费者在各自需求的驱动下，由商务交易平台管理平台统筹管理，参与商务交易平台和商户双用户主导产生的业务网的组网。商户能够获得巨大的商品销售市场，实现利益需求；消费者能够满足自身的购物消费需求，二者支撑形成该业务网中的商户和消费者双对象平台，为双用户平台商业利益需求的实现提供条件，如图3-5所示。

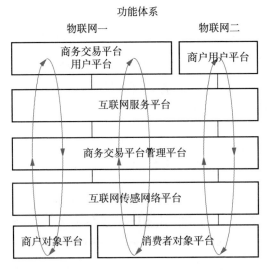

图3-5　商户和消费者双对象平台的形成

六、业务网的整体形成

随着商务交易平台和商户双用户平台、互联网服务平台、商务交易平台管理平台、互联网传感网络平台、商户和消费者双对象平台的依次形成，各功能平台的需求相互协调，组合形成以商务交易平台和商户为双用户的业务网，如图3-6所示。

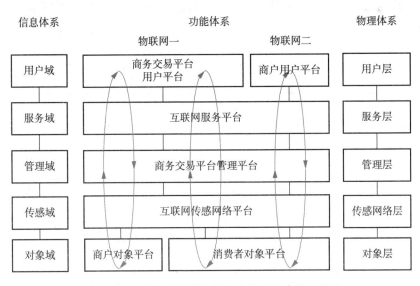

图3-6　以商务交易平台和商户为双用户的业务网

在以商务交易平台和商户为双用户的业务网中，商务交易平台用户平台和商户用户平台的需求为主导性需求，其他各功能平台的需求为参与性需求。在商务交易平台用户平台和商户用户平台需求主导下，分别形成以商务交易平台运营商为用户、商户与消费者为双对象的物联网一，以及以商户为用户、消费者为对象的物联网二。物联网一与物联网二作为以商务交易平台和商户为双用户的业务网的组成部分，在共同的商务交易平台管理平台的统筹管理下运营，以实现各功能平台的主导性和参与性需求。

第二节 以商务交易平台和商户为双用户的电子商务物联网的结构

一、业务网的结构

以商务交易平台和商户为双用户的业务网由信息体系、物理体系和功能体系组成，在整体结构上由以商务交易平台运营商为用户的物联网一和以商户为用户的物联网二组成。其中，功能体系是该业务网的外在表现，由商务交易平台用户平台、商户用户平台、互联网服务平台、商务交易平台管理平台、互联网传感网络平台、商户对象平台和消费者对象平台组成，如图3-7所示。

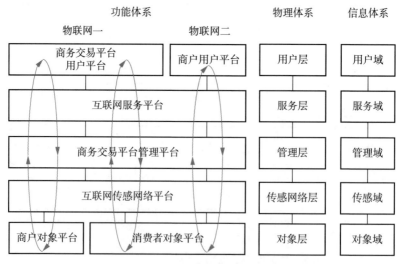

图3-7 以商务交易平台和商户为双用户的业务网的结构

商务交易平台和商户双用户平台对应信息体系中的用户域和物理体系中的用户层，由用户域中商务交易平台用户感知与控制信息、商户用户感知与控制信息分别在用户层中商务交易平台和商户互联网终端支撑下运行，主导整个业务网体系的运行。

互联网服务平台和互联网传感网络平台分别对应信息体系中的服务域、物理体系中的服务层以及信息体系中的传感域、物理体系中的传感网络层，分别由服务域和传感域中互联网网络运营商感知服务、控制服务信息及感知传感、控制传感信息在服务层和传感网络层中互联网服务通信服务器和传感通信服务器的支撑下运行，实现业务网中双用户平台、商务交易平台管理平台、双对象平台之间的信息交互。

商务交易平台管理平台对应信息体系中的管理域和物理体系中的管理层，由管理域中商务交易平台运营商感知管理与控制管理信息在管理层中商务交易平台管理服务器的支撑下运行，实现对整个业务网体系的运营管理。

商户和消费者双对象平台对应信息体系中的对象域和物理体系中的对象层，由对象域中商户对象感知与控制信息、消费者对象感知与控制信息在对象层中商户和消费者互联网终端的支撑下运行，实现业务网的感知与控制功能。

二、监管网的结构

监管网是以人民用户平台为基础的复合物联网，其功能体系由人民用户平台、政府服务平台、政府管理平台、政府传感网络平台及所监管的对象平台组成，如图 3-8 所示。

人民用户平台由全体人民组成，授权政府管理平台对监管网进行统筹管理，维护自身的利益；政府服务平台由各政府服务部门组成，为人民用户平台提供不同的服务；政府管理平台由各政府管理部门组成，针对不同的电子商务交易活动为人民用户平台提供不同的统筹管理服务；政府传感网络平台居于政府管理平台与对象平台之间，为不同的政府管理分平台和相应对象分平台提供多种传感通信方式；对象平台则由以商务交易平台和商户为双用户的业务网中的各功能平台组成，该业务网中的不同功能平台均为政府监管对象，形成不同的对象分平台，各对象分平台在政府管理平台的监管下开展各自的电子商务业务。

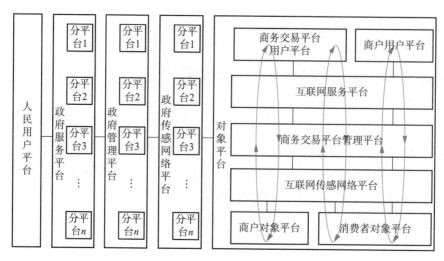

图 3-8 以商务交易平台和商户为双用户的监管网的结构

第三节 以商务交易平台和商户为双用户的电子商务物联网的信息运行

一、业务网的信息运行

业务网的运行过程即用户平台主导性需求及其他功能平台参与性需求的实现过程。在以商务交易平台和商户为双用户的业务网中，商务交易平台运营商需求主导下的物联网一和商户需求主导下的物联网二通过商品营销的信息运行和商品订单发货的信息运行两个过程，实现各功能平台的需求。其中，商户需求主导下的物联网二的信息运行与第二章所述相同，此处不再赘述。本节主要针对商务交易平台运营商需求主导下的物联网一的信息运行加以介绍。

在以商务交易平台运营商为用户的物联网一中，商务交易平台用户平台在商务交易平台管理平台的统筹运营下，通过互联网服务平台和互联网传感网络平台的通信支撑，分别与对象平台的商户和消费者组成不同物联网，形成不同的信息运行闭环。在信息运行过程中，商务交易平台运营商以实现商户对象和消费对象的参与性需求为一种控制手段，在创造商户与消费者之间电子商务交易机会的过程中，实现自身的主导性需求。

1. 商品营销的信息运行过程

在以商务交易平台为用户的物联网一中，商品营销的信息运行过程包括商户商品销售需求和消费者商品消费需求感知信息的运行过程，以及商务交易平台商品供应调节和商品营销控制信息的运行过程。

（1）商户商品销售需求和消费者商品消费需求感知信息的运行过程

在以商务交易平台为用户的物联网一中，商务交易平台用户平台希望从商户和消费者间的商务交易中获得利益。为此，商务交易平台管理平台通过为商户和消费者创造商务交易机会来实现商务交易平台用户平台的需求。在此过程中，获取商户商品销售需求和消费者商品消费需求是促成二者商务交易的前提。

商户商品销售需求和消费者商品消费需求感知信息的运行过程如图3-9所示。其中，商户商品销售需求感知信息的运行过程是指商户对象平台将其所需销售商品的类型、品牌、功能、价格等信息，以感知信息的形式依次通过互联网传感网络平台、商务交易平台管理平台、互联网服务平台传输给商务交易平台用户平台的信息运行过程；消费者商品消费需求感知信息的运行过程是指消费者对象平台将其所需消费商品的类型、品牌、功能、价格等信息，以感知信息的形式依次通过互联网传感网络平台、商务交易平台管理平台、互联网服务平台传输给商务交易平台用户平台的信息运行过程。

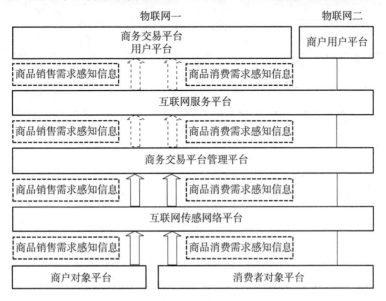

图3-9 商户商品销售需求和消费者商品消费需求感知信息的运行过程

在商户商品销售需求和消费者商品消费需求感知信息的运行过程中，商务交易平台运营商并不以用户的身份对商户和消费者二者传输的感知信息进行直接处理，而是凭借其商务交易平台管理平台的身份对商户商品销售需求感知信息和消费者商品消费需求感知信息进行统筹分析并加以匹配，从而促成二者的商务交易。

（2）商务交易平台商品供应调节和商品营销控制信息的运行过程

商务交易平台管理平台作为统筹运营平台，实现商户对象平台商品销售需求感知信息和消费者对象平台商品消费需求感知信息的汇集。商务交易平台管理平台在商务交易平台用户平台的授权下，通过对二者感知信息的分析处理，分别形成商品供应调节控制信息和商品营销控制信息，实现对商户对象平台商品供应和消费者购物消费的影响控制。

商务交易平台商品供应调节和商品营销控制信息的运行过程如图 3-10 所示。其中，商务交易平台商品供应调节控制信息的运行过程是指商务交易平台管理平台将生成的商品供应调节控制信息通过互联网传感网络平台传输给商户对象平台的信息运行过程；商务交易平台商品营销控制信息的运行过程是指商务交易平台管理平台生成商品营销控制信息，通过互联网传感网络平台向消费者对象平台传输的信息运行过程。

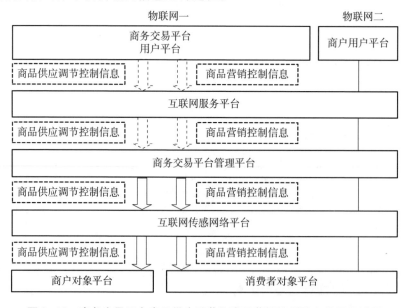

图 3-10　商务交易平台商品供应调节和商品营销控制信息的运行过程

在商务交易平台商品供应调节控制信息的运行过程中，商务交易平台管理平台将消费者商品消费需求感知信息与商户商品销售需求感知信息进行对比分析，找出二者间的差异并形成供应调节控制信息反馈于商户对象平台。商户对象平台据此做出调整，选择更适应消费者需求的商品进行销售。

在商务交易平台商品营销控制信息的运行过程中，商务交易平台管理平台将商户商品销售需求感知信息与消费者商品消费需求感知信息进行匹配分析，并据此向消费者对象平台推送所需商品信息，从而帮助消费者对象平台更快地购买到所需商品，促进商户对象平台商品的更快更好销售。

2. 商品订单发货的信息运行过程

在以商务交易平台运营商为用户的物联网一中，商品订单发货的信息运行过程是指消费者订单需求产生及商品交易最终完成的信息运行过程，由消费者订单需求感知信息的运行过程、商务交易平台用户平台发货控制信息的运行过程、商户对象平台发货感知信息的运行过程以及商务交易平台用户平台收货控制信息的运行过程四部分组成，如图 3-11 所示。

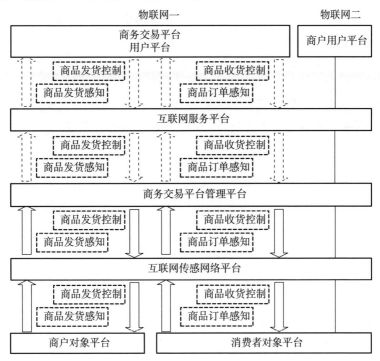

图 3-11　商品订单发货的信息运行过程

在商品订单发货的具体信息运行过程中，消费者对象平台首先在自身消费需求及商务交易平台管理平台商品营销的影响刺激下，形成商品订单需求信息，包括商品消费需求信息（如商品类别、款式、规格、数量）和消费者个人信息（如收货人姓名、地址、联系方式等）及对应支付信息。在互联网传感网络平台的传感通信支撑下，商品订单需求信息以感知信息的形式通过互联网传感网络平台传输至商务交易平台管理平台。

商务交易平台管理平台在商务交易平台用户平台的授权下，通过对消费者订单需求感知信息进行解析处理，获得订单商品对应供货的商户对象平台信息，再经互联网传感网络平台向该商户对象平台发送发货控制信息。

商户对象平台根据商务交易平台管理平台传输的发货控制信息向对应的消费者对象平台发货，并将发货信息以感知信息的形式传输给商务交易平台管理平台。

最后，由商务交易平台管理平台在商务交易平台用户平台授权下，向消费者发送收货控制信息，由消费者对象平台确认收货，从而完成整个信息运行过程。

二、监管网的信息运行

监管网在人民用户平台的主导下，授权政府管理平台从维护人民用户平台利益的角度出发，将以商务交易平台和商户为双用户的业务网中的各功能平台作为监管网中的对象平台进行监管，形成不同的信息运行过程。

1. 监管双用户平台的信息运行过程

监管业务网中的商务交易平台和商户双用户平台的信息运行过程，是监管网中政府管理平台针对业务网双用户平台的网络经营行为实施监督管理而形成的，包括双用户平台各自的经营行为感知信息的运行过程和经营行为控制信息的运行过程，如图 3-12 所示。

在商务交易平台用户平台和商户用户平台经营行为感知信息的运行过程中，双用户平台作为被监管对象，其各自的经营行为信息以感知信息的形式经相应政府传感网络分平台传输至相应政府管理分平台进行处理，随后再通过相应的政府服务分平台，传向人民用户平台，完成双用户平台经营行为感知信息的运行过程。

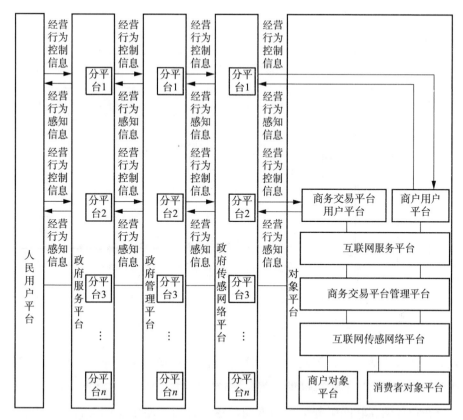

图 3-12　监管商务交易平台和商户双用户平台的信息运行过程

在商务交易平台用户平台和商户用户平台经营行为控制信息的运行过程中，相应的政府管理分平台在人民用户平台的授权下，对监管对象平台中双用户平台各自的经营行为感知信息实施控制和管理。政府管理分平台生成对双用户平台的经营行为控制信息，并通过相应的政府传感网络分平台向双用户平台传达，由双用户平台执行。

2. 监管互联网服务平台的信息运行过程

监管业务网互联网服务平台的信息运行过程，是在监管网政府管理平台监管对象平台中业务网互联网服务平台的服务通信运营行为时形成的信息运行过程，包括互联网服务平台服务通信运营行为感知信息的运行过程和控制信息的运行过程，如图 3-13 所示。

业务网互联网服务平台将服务通信运营行为感知信息通过相应的政府传感网络分平台，传输至相应政府管理分平台进行处理，再通过相应的政府服

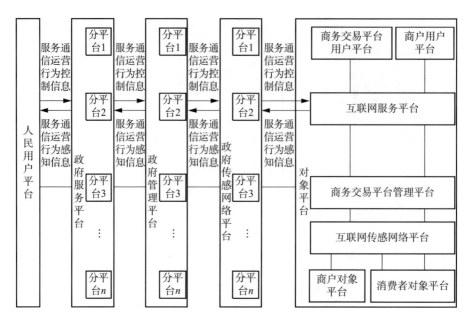

图 3-13　监管互联网服务平台的信息运行过程

务分平台将该感知信息传输给人民用户平台，完成互联网服务平台服务通信运营行为感知信息的运行过程。

在业务网互联网服务平台服务通信运营行为控制信息的运行过程中，相应的政府管理分平台在人民用户平台的授权下，直接对业务网互联网服务平台进行控制管理，根据服务通信运营行为感知信息生成运营行为控制信息，再通过相应的政府传感网络分平台传输到业务网互联网服务平台，由其执行控制信息。

3. 监管商务交易平台管理平台的信息运行过程

监管业务网商务交易平台管理平台的信息运行过程，是监管网政府管理平台监管对象平台中业务网商务交易平台管理平台运营行为的信息运行过程，包括业务网商务交易平台管理平台统筹管理运营行为感知信息的运行过程和控制信息的运行过程，如图 3-14 所示。

在业务网商务交易平台管理平台统筹管理运营行为感知信息的运行过程中，商务交易平台管理平台的统筹管理运营行为信息以感知信息的形式，通过相应的政府传感网络分平台传输至相应政府管理分平台进行处理，再通过相应的政府服务分平台将该感知信息传输给人民用户平台，完成业务网商务

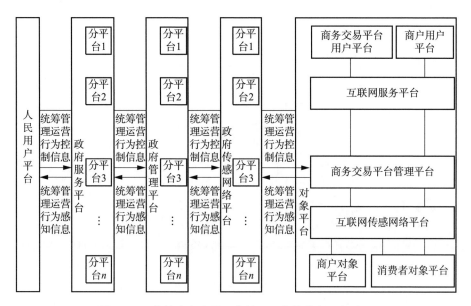

图 3-14　监管商务交易平台管理平台的信息运行过程

交易平台管理平台统筹管理运营行为感知信息的运行过程。

在业务网商务交易平台管理平台统筹管理运营行为控制信息的运行过程中，相应的政府管理分平台在人民用户平台的授权下，直接控制和管理业务网商务交易平台管理平台，根据获取到的运营行为感知信息生成运营行为控制信息，再通过相应的政府传感网络分平台传输到业务网商务交易平台管理平台，由商务交易平台管理平台按要求执行运营行为。

4. 监管互联网传感网络平台的信息运行过程

监管业务网互联网传感网络平台的信息运行过程，是监管网政府管理平台监管业务网互联网传感网络平台的传感通信运营行为的信息运行过程，包括业务网互联网传感网络平台传感通信运营行为感知信息的运行过程和控制信息的运行过程，如图 3-15 所示。

在业务网互联网传感网络平台传感通信运营行为感知信息的运行过程中，互联网传感网络平台的传感通信运营行为信息以感知信息的形式，通过相应的政府传感网络分平台传输至相应政府管理分平台进行处理，再通过相应的政府服务分平台将该感知信息传输给人民用户平台，完成业务网互联网传感网络平台传感通信运营行为感知信息的运行过程。

在业务网互联网传感网络平台传感通信运营行为控制信息的运行过程中，

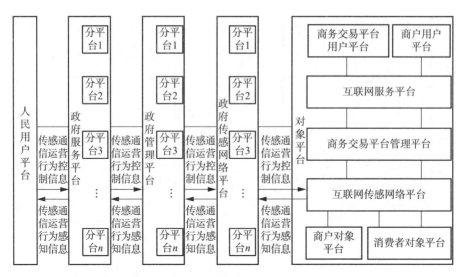

图 3-15　监管互联网传感网络平台的信息运行过程

相应的政府管理分平台在人民用户平台的授权下，直接控制和管理业务网互联网传感网络平台。政府管理分平台根据获取到的互联网传感网络平台传感通信运营行为感知信息生成运营行为控制信息，再通过相应政府传感网络分平台传输到业务网互联网传感网络平台，由业务网互联网传感网络平台按要求执行运营行为。

5. 监管双对象平台的信息运行过程

监管商户和消费者双对象平台的信息运行过程，是政府管理平台针对监管对象平台中商户对象平台的经营行为和消费者对象平台的消费行为，开展监督管理工作而形成的信息运行过程，包括商户对象平台经营行为感知信息的运行过程和控制信息的运行过程、消费者对象平台消费行为感知信息的运行过程和控制信息的运行过程，如图 3-16 所示。

在业务网商户对象平台经营行为感知信息和消费者对象平台消费行为感知信息的运行过程中，商户和消费者对象平台各自的感知信息通过相应的政府传感网络分平台，传输至相应政府管理分平台进行处理后，再通过相应的政府服务分平台传输给人民用户平台，完成商户和消费者双对象平台感知信息的运行过程。

在业务网商户对象平台经营行为控制信息和消费者对象平台消费行为控制信息的运行过程中，相应的政府管理分平台在人民用户平台的授权下，直

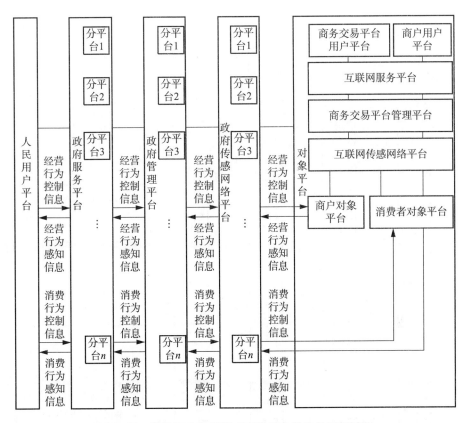

图3-16 监管商户和消费者对象平台的信息运行过程

接引导和管理双对象平台的行为,生成相应的经营行为和消费行为控制信息,通过相应的政府传感网络分平台传输到商户和消费者双对象平台,促使商户合法经营、消费者合规消费。

6. 监管网的信息整体运行过程

在监管网中,政府管理平台同时对业务网商务交易平台用户平台、商户用户平台、互联网服务平台、商务交易平台管理平台、互联网传感网络平台、商户对象平台和消费者对象平台进行监管,形成监管网的信息整体运行过程,如图3-17所示。

在监管网的信息整体运行过程中,各被监管对象分平台在相应政府管理分平台的统筹监管下,通过政府服务分平台和传感网络分平台服务通信与传感通信的连接,与人民用户平台形成不同的单体物联网信息运行闭环。这些不同的单体物联网信息运行闭环不仅以共同用户为节点,同时也可基于某一

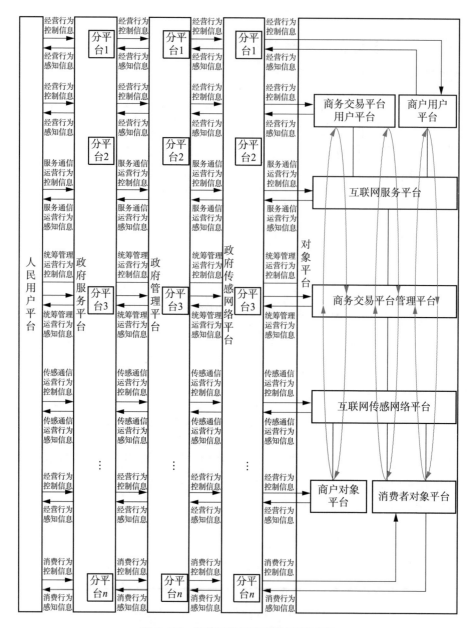

图3-17 监管网的信息整体运行过程

个或多个共同的政府服务分平台、政府管理分平台或政府传感网络分平台形成不同的节点。在这些节点的联结下，对各被监管对象分平台进行监管形成的信息运行过程构成监管网信息运行整体。

第四节 以商务交易平台和商户为双用户的电子商务物联网的功能表现

一、业务网的功能表现

1. 商户和消费者双对象平台的功能表现

在以商务交易平台和商户为双用户的业务网中，对象平台由商户对象平台和消费者对象平台组成。商户对象平台和消费者对象平台在用户平台需求的主导和自身需求驱动下，有着各自不同的功能表现。

（1）商户对象平台的功能表现

在业务网的运行中，用户是主导方，满足用户的利益需求是电子商务交易活动的目标。商户对象平台参与组成商务交易平台用户平台需求主导下的物联网一，为实现自身的利益需求，借助商务交易平台管理平台的资源优势，按照商务交易平台管理平台的规则进行商品营销，表现出相应的功能。

不同的电子商务交易平台运营商统筹管理着不同的业务网。各商务交易平台运营商为实现自身利益，需要主导业务网中的商户对象平台在商品营销上与整个业务网的运营策略保持一致。例如，在商品的经营类型上，商户对象平台的商品销售选择需要符合商务交易平台运营商的统筹规划，商户对象平台则选择符合商务交易平台运营商运营管理策略的商品开展销售经营业务。在商品营销上，商务交易平台运营商基于自身效益考虑往往会开展各种营销大促活动，商户对象平台无论是否愿意或者是否有获利空间，均需按照商务交易平台运营商的统一策划而积极参与。

（2）消费者对象平台的功能表现

消费者对象平台同时参与组成商务交易平台用户平台需求主导下的物联网一和商户用户平台需求主导下的物联网二。无论是在物联网一中还是在物联网二中，消费者对象平台的功能表现均为在自身消费需求及相应商品营销控制信息的刺激下而实施购物消费行为。

2. 商务交易平台管理平台的功能表现

在以商务交易平台和商户为双用户的业务网中，商务交易平台管理平台同时为商务交易平台用户平台和商户用户平台需求的实现提供统筹管理服务。但双用户平台的需求有差别，商务交易平台管理平台在业务网运营管理的功能表现中，既要以双用户平台各自需求的实现为目标，又要协调双用户平台的不同需求，选择具体的运营管理方向。

（1）商品信息管理

在以商务交易平台和商户为双用户的业务网中，商品信息管理分为两方面：一是商品信息的营销管理；二是商品信息的审核管理。

在商品信息的营销管理方面，商务交易平台用户平台和商户用户平台均需通过电子商务交易活动获得经济收益，商务交易平台用户平台需要为商户与消费者创造商品交易机会，才能实现盈利需求，商户用户平台需求的实现则依靠经营商品销售量的提升，二者收益的根本来源均为消费者的购物消费行为。因此，商务交易平台管理平台会在运营管理中进行有序合理的布局，尽可能地为商户商品信息的营销提供方便、快捷的宣传展示方式，促使业务网中商品成交量的提升，实现双用户平台各自的利益需求。

业务网在政府管理下运行，是社会物联网的组成部分，因此商品信息的审核管理应符合相关国家法律法规的规定。从商务交易平台用户平台的利益角度出发，依法对商户商品信息进行审核管理，是保障业务网长久、合法运行的必要举措。商务交易平台管理平台通过对商户商品信息的审核管理，既可保证商户所售商品不违反国家相关禁限售规定，又可保证所售商品与商务交易平台运营商运营管理策略相吻合。

商务交易平台对商户信息进行严格审核，可能会阻碍部分商品营销信息向消费者的传输，降低商品营销信息向消费者的传输效率，影响商品交易活动的达成。因此，商务交易平台管理平台为了避免法律强制力对商务交易平台用户平台和商户用户平台利益的实现造成影响，会对国家法律明令禁止（限制）销售的管制产品（如管制刀具、毒品、枪支武器、化学品、货币等）的明确信息进行重点审核，对商品类型进行管理。但商务交易平台管理平台为了保障商务交易平台用户平台和商户用户平台的利益、实现双用户平台的利益最大化，会采取相应的商户商品质量自我承诺和保证等方式简化审核流程，从而降低审核对商品销售信息传播产生的阻碍，提高信息运行效率，以便更快捷地将商品营销信息展示给消费者对象平台，提高商品的成交量。

（2）运营管理方向选择

在以商务交易平台和商户为双用户的业务网中，商务交易平台用户平台需求主导下的物联网一和商户用户平台需求主导下的物联网二由共同的商务交易平台管理平台运营管理。由于双用户平台的需求不完全一致，商务交易平台管理平台需要在运营管理的目标方向上适时地做出调整。

在商务交易平台用户平台需求主导下的物联网一中，商务交易平台用户平台以商户和消费者为对象，通过商务交易平台管理平台对该业务网的运行进行管理，从商户对象平台和消费者对象平台获取利益，满足自身需求。商务交易平台用户平台为了充分保障业务网整体功能的发挥，需要保证商户在商品销售上能配合平台的营销策略，使双用户平台的利益需求在一定程度上趋同，获得自身商务利益最大化。例如，商务交易平台用户平台为在促销活动中获得较大利润，会通过商务交易平台管理平台协调商户用户平台需求，促使商户给出更大力度的促销优惠，吸引消费者的注意，但对于商户是否能够在促销中获利未给予太多关注。此外，商务交易平台用户平台注重收费项目的策划，如从商户对象平台收取会员费、广告费、竞争排名费等，这些费用将会增加商户对象平台的经营成本。

在商户用户平台需求主导下的物联网二中，商户用户平台希望借助商务交易平台管理平台广阔的资源优势，主导业务网的运行，实现商品销售范围的扩展，提升商品销售量，增加销售利润。因此，降低成本投入、扩大市场覆盖范围、提高商品成交量、获得可观的利润是商户用户平台主导建立业务网二的出发点。

商务交易平台管理平台作为该双用户业务网中的统筹管理者，面对商务交易平台与商户两个用户平台，需要协调二者的利益需求。同时，商务交易平台管理平台在对整个业务网的运行进行管理的过程中，也会更倾向于满足和维护自身的利益需求，即商务交易平台的利益需求。因此，商务交易平台管理平台会优先维护和保障商务交易平台用户平台的利益，将服务商户用户平台置于服务商务交易平台用户平台之后，如图3-18所示。

3. 商务交易平台和商户双用户平台的功能表现

以商务交易平台和商户为双用户的业务网，在商务交易平台运营商和商

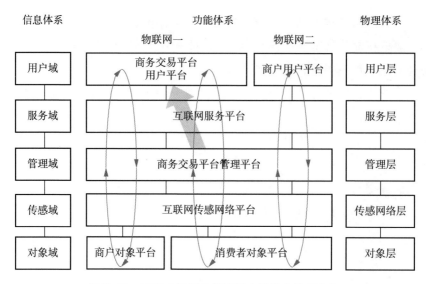

图 3-18 商务交易平台管理平台的优先管理方向

户的双重需求主导下形成，并由商务交易平台运营商和商户支撑形成该业务网中的不同用户平台。在电子商务交易活动中，商务交易平台用户平台和商户用户平台有着不同的需求，表现出不同的功能。

（1）商务交易平台用户平台的功能表现

1）盈利模式。

商务交易平台用户平台的需求是从商户和消费者的商务交易中获得利益，为此，商务交易平台用户平台在功能表现上制定各种获益举措，并凭借其管理平台的角色从业务网的成功运营中获得丰厚的利润。从商务交易平台用户平台的盈利模式上分析，其主要通过会员费、广告费、竞价排名、销售分成和其他增值业务等方式从商户对象平台获得利益。

会员费是商务交易平台用户平台主要收益来源之一，商户基于自身的参与性需求，在注册成为商户时，通常需向商务交易平台用户平台定期缴纳一定的会员费，以此实现其商品在商务交易平台管理平台的展示和销售。当然，在激烈的市场竞争下，一些商务交易平台用户平台为扩大规模和影响力，在会员费的收取上制定了各种策略方案，以争取更多的商户成为自身主导的业务网中的对象。例如，商务交易平台用户平台或实施相应的减免政策，或根据商户的不同体量收取高低不同的费用。相较于个体级商户，企业级商户往往是重点收费对象。

广告费是商务交易平台用户平台的重要收益来源。为促进商品销售，广告营销是许多商户的常用手段。商户通过在商务交易平台管理平台上进行广告宣传展示，可吸引更多消费者消费，而商务交易平台用户平台在进行广告经营的过程中也可获得丰厚的广告收益。

商务交易平台用户平台为获取更多的利益，通常还会设置竞价排名规则，让商户在相互的竞争中用更多的花费来获取靠前的搜索排名。许多商户为提升自家销量，不得不根据规则向商务交易平台用户平台缴纳相应的竞价排名费用。

销售佣金是商务交易平台用户平台获取利益的一种最基本的方式。商务交易平台用户平台与各商户提前约定，商户完成相应的商品销售时，商务交易平台用户平台将通过商务交易平台管理平台自动从商品销售收入中提取一定比例的销售佣金。

其他增值业务是指商务交易平台用户平台为商户提供的贸易供求信息、企业认证、行业数据分析报告等支撑业务，但这些支撑业务并不是无偿提供的，还需要商户支付相应的费用。

商务交易平台用户平台的上述盈利模式，虽然未直接从消费者对象平台收取相应费用，但其之所以能够成功地从商户对象平台获取需求利益，正是基于其对庞大消费者市场的掌控。对于商务交易平台用户平台的整体盈利模式来说，均是以拥有广大消费者的消费为基础，商户向商务交易平台用户平台支付的各种费用都将转嫁给广大消费者。

2）运营管理。

在以商务交易平台运营商为用户的物联网一中，商务交易平台运营商同时扮演用户和管理者两种角色，其通过管理者的角色全权代理作为用户的利益需要。商务交易平台运营商根据其对市场的判断及所主导的业务网品牌特点的发展定位，要求商户对象平台的商品销售在商品品类、价格等方面符合整个业务网的运营管理策略。例如，在电子商务巨大市场空间的吸引下，不同商务交易平台运营商主导着不同品牌的业务网的运行。

这些业务网在快速发展的过程中，形成激烈的市场竞争关系。为提升市场竞争力、开拓市场份额、获取市场利润，差异化营销成为各业务网中商务交易平台运营商高度重视的营销策略。差异化营销以市场细分为依据，基于不同子市场的特点，制定和实施有针对性的产品策略、价格策略、促销策略等，以此迎合消费者的消费需求，在消费者心目中树立不同于其他竞争对手的具有特色的不可替代的品牌形象。

各业务网除了有实现全品类商品销售的电商品牌，还有以服饰销售、电子产品销售、图书销售、化妆品销售等为主要特色的不同电商品牌，这种市场格局的形成即是各业务网运营商为了在市场竞争中占据一定的市场份额、避免同质竞争而采取差异化营销的结果。因此，在各业务网中，只有与商务交易平台运营商差异化营销运营管理策略相符合的商户才能成为其对象平台而开展商品销售。在此过程中，商务交易平台运营商实现对商户的选择与控制。

3）商品营销。

在以商务交易平台运营商为用户的物联网一中，消费者是商务交易平台运营商利益获取的根本来源，消费者的购物消费是业务网持续运行的动力支撑。因此，商务交易平台运营商作为用户，从自身利益出发，会制定和实施各种商品营销策略，吸引消费者对象平台购物消费，以此实现自身获利的主导性需求。

在具体商品营销策略上，主导型打折促销是商务交易平台用户平台的常用手段。主导型打折促销是指由商务交易平台用户平台统一策划的打折促销活动，商户按照商务交易平台用户平台制定的统一规则、时间、方式实行集体化的打折促销，如在特定时间举行的购物节、年中或年终大促等。此种打折促销策略的最大特点在于全平台集体化打折促销，优惠力度大，对消费者的消费行为具有较强的影响力。在主导型打折促销活动期间，商务交易平台管理平台通常会产生巨大的访问流量，能在短时间内吸引到规模极大的消费者群体，形成巨量销售和交易额。对于商务交易平台用户平台而言，由于其在活动期间给予了一定的让利优惠，自身盈利会因此摊薄，但这并不会影响其主导开展打折促销活动的热情。

相较于从商品促销活动中获取利益，商务交易平台用户平台主导打折促销活动的目的更多在于对其主导的业务网的营销宣传。商务交易平台用户平台通过促销活动的相关发声，在消费者中建立存在感；通过打造自己的购物节，并在此期间宣传自己主导的业务网的售后保证、物流能力等，让消费者对其形成品牌印象，从而在后续商务交易活动中创造出更大的市场声量。所以商务交易平台用户平台主导打折促销活动的更深层次和长远目的，是让更多的消费者认识到其所主导的业务网的各种售前售后的硬实力，从而吸引更多的消费者成为其对象。商务交易平台用户平台主导的业务网最终成为消费者网络消费的首要选择后，其可以在后续运营中从广大消费者对象平台获取更多的经济收益。

此外，在以商务交易平台运营商为用户的物联网一中，商务交易平台运营商通常具有极强的营销能力。其可以通过营销策略的实施，激起消费者强烈的消费欲望，从而影响控制消费者的购物消费，但是消费者可能因资金紧张而无法支付款项。针对此类情况，在支付策略上，商务交易平台用户平台会主动向消费者提供信用卡和其他信用支付方式，通过向消费者发放消费借贷来解决消费者暂时性的资金难题，保证交易的正常进行，达到自身获利的目的。

（2）商户用户平台的功能表现

在以商务交易平台和商户为双用户的业务网中，商户用户平台的需求如第二章所述，是实现自身商品经营的利益最大化。因此，其在功能表现上，无论从商品货源的选择，还是从商品的营销、宣传展示等方面，均是以"自身利益符合性"为原则来获取相应的经营收益。

在以商务交易平台和商户为双用户的业务网中，由于商户用户平台中的不同分平台通常有着不同的利益需求，导致其在具体的商品经营策略上有着不同的功能表现。一些商户用户分平台在经营获利的同时，注重长期利益的保障，因此其在商务经营中努力为消费者提供利益对等的、优质优价的商品，通过在消费者心中树立质量优异的品牌形象，获得消费者的信任与认可，进而得到长期的发展。但是，也有一些商户用户分平台只注重自身短期利益的获取，不顾及对他人利益的保障，在商务经营中通过实施虚假夸大宣传、假冒伪劣商品销售、价格欺诈、不正当竞争等违法行为，损害消费者、合法商户乃至整个社会的利益。

二、监管网的功能表现

在监管网中，政府管理平台为保障人民用户平台的利益，对业务网中的各功能平台实施监管，规范业务网中各平台的网络交易行为。监管网各功能平台在运行中形成不同的功能表现。

1. 人民用户平台的功能表现

社会的发展就是人类文明的发展，人民是一切社会财富的创造者和享受者，人民用户平台主导形成了监管网，决定着监管网中信息的运行，其他各平台均围绕人民用户平台的利益需求，为人民用户平台服务。

2. 政府服务平台的功能表现

政府服务平台连接人民用户平台与政府管理平台，实现二者之间的信息交互，服务于人民用户平台。

3. 政府管理平台的功能表现

政府管理平台在人民用户平台的授权下，直接统筹管理监管网中的各类信息，制定相应的法律法规，对业务网中的各平台实施监管，保证业务网中的网络商品交易活动合法合规，捍卫人民用户平台的合法权益。

4. 政府传感网络平台的功能表现

政府传感网络平台承担着政府管理平台与对象平台之间的信息传输功能，为政府管理平台寻求对象平台提供通信服务。

5. 对象平台的功能表现

对象平台由业务网中各功能平台构成，受政府管理平台直接监管。监管网对业务网的监管，重点在于对业务网中用户平台、管理平台、对象平台的监管，从而保障监管网中人民用户平台的利益。

（1）业务网用户平台为监管网对象平台的功能表现

1）业务网商务交易平台用户平台为监管网对象平台的功能表现。

商务交易平台通过在电子商务交易活动中整合和优化各方资源，为商户和消费者提供了商品交易的平台。监管网以服务人民利益为导向，为保障人民消费者的合法权益，将商务交易平台用户平台作为监管网中的对象平台进行监管，促使商务交易平台为人民用户需求的实现提供更完善的服务，如图3-19所示。

商务交易平台用户平台在利益的驱使下建立业务物联网一，满足自身盈利的主导性需求。但在参与监管网的组网时，需获得监管网中政府管理平台的经营许可，实现参与市场经济活动的目的，促进其在监管网中参与性需求

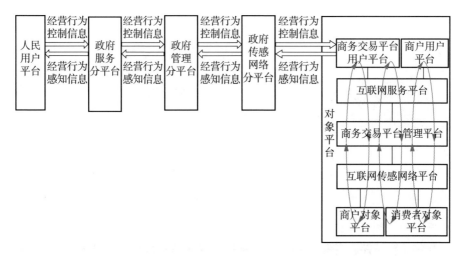

图 3-19　业务网商务交易平台用户平台为监管网对象平台

的实现。因此，业务网商务交易平台用户平台可权衡其在业务网和监管网中的需求，决定不参与监管网、被动参与监管网或主动参与监管网。

①业务网商务交易平台用户平台不参与监管网。

商务交易平台用户平台的盈利模式在于抓住商户和消费者贡献的价值而获取利益。通过主导建立业务网，为特定商户和消费者提供交易市场。监管网中政府管理平台为保障人民消费者用户的合法权益，负责维护市场交易秩序，监督业务网中商务交易平台用户平台的商品营销控制行为，为人民消费者提供更好的服务。在监管过程中，政府管理平台对商品营销宣传的强制约束在一定程度上会影响商务交易平台用户平台营销控制信息的传输，减少商务交易平台在业务网中的营销利润。

业务网中商务交易平台用户平台为实现自身商务利益最大化的需求，避免监管网对其营销利润产生影响，会选择不参与监管网的组网。业务网商务交易平台用户平台脱离政府监管，在业务网中经营获利，在实现其主导性需求的过程中，可能存在非法营销宣传行为，损害国家和人民利益。这类平台最终会受到法律制裁，也会损害自身长远利益。

②业务网商务交易平台用户平台被动参与监管网。

商务交易平台在业务网中通过互联网接收商户商品销售需求和消费者的商品需求信息。在市场经济的作用下，商务交易平台想要进一步延伸现有商品和服务市场，就必须在国家的监督管理下完善业务网商务交易平台用户平

119

台的建设，获得政府的经营许可。因此，商务交易平台为实现长期盈利，会被动参与监管物联网的组网，在国家法律规章制度的约束下，开展电子商务交易活动。

业务网中商务交易平台用户平台被动参与监管网时，以商业主体的身份接受监管网中政府管理平台在行政、制度、法律等方面的监督管理。商务交易平台在业务网中为用户平台，主导业务网的运行，商务交易平台的营销推广信息在业务网中即可完整运行，无须经过监管网中政府管理平台的审核。因此，商务交易平台只需通过监管网政府管理平台对其经营实体的审核，就可开展经营活动，且在实际经营活动中控制着业务网中商品和服务的营销宣传。商务交易平台按照自身在业务网中的主导性需求，可能会进行虚假和夸大的商品宣传，侵害消费者合法知情权，扰乱市场秩序。这类平台终将遭到市场淘汰。

③业务网商务交易平台用户平台主动参与监管网。

业务网中商务交易平台用户平台通过激发消费者的消费欲望、抓住商户价值，来获取长期利益。业务网商务交易平台用户平台逐渐发展成熟后，拥有较完整的商品交易信息运行体系，能够有效进行商品和服务的营销宣传。业务网商务交易平台用户平台为实现长期利益的获取、将信息运行体系转化为经济价值，需要寻求政府提供的法律保障，兼顾消费者的需求，主动参与监管网的组网。

业务网商务交易平台用户平台主动参与监管网时，能够遵守相关法律法规，为监管网中的人民用户平台提供商品交易服务，满足人民用户的利益需求，从而获得政府对其合法经营权益的保障，满足其在监管网中的参与性需求。业务网商户用户平台为在市场竞争中得到法律保护，会主动参与监管网的组网，为消费者提供符合市场经营秩序的商品交易服务。

2）业务网商户用户平台为监管网对象平台的功能表现。

信息产业兴起后，商户为实现规模性商品销售、降低营销成本、吸引消费者的注意，会选择组建业务网。监管网为规范交易双方的网上交易行为，满足人民用户平台的需求，会将业务网商户用户平台作为监管网中的对象分平台进行管理，为人民消费者提供网上交易活动监管服务，如图 3-20 所示。

业务网商户用户平台在自身需求的主导下，与商务交易平台达成合作，利用商务交易平台进行商业资源整合，建立业务物联网二，追求更大的利润，

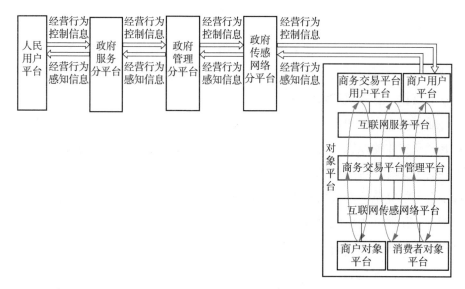

图 3-20 业务网商户用户平台为监管网对象平台

实现自身的主导性需求。业务网商户用户平台在参与监管网的组网时，能够获得监管网中政府管理平台的经营许可，将自身的经营活动合法化，降低商品销售风险，实现其在监管网中的参与性需求。在业务网商户用户平台进行利益优化时，可权衡其在业务网中的主导性需求和监管网中的参与性需求，选择不参与监管网、被动参与监管网或主动参与监管网。

①业务网商户用户平台不参与监管网。

在监管网中，政府管理平台为维护人民用户的利益，将业务网商户用户平台作为对象平台进行监管。业务网商户用户平台作为监管网的对象分平台接受政府监管时，需要在商品质量、价格、销售手段、税务、统计、信息安全等方面严格遵守国家制度，增加生产成本和运营管理的投入，这样势必会减少业务网中商户用户平台的利润，影响其在业务网中主导性需求的实现。

业务网商户用户平台为节约成本、增加利益获取，可能选择不参与电子商务信息安全监管物联网的组网。业务网商户用户平台在信息安全监管之外，不需要增加消费者个人信息的保护投入，并可能在消费者不知情的情况下，利用已掌握的消费者个人信息谋求更大的经济利益，促进其主导性需求的实现，做出违法行为，损害国家和人民的利益。这类平台终将受到法律制裁。

②业务网商户用户平台被动参与监管网。

业务网中商户用户平台为了实现自身商品经营的利益最大化，会与业务网商务交易平台用户平台合作，进行商品的营销宣传，以"自身利益符合性"为原则，获取经营收益。业务网中商户用户平台为保证其经营的合法性，会被动参与监管网的组网，成为监管网中的对象平台，接受监管网中政府管理平台的监管，从而获取政府授予的合法经营权。

业务网中商户用户平台被动参与监管网时，接受监管网中政府管理平台对其经营实体的监管，但其实际商品销售行为只在业务网中实施，并配合业务网商务交易平台用户平台的营销策略获得商品销售利润，监管网中政府管理平台不能完整、有效地获取其在业务网中的具体商品销售信息，会影响政府管理工作的开展，无法为监管网人民用户平台提供更好的服务。该类商户终将被人民淘汰。

③业务网商户用户平台主动参与监管网。

双用户业务网中，商户用户平台与商务交易平台用户平台有着不同的利益需求，需进行协调。业务网商户用户平台参与监管网的组网，成为监管网中对象平台，接受政府法律制度的约束，能够在监管网中政府管理平台的统筹协调下获得合法经营许可，开展合法商品销售活动。

业务网商户用户平台主动参与监管网时，需将其在业务网中的具体商品销售信息传输至监管网政府管理平台，但是此举会降低业务网的信息运行效率，进而影响业务网商户用户平台的经营利润。

（2）业务网商务交易平台管理平台为监管网对象平台的功能表现

商务交易平台为业务网管理平台，在商务交易平台和商户双用户平台的共同授权下，为业务网中双用户平台和对象平台之间的商品流通提供在线交易场所。在监管网中，政府管理平台为保证人民消费者用户的利益，需要对业务网中商品交易行为进行监管。因此，监管网中的政府管理平台要求业务网商务交易平台管理平台作为监管网中的对象平台，在遵守国家规章制度的前提下，对业务网中的商品交易进行监督管理，如图3-21所示。

业务网中商务交易平台管理平台参与管理业务网中的信息运行，同样以商业主体、商业载体、金融主体的身份产生不同的需求，形成不同的功能表现。

1）政府监管下业务网商务交易平台管理平台作为商业主体的功能表现。

业务网商务交易平台管理平台作为商业主体，从事信息产业链服务，其

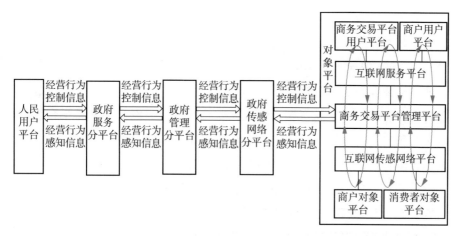

图 3-21　业务网商务交易平台管理平台为监管网对象平台

经营需得到监管网中政府管理平台的认证，拥有合法的经营权限。业务网商务交易平台管理平台通过权衡自身的商业主体的利益和监管网人民用户平台的主导性需求，形成以下三种功能表现类型：

一是不参与监管网，利用网上商品交易信息的虚拟性脱离政府监管，获取最大利润，实现商务交易平台的商业主体利益需求。

二是被动参与监管网，但利用自身在业务网中的信息管理优势，向监管网中政府管理平台提供对其有利信息，规避法律风险。

三是主动参与监管网，获取监管网中政府管理平台对其主体经营权益的保护，开展合法市场竞争。

2）政府监管下业务网商务交易平台管理平台作为商业载体的功能表现。

业务网商务交易平台管理平台作为商业载体，通过互联网，联结业务网中双用户平台和双对象平台，协调满足双用户平台的利益需求，从而为自身获取信息管理方面的利润。监管网中的政府管理平台制定了一系列法律法规，将业务网商务交易平台管理平台作为监管网中对象平台进行监管，为此，商务交易平台制定相应的网络交易规则，在业务网中对自身商务交易平台用户进行商品营销约束，并对业务网商户用户入驻信息实施审核管理。

在业务网中，商务交易平台和商户双用户平台共同主导着商品交易信息的运行，商务交易平台管理平台是在二者授权下为二者提供信息管理服务的平台，只有维护二者利益，才能实现其在业务网中的参与性需求；且业务网商务交易平台管理平台与商务交易平台用户平台为同一商业实体。因此，业务网中双用户平台与管理平台利益共享，且商品交易信息掌握在三者手中，监管网中政府管理平台无法对业务网商务交易平台管理平台实施有效监管。

3）政府监管下业务网商务交易平台管理平台作为金融主体的功能表现。

业务网商务交易平台管理平台作为金融主体，利用商户与消费者之间的商品交易，保管了大量的资金。因此，监管网对业务网商务交易平台管理平台的金融行为进行监管，形成电子商务金融主体监管物联网。但业务网商务交易平台的金融业务和资金流动不在政府直接金融管理权限中，需要业务网商务交易平台管理平台定期上报，监管网中政府管理平台金融监管政策的执行较为被动，监管网中人民用户平台的经济权益得不到有效保障。

（3）业务网对象平台为监管网对象平台的功能表现

1）业务网商户对象平台为监管网对象平台的功能表现。

商户对象平台参与组成商务交易平台用户平台需求主导下的物联网一，借助商务交易平台管理平台的资源实现自身商品销售，按照商务交易平台管理平台的规则与要求表现出相应的功能。监管网中政府管理平台为保障人民用户平台消费者的利益，制定了相应的规章制度，对业务网商户对象平台的线上销售业务进行引导，如图 3-22 所示。

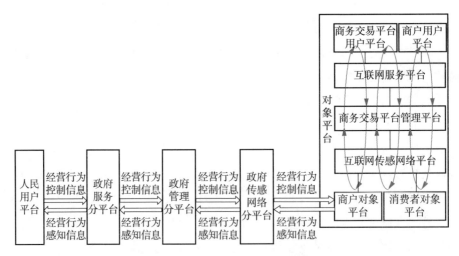

图 3-22　业务网商户对象平台为监管网对象平台

在激烈的电子商务竞争中，业务网商务交易平台用户平台基于自身利益，主导着业务网一的运行，并要求商户对象平台在商品营销上与整个业务网一的运营策略保持一致。业务网商户对象平台借助商户交易平台的资源优势，实现自身在业务网中的参与性利益需求，通过衡量政府制定的网络商户经营规则，可选择不参与监管网、被动参与监管网或主动参与监管网。

①业务网商户对象平台不参与监管网。

业务网商户对象平台不参与监管网，可根据自身的盈利需求，在业务网商务交易平台管理平台的统筹安排下开展商品销售，避免销售行为受到法律制度的制约，能获得较大销售利润。此时，监管网政府管理平台的监管作用无法实现。

②业务网商户对象平台被动参与监管网。

业务网商户对象平台为了获得长期经营权，被动参与监管网，能够得到政府授予的营业许可，但其具体商品销售信息仍只运行于业务网中，受业务网中商务交易平台用户平台的控制，降低了监管网对其销售信息监管的有效性。

③业务网商户对象平台主动参与监管网。

业务网商户对象平台主动参与监管网，在获得监管网中政府管理平台经营授权的同时，遵守国家相关规则制度。但商户对象平台的参与性需求的实现依赖于商务交易平台营销策略的有效实施，商户对象平台的销售信息在监管网中的运行会降低商品的销售效率，影响业务网商户对象平台销售利润的实现，从而削弱其参与监管网的意愿。

2）业务网消费者对象平台为监管网对象平台的功能表现。

业务网消费者对象平台作为监管网中对象平台，由政府管理平台制定相应的法律法规，对其消费行为进行约束。在双用户平台业务网中，消费者对象平台同时为业务网一和业务网二中的对象平台，为实现商务交易平台和商户双用户平台的利益需求提供服务，如图3-23所示。

业务网消费者对象平台根据自身在业务网中的利益需求，可选择不参与、被动参与或主动参与监管网。

①业务网消费者对象平台不参与监管网。

业务网消费者对象平台不参与监管网，只在业务网中进行购物消费，即可实现其商品购买需求，不受监管网的制度制约。

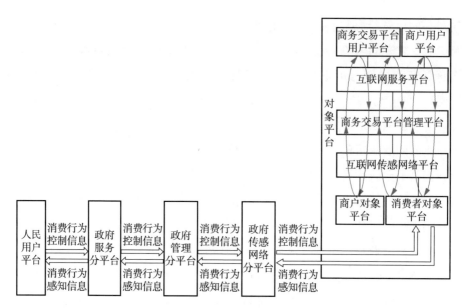

图 3-23   业务网消费者对象平台为监管网对象平台

②业务网消费者对象平台被动参与监管网。

业务网消费者对象平台被动参与监管网，目的在于寻求政府对其消费者权益的保障，但其商品需求信息运行于业务网中，受双用户平台的控制，监管网政府管理平台不能对其实施有效监控。

③业务网消费者对象平台主动参与监管网。

业务网消费者对象平台主动参与监管网，能够获得监管网政府管理平台对其消费权益的保护，但业务网消费者对象平台的购物信息在监管网中的运行会影响业务网的运行效率，进而影响业务网消费者对象平台参与性需求的实现。

第四章

以商务交易平台为用户的
电子商务物联网

第一节　以商务交易平台为用户的业务网的形成

一、商务交易平台用户平台的形成

1. 商务交易平台运营商的需求

电子商务交易平台在电子商务的时代背景下应运而生，通过人们的电子商务交易活动获取相应的商业利益。电子商务交易平台作为商业主体，其根本需求是获取经济利润的最大化，平台运营商凭借特有的敏锐的商业嗅觉和市场洞察力，通过对人们社会活动中各种社会关系的解读，发现并把握相应商机，实现自身的商业利益。

电子商务交易平台获利多少与商户数量、消费者数量以及商品交易数量有关。

（1）扩大商户数量规模的需求

电子商务商户需要通过入驻电子商务交易平台来实现商品的网络销售，入驻的商户越多，电子商务交易平台获得的经济利润就越多，所以商务交易平台运营商需要吸引尽可能多的商户入驻平台，以获取更多的经济收益。另外，电子商务商户越多，电子商务交易平台可提供的商品范围越广，种类越丰富，能够吸引的消费者越多，平台销售规模越大，获利也越多。

（2）扩大消费者数量规模的需求

消费者作为电子商务交易活动的主体，是电子商务交易平台运营商获取经济利益的重要目标，消费者越多，电子商务交易平台获利越多。商务交易平台运营商需要扩大消费者的数量规模，促进平台更多商品通过交易活动流通到更多消费者手中，从中获取更大的商业利益。

（3）提高商品交易数量的需求

商户电子商务交易平台通过平台上商品的交易活动获利，商品交易量越大，平台获利也就越多。

2. 商务交易平台用户平台需求驱动下的组网

电子商务交易平台运营商在自身商业利益最大化的需求驱动下，寻求能够满足自身需求的各利益相关方，共同组成业务网，在兼顾各相关方利益需求的同时，实现自身经济利润最大化。

在电子商务交易活动中，商务交易平台运营商能够同时与商品买卖双方发生联系，这一得天独厚的优势有利于商务交易平台运营商获取到更加系统和全面的市场信息，掌握商品买卖双方的不同需求和理念，有针对性地刺激商户的促销行为，掌握消费者的潜在需求，并制订合理的营销计划和方案，让消费者和商户对商务交易平台充满信任，从而有的放矢地开展电子商务营销活动，主导和控制买卖双方的行为，提升买卖双方的适应度和便利感，获得商户和消费者的利益输出，使其更好地为平台运营商的需求服务，形成商务交易平台用户平台，主导以商务交易平台为用户的业务网的形成，如图4-1所示。

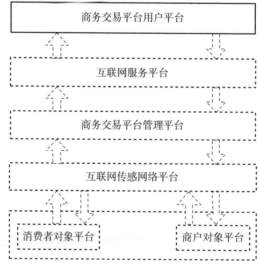

图4-1 商务交易平台用户平台的形成

二、互联网服务平台的形成

1. 互联网服务网络运营商的需求

互联网作为电子信息时代普遍应用的信息传输网络，已成熟应用于各行各业的电子通信过程中。互联网服务网络运营商作为商业主体，将互联网的接入服务作为一种商业业务，从各互联网使用者处获得相应的收益。为追求经济利益最大化，服务网络运营商希望在维持现有市场占有率的同时，能够进一步拓宽市场，为更多的人提供互联网的接入服务，在实现自身网络运营业务规模不断发展壮大的同时，获得更多的业务收益。

2. 互联网服务平台需求驱动下的参网

电子商务交易平台用户平台的需求输出和服务输入需要通过特定的网络平台来完成。互联网拥有较稳定的使用群体，其联通范围直接关系着商务交易平台用户平台的业务拓展，能提供更广泛的互联网服务的平台一般为商务交易平台用户的首选，更有利于商务交易平台营销信息的大范围传递。互联网服务网络运营商的商业利益需求与商务交易平台用户平台的主导性需求相匹配，是业务网中的一种参与性需求。

在商务交易平台用户平台的主导和组织下，互联网服务网络运营商在其盈利需求的驱动下，在传统的互联网服务器上融入了社交功能，参与业务网的组网，成为互联网服务平台，如图 4-2 所示。商务交易平台用户平台通过互联网服务平台进行信息的输出、分享和交流，并通过连接管理平台，发布或接收用户需求信息，对对象平台进行控制，从而促进商品或服务交易的达成，相对固定的互联网服务平台由此形成。

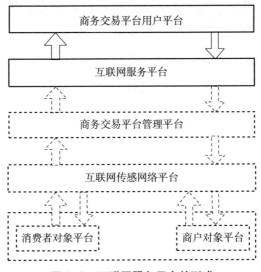

图 4-2　互联网服务平台的形成

三、商务交易平台管理平台的形成

1. 商务交易平台运营商的需求

商务交易平台为人们的电子商务交易活动提供虚拟场所，并对商户和消费者的商品交易行为进行综合管理。商务交易平台运营商从事的是商品交易联络的商务贸易活动，通过全面掌握买卖双方的商务交易信息，促进更多商品在商务交易平台流通，从中获取相应的经济利润。

商务交易平台作为商业主体，为商户和消费者之间的商品交易提供网络平台，并通过商户入驻、商品成交、平台自营的方式而获利，其获利多少与商户数量、消费者数量以及商品交易数量有关。因此，商务交易平台运营商需扩大商户和消费者数量，以求提高商品交易量，实现自身利益最大化。

2. 商务交易平台管理平台需求驱动下的参网

为使商务交易平台用户平台的需求得以更好的实现，商务交易平台运营商需要选择特定的平台对商户和消费者的电子交易活动进行统筹安排和综合管理，为用户获取更直接、更全面的对象平台信息和更多合适的消费者对象，满足用户平台需求。

商务交易平台运营商在其商业利益需求的驱动下，参与商务交易平台用户平台的组网，形成业务网中的管理平台，如图4-3所示。用户平台和管理平台同属商务交易平台，管理平台的参与性需求和用户平台的主导性需求相一致。在物联网的实际运行过程中，管理平台可拥有用户的直接授权，在搜集到对象平台的信息时，能够集中进行分析和处理，经过准确筛选后，将最符合用户利益的方案传递给用户平台，具有极大的自主权利。另外，管理平台和用户平台的功能都由商务交易平台来承担，这样的结构有利于管理平台向用户平台的利益输送，且管理平台和用户平台的信息获取能够完全对称，提升了市场运行效率，实现了用户平台利益最大化。

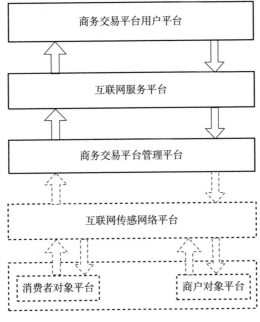

图4-3　商务交易平台管理平台的形成

四、互联网传感网络平台的形成

1. 互联网传感网络运营商的需求

互联网传感网络运营商作为商业主体，为互联网使用者提供网络传感服务，以获得相应的经济利益，扩展其网络使用者的数量和范围，是互联网传感网络运营商扩大市场占有率、发展业务规模和提升经济效益的直接手段。因此，互联网传感网络运营商希望能够拓宽市场，获得更多客户资源，从而实现更大的利润。

2. 互联网传感网络平台需求驱动下的参网

消费者在做出购买决策时，倾向于寻求多方意见，实施基于网络的购买行为，电子商务交易必须在互联网环境中进行。在以商务交易平台为用户的业务网中，消费者和商户之间的交易必须通过商务交易平台的互联网服务终端进行，这就要求消费者和商户在交易时，连接共同的商务交易平台互联网管理服务器终端，在商务交易平台管理平台的统筹监管下，在线上达成一致，以取得交易平台对双方利益的保障，互联网传感网络平台由此形成，如图4-4所示。

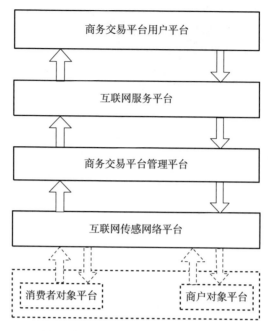

图4-4　互联网传感网络平台的形成

五、商户和消费者双对象平台的形成

1. 消费者的需求及其需求驱动下的参网

人们在日常生产和生活中所需的各种生产和生活资料，除了极少部分可以自给自足之外，大部分需要通过商务交易活动来获取，从而形成人类商务交易社会活动中的消费者。消费者是具有生产、生活、服务等方面的需求，为个人的目的购买或使用商品和接受服务的社会成员。

传统商务模式下，消费者的购物消费行为发生于实体商店，消费者挑选合适的商品需要占用大量的时间和精力。随着电子信息技术的发展，消费者对方便、快捷购物的需求不断增强，希望足不出户便能购买到各种所需的商品，享受各种舒适的服务。为实现便捷购物的需求，消费者通过互联网与商务交易平台连接，参与业务网，寻求自己所需的商品，形成消费者对象平台。消费者对象平台通过互联网传感网络平台接入电子商务交易平台管理平台，根据自己的消费愿望、兴趣、爱好和需要，自主、充分地选择商品或者服务，满足自身便捷舒适的消费需求。另外，消费者对象平台参与业务网，最终是为商务交易平台用户平台创收，实现用户平台的商业利益。

2. 商户的需求及其需求驱动下的参网

商户作为商业主体，是商品的直接销售者，其最大的需求就是最大限度地提高商品销售收益。商户通常会通过市场、成本、消费者、效率等各方面的努力来实现商品收益最大化。

（1）拓展商品市场范围的需求

传统商务活动中，商户与消费者面对面进行商品交易活动，商户商品市场范围受限，市场容量较小，特定商品的销售市场通常处于饱和状态，制约着商品销量。商户为了使其商品面向更多的消费者，需要借助网络的优势，拓展更大的商品市场范围，实现经营利润的最大化。

（2）降低商品经营成本的需求

实体经营的商户在经营成本方面，面临基础设施投入、人力投入、库存投入及行政审批等成本的制约，商户商品销售利润有限。

（3）增大消费者密度的需求

传统商务活动中，商户商品信息只能展示给经过或进入店铺的消费者，不利于向更多消费者展示，单位区域内的消费者群体规模较小，商品销量有限。商户商品经营利润最大化的实现，需要增大消费者密度，以增加商品销量。

（4）提高商品销售效率的需求

传统商务活动中，商品往往需要经过多级分销，才能将商品信息呈现给各地消费者。商品信息的逐级传输需要消耗大量时间，速度慢、效率低，制约了商品销售效率的提高。商户要实现商品经营利润的最大化，需要提高商品销售效率。

在商务交易平台管理平台的主导下，商户出于缩短资本流通时间、扩大销售范围和提高商品销售收益的需求，参与以商务交易平台为用户的业务网，通过连接互联网传感网络平台终端，将商品信息呈现在商务交易平台管理平台进行商品营销，并向商务交易平台管理平台缴纳相应的管理费用，为商务交易平台用户平台利益的实现提供服务，同时以此实现自身的商业利益。

在以商务交易平台为用户的业务网中，商户和消费者在各自参与性需求的驱动下，作为对象平台而存在，接受商务交易平台用户的控制，共同为用户的利益实现提供服务，形成了该业务网的消费者和商户双对象平台，如图 4-5 所示。

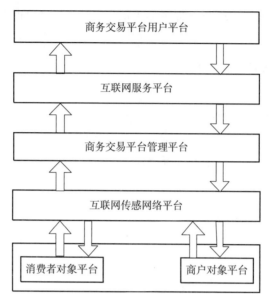

图 4-5　消费者和商户双对象平台的形成

六、以商务交易平台为用户的业务网的整体形成

由商务交易平台和商户主导形成的双用户业务网结构，已经无法持续满足商务交易平台用户的利益需求。商务交易平台运营商为了获取更大的商业利益，会寻求经营方式的调整，通过为商户提供商品交易场所获取管理利润。商户必须遵守商务交易平台的管理规则，在商务交易平台的主导下实现商品销售。因此，整个业务网的利益向商务交易平台倾斜，商务交易平台成为整个业务网的独立用户。

商务交易平台作为用户，在自身商业利益需求的主导下发起组网，选择互联网作为服务平台，作为用户需求输出和服务获取的接口。商务交易平台作为管理平台，通过互联网传感网络平台为商务交易平台用户平台寻找合适的消费者对象和商户对象，实现对消费者和商户的双重控制，获取二者提供的利益回馈，从而形成以商务交易平台为用户的业务网，如图 4-6 所示。

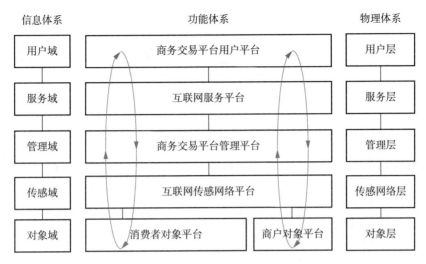

图4-6　以商务交易平台为用户的业务网

商务交易平台用户平台主导形成的业务网将传统的实体消费活动转移到电子平台，转变了实体商户的经营模式和消费者的消费模式，同时满足了商务交易平台、商户和消费者的不同需求。首先，对比传统商务交易平台的经营和运作模式，电子商务交易平台能够有效利用时间和空间上的相对优势，借助互联网界定对象平台的产品和服务需求，并通过互联网技术实现其经营产品和服务市场的延伸，寻求更广范围和更大数量的商户和消费者对象个体；其次，电子商务交易模式可大幅度压缩商户在硬件设施方面的投资和经营成本，获取更多的利润，为消费者节约了大量购物的时间和精力，为其带来前所未有的舒适体验。

在以商务交易平台为用户的业务网中，用户平台和管理平台一脉相承，均由商务交易平台来充当，保证了用户平台和管理平台的利益一致，用户平台和管理平台的资源能够充分共享、信息高度对称，这为管理平台整合收集消费者和商户的信息资料提供了极大的便利，有利于提高整个物联网体系的运营效率。商务交易平台管理平台可利用信息对称优势更好地掌握消费者和商户的意见和需求，有针对性地优化产品和服务供应链，使得消费者和商户双对象平台在商务交易平台管理平台的管理下能够更好地为商务交易平台用户平台服务，实现其商业利益最大化的需求。

137

第二节 以商务交易平台为用户的电子商务物联网的结构

一、业务网的结构

为满足商务交易平台的需求，消费者和商户在商务交易平台的统筹管理以及互联网传感通信和互联网服务通信的功能支撑下，为商务交易平台的利益服务，形成以商务交易平台为用户平台、以消费者和商户为对象平台的业务网，其结构如图4-7所示。

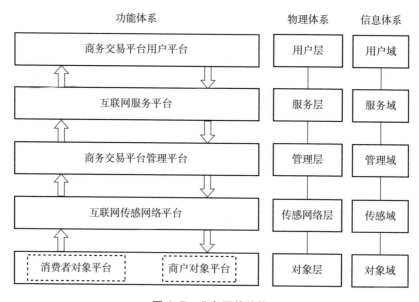

图4-7 业务网的结构

以商务交易平台为用户平台的业务网由信息体系、物理体系和功能体系三个体系组成，通过信息体系在物理体系上运行形成功能体系。其中，功能体系是整个业务网中各种商务信息有序运行的外在功能表现，由商务交易平台用户平台、互联网服务平台、商务交易平台管理平台、互联网传感网络平台、消费者和商户双对象平台组成。信息体系由功能体系对应的用户域、服务域、管理域、传感域和对象域组成，每个信息域是功能体系各功能平台信息的集合。物理体系由用户层、服务层、管理层、传感网络层和对象层组成，每个物理层的物理实体是每个功能平台的功能实现所需的物理支撑。

商务交易平台用户平台对应信息体系中的用户域和物理体系中的用户层，由用户域中商务交易平台用户的感知信息与控制信息在用户层中用户终端的支撑下运行，实现商务交易平台用户平台的需求。

互联网服务平台对应于信息体系中的服务域和物理体系中的服务层，由服务域中运营商感知服务与控制服务信息在服务层中服务通信实体的支撑下运行，实现业务网中商务交易平台用户平台与商务交易平台管理平台间的商务信息交互。

商务交易平台管理平台对应信息体系中的管理域和物理体系中的管理层。管理域中的商务交易平台运营商感知管理信息和控制管理信息在管理层商务交易平台服务器的支撑下运行，实现对业务网体系的运营管理。

互联网传感网络平台对应信息体系中的传感域和物理体系中的传感网络层。传感域中的互联网传感网络运营商感知传感信息和控制传感信息在传感网络层物理实体的支撑下运行实现业务网中管理平台和对象平台间的信息交互。

消费者对象平台对应信息体系中的对象域和物理体系中的对象层。对象域中消费者对象感知信息、控制信息以及商户对象感知信息、控制信息，分别在对象层消费者终端和商户终端的支撑下运行实现业务网的感知与控制功能。

二、监管网的结构

政府作为人类社会的公共管理者，对人们的文化、政治、经济等各方面的社会活动进行统筹管理，致力于为人民营造一个富强、民主、文明、和谐的生活环境，为人民的利益服务，满足人民的需求，使其获得服务享受，提高其幸福感。商务交易活动是人们社会活动的一部分，理应在政府的监管下运行。

以商务交易平台为用户的业务网的形成，在满足商务交易平台运营商的商业利益需求的同时，也为商户和消费者以及互联网运营商带来相应的商业利益。为了保证该业务网的运行符合服务广大人民的社会宗旨，政府作为整个社会物联网的管理平台，从维护社会稳定、保障人民大众利益的角度出发，对以商务交易平台为用户的业务网的运行实施相应监管，从而形成监管网，如图4-8所示。政府对业务网各功能平台进行监管，使整个业务网正确、有效地运行，真正实现为人民用户服务。

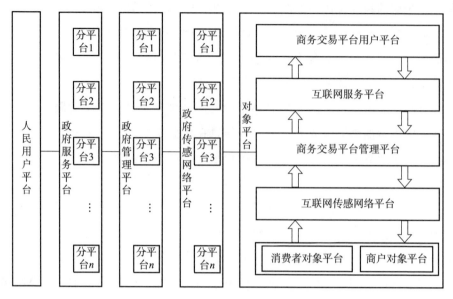

图 4-8　监管网的结构

监管网是以人民用户平台为基础的复合物联网，其功能体系由人民用户平台、政府服务平台、政府管理平台、政府传感网络平台以及监管对象形成的对象平台组成。以商务交易平台为用户的业务网整体作为整个监管物联网的对象平台，接受政府监管。

在监管网中，用户平台由作为整体的人民大众形成，通过政府管理平台对整个监管网进行统筹管理，人民用户获得舒适的文化与物质服务。政府服务平台由不同业务领域的政府服务部门或机构形成的各服务分平台组成，各服务分平台为人民用户平台提供不同的政府服务。政府管理平台由不同业务领域的政府管理部门或机构形成的各管理分平台组成，各管理分平台对不同领域的政府监管工作进行统筹管理。政府传感网络平台由监管网传感通信网络组成，不同的传感通信方式（可以是电子网络、纸质文件或者具体人员的现场传达等）形成不同的传感网络分平台，实现各政府管理分平台与各监管对象平台间的传感通信。

对象平台为监管网的监管对象，即以商务交易平台为用户的业务网。以商务交易平台为用户的业务网中的各功能平台均为政府监管对象，成为监管网中对象平台的各对象分平台，实现政府对业务网中商务交易平台、互联网服务网络、互联网传感网络以及消费者和商户等方面全方位的监管，从而全面保证监管网中人民用户的利益。

第三节　以商务交易平台为用户的电子商务物联网的信息运行

一、业务网的信息运行

商务交易平台用户平台依靠其自有管理平台，利用互联网资源共享与灵活高效的特点，使得商务交易平台能够有效整合商户和消费者信息，通过网络营销信息的传输控制商户与消费者双对象平台，实现其盈利需求，并为商户和消费者交易需求的实现提供了极大便利。

物联网的功能通过信息的运行来实现，在以商务交易平台为用户的业务网中，其信息运行过程即商务交易平台与商户、消费者达成商品和服务交易的过程，包括商务交易平台商品营销的信息运行过程和商品订单发货的信息运行过程。

1. 商品营销的信息运行过程

以电子商务交易平台为用户的业务网的商品营销信息运行过程主要包括：商户商品销售需求感知信息和消费者商品消费需求感知信息的运行过程以及商务交易平台商品和服务营销控制信息的运行过程。

（1）商户商品销售需求感知信息和消费者商品消费需求感知信息的运行过程

以商务交易平台为用户的业务网拥有商户和消费者两个对象平台，商户商品销售需求感知信息和消费者商品消费需求感知信息的运行过程如图 4-9 所示。

当商户有商品销售需求时，会通过互联网将相关产品的信息上传至商务交易平台管理平台，并通过管理平台将商品信息对外呈现，商务交易平台管理平台接收到诸多商户对象分平台的商品销售需求感知信息后，依据具体信息内容进行分类整理，在向商户收取管理费用后，在平台网页中选择性地展示商户的商品信息。

当消费者有购物需求时，会通过互联网传感网络平台浏览商务交易平台的商品信息，在商品搜索、点击的过程中将各自的消费需求信息传输给商务

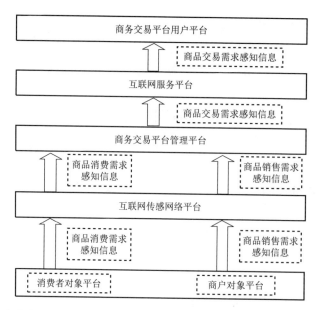

图 4-9   商户商品销售需求感知信息和消费者商品消费需求感知信息的运行过程

交易平台管理平台，完成消费者商品消费需求感知信息的上传。消费者能在搜索商品时，对商务交易平台中商户公开的商品信息进行快速比较，结合自身需求购买合适的商品。不同类型的电子商务消费群体对商品和服务的关注点会有所不同。如在服装购买方面，不同的消费群体的消费需求感知信息有所不同：学生群体大多消费能力有限，喜欢物美价廉的服装，关注服装的价格、款式、色彩等；上班族的消费水平较高，注重服装面料的舒适性和款式的适宜度，面料舒适的通勤款服装越来越受到上班族的欢迎，而在工作之余，上班族服饰的搭配则更具随意性。另外，不同季节、不同区域的消费者对服装的需求也不同，如在冬季，各种加厚冬装在北方区域的消费需求量较大，南方区域则是加绒秋衣、加棉外套等中等厚度的服装需求量较大。商务交易平台管理平台将广大消费者对象分平台的需求感知信息进行汇集，通过大数据综合分析、处理，判断出不同时期、不同区域、不同群体消费者的消费需求，根据消费者需求分析结果，调整商品在不同区域的库存分配，以满足当地购物需求或及时就近调货，并根据消费者需求分析结果，调整交易平台展示的商品信息，帮助消费者更快捷地找到自己所需的商品。

商务交易平台管理平台将综合处理过的商户销售需求感知信息和消费者消费需求感知信息，通过商务交易平台服务平台传输给商务交易平台用户平台，为商务交易平台用户平台的宣传、推广、营销决策提供感知信息服务。

（2）商务交易平台商品和服务营销控制信息的运行过程

商务交易平台作为用户，需要按照自身意愿，控制商户和消费者尽可能多地利用商务交易平台管理平台进行商品交易，为其创收，从中获取经济利益，是该业务网的主导者。

通过物联网中信息的运行和商务交易平台管理平台的大数据统筹分析和管理，商务交易平台用户平台能够与商户和消费者对象平台建立密切联系，接收互联网服务平台上传的商户销售需求感知信息和消费者消费需求感知信息，从而更准确、全面、有效地分析商户商品信息和消费者消费行为，掌握和管理商户的商品销售信息，并在目标消费者群体中有针对性地制定营销策略，促成商户和消费者买卖双方需求感知信息在其管理平台上的有效汇聚，有针对性地在平台营销前期、中期、后期，控制商户和消费者执行其营销策略，达成商品交易，获取双方服务费用，如图4-10所示。例如，某商务交易平台在获得服务报酬的前提下，通过互联网服务平台，综合消费者的消费和商户的商品销售需求，向商务交易管理平台下发商品交易控制信息，有针对性地形成相关商品的营销决策，制定该商品的宣传营销活动，从而分别向消费者和商户发送商品消费控制信息和商品销售控制信息，促使双方交易的达成。

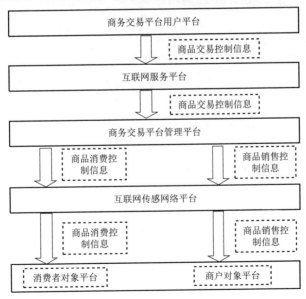

图4-10　商务交易平台商品和服务营销控制信息的运行过程

2. 商品订单发货的信息运行过程

（1）消费者商品订单感知信息和商务交易平台发货控制信息的运行过程

消费者在商务交易平台管理平台获取到满足自身需求的商品信息后，进行下单付款操作。消费者完成付款后，商品订单感知信息通过互联网传感网络平台传输到商务交易平台管理平台，商务交易平台管理平台收到已付款的订单感知信息后，通过互联网服务平台传输给商务交易平台用户平台，商务交易平台用户平台将商品订单感知信息转化为对商户的发货控制信息，通过互联网服务平台、商务交易平台管理平台、互联网传感网络平台将发货控制信息传输给商户对象平台，控制商户发货，具体信息运行过程如图 4-11 所示。

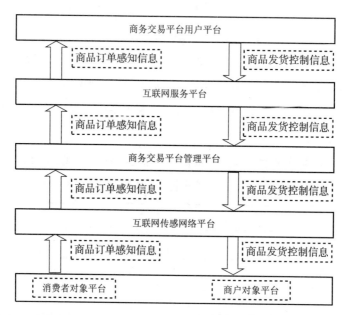

图 4-11 消费者商品订单感知信息和商务交易平台发货控制信息的运行过程

由于商务交易平台管理平台和商务交易平台用户平台属于同一主体，为了节约运行成本、提高业务网的运行效率，商务交易平台管理平台通常在商务交易平台用户平台的授权下，直接将商品订单感知信息转化为商品发货控制信息，信息运行不经过互联网服务平台和商务交易平台用户平台，简化了商务流程，提高了整个业务网的运行效率，促使商务交易活动尽快完成，以利于商务交易平台用户平台和商户对象平台尽快获取到相应的商业利益。

在电子商务活动中，消费者和商户之间不进行直接交易，二者的商务交易活动是通过第三方商务交易平台管理平台进行的，其中包括消费支付方式，这样商户无法获取消费者的电子账户信息，能够在一定程度上避免消费者信息在网络上多次传输所产生的信息泄露隐患。商务交易平台同时拥有诸多商户和消费者的账户信息，并借助这一优势，构建起了囊括范围极广的金融电子化网络，这个网络存在的唯一一基础就是电子交易平台自己建立的平台信用机制。市场经济的发展，一直依赖于社会保障和社会信用两大体系的构建，但在现今经济环境下，社会信用体系尚不健全，相关的法律法规也不够完善，商务交易平台自身探索建立的信用机制也仍处于"摸着石头过河"的初级阶段，由此导致的信息安全问题势必会为消费者、商户，甚至商务交易平台自身带来一定风险。

（2）商户发货感知信息和商务交易平台收货控制信息的运行过程

商户对象收到商务交易平台管理平台传输的商品发货控制信息后，向消费者发送货物并将发货感知信息通过互联网传感网络平台传输给商务交易平台管理平台，同时进一步实时上传给商务交易平台用户平台，商务交易平台用户平台通过互联网服务平台发出收货控制信息（物流信息），并由商务交易平台管理平台通过互联网传感网络平台将收货控制信息（物流信息）传输给对应的消费者对象分平台，最终由消费者确认收货，完成整个商户发货感知信息和商务交易平台收货控制信息的运行，如图 4-12 所示。

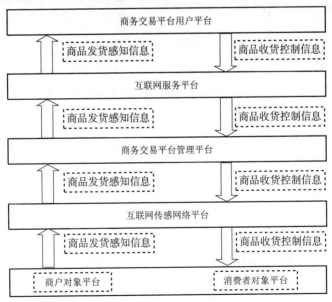

图 4-12　商户发货感知信息和商务交易平台收货控制信息的运行过程

在实际操作过程中，商务交易平台管理平台实则是在商务交易平台用户平台的默认授权下，直接将商户发货感知信息转化为收货控制信息（物流信息），并将收货控制信息（物流信息）推送给消费者，使消费者能够及时了解货物的物流信息，并在收到货物后确认收货，完成交易过程，也使商务交易平台用户平台和商户对象平台能够尽快获取自身的商业利益。

商务交易平台管理平台为了实现自身利益，促使交易快速完成，可能会忽略对诸多影响交易达成率的环节的审查，如对商户发出的货物的信息认证及发货、物流监测等。商务交易平台对自身利益的特别维护，易造成物联网中信息运行规则失控而得不到有效规范，会使商户的商品营销感知信息得不到有效管理，被不加审核地直接展示给消费者，商品营销信息与实物不符，会造成消费者预期消费体验的缺失，进而使其无法良好执行用户的控制信息，影响该业务网信息的有效运行，继而影响商户和消费者的参与性需求的满足。

二、监管网的信息运行

在监管网中，政府管理平台在人民用户平台的授权下对以商务交易平台为用户的业务网中的各功能平台开展相应的监督管理工作，以维护社会稳定、保障人民利益。

在监管网的运行中，人民用户平台通过政府服务平台、政府管理平台和政府传感网络平台，分别与作为监管对象的业务网商务交易平台用户平台、互联网服务平台、商务交易平台管理平台、互联网传感网络平台、消费者和商户双对象平台进行双向通信，形成相应的信息运行过程。

1. 监管业务网商务交易平台用户平台的信息运行过程

监管业务网商务交易平台用户平台的信息运行过程是政府管理平台针对监管对象平台中业务网商务交易平台用户平台的经营行为开展监督管理工作而形成的信息运行过程，如图4-13所示。

监管业务网商务交易平台用户平台的信息运行过程包括商务交易平台用户平台经营行为感知信息的运行过程和商务交易平台用户平台经营行为控制信息的运行过程。

在业务网商务交易平台用户平台经营行为感知信息的运行过程中，业务网商务交易平台用户平台作为被监管对象，其经营行为信息以感知信息的形式经相应的政府传感网络分平台传输至对应的政府管理分平台。例如，商务

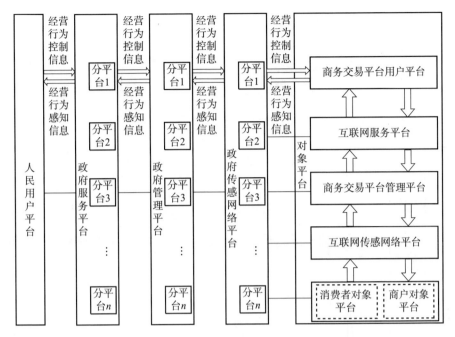

图 4-13　监管商务交易平台用户平台的信息运行过程

交易平台运营商通过营业执照的办理将其平台名称、网址、法人、注册资本、经济成分、经营范围、经营方式、经营期限等经营行为信息传输给相应的工商行政管理部门，由工商行政管理部门进一步审核处理。

　　相应的政府管理分平台对商务交易平台用户平台经营行为感知信息进行处理后，再通过相应的政府服务分平台，向人民用户平台传达监管对象平台中业务网商务交易平台用户平台的经营行为信息，由此完成商务交易平台用户平台经营行为感知信息的运行过程。例如，人民大众可通过相应的政府服务网站查阅商户的营业执照、征信、工商行政处罚、法律纠纷等信息。

　　在业务网商务交易平台用户平台经营行为控制信息的运行过程中，相应的政府管理分平台通常会在人民用户平台的授权下，直接根据获取到的监管对象平台中业务网商务交易平台用户平台的经营行为感知信息开展相应的控制管理工作。由政府管理分平台生成业务网商务交易平台用户平台经营行为控制信息，并通过相应的政府传感网络分平台向商务交易平台用户平台传达，业务网商务交易平台用户平台再根据控制信息执行相应的经营行为。例如，工商行政管理部门在发现管辖地某业务网商务交易平台用户平台有违法违规行为时，通过相应的方式对该业务网商务交易平台用户平台进行处罚，以禁止或纠正其违法经营行为。

2. 监管业务网互联网服务平台的信息运行过程

监管业务网互联网服务平台的信息运行过程是政府管理平台针对监管对象平台中业务网互联网服务平台的服务通信运营行为开展监督管理工作而形成的信息运行过程，如图4-14所示。

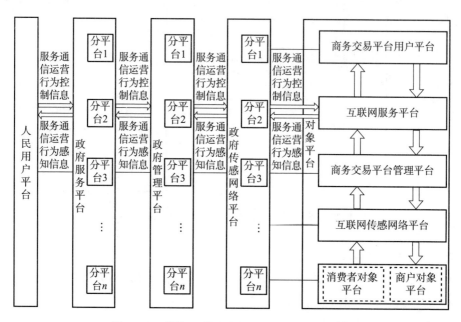

图4-14　监管互联网服务平台的信息运行过程

监管业务网互联网服务平台的信息运行过程包括业务网互联网服务平台服务通信运营行为感知信息的运行过程和业务网互联网服务平台服务通信运营行为控制信息的运行过程。

在业务网互联网服务平台服务通信运营行为感知信息的运行过程中，业务网互联网服务平台的服务通信运营行为信息以感知信息的形式通过相应的政府传感网络分平台传输至对应的政府管理分平台；政府管理分平台对业务网互联网服务平台的服务通信运营行为感知信息进行分析处理后，再通过相应的政府服务分平台将该感知信息传输给人民用户平台，从而完成业务网互联网服务平台服务通信运营行为感知信息的运行过程。例如，国家网信部门通过相应传感通信方式获取某业务网互联网服务平台运营安全感知信息，并通过其服务网站告知人民大众。

在业务网互联网服务平台服务通信运营行为控制信息的运行过程中，相应的政府管理分平台在人民用户平台的授权下，直接对业务网互联网服务平台进行控制管理。政府管理分平台根据获取到的业务网互联网服务平台服务通信运营行为感知信息生成运营行为控制信息，再通过对应的政府传感网络分平台传输到互联网服务平台，由互联网服务平台按要求执行运营行为。例如，国家网信部门在发现某业务网互联网服务平台出现安全漏洞或异常时，通过相应传感通信方式要求互联网服务平台采取有效措施修复安全漏洞或解决问题，以保障服务通信网络运营安全。

3. 监管业务网商务交易平台管理平台的信息运行过程

监管业务网商务交易平台管理平台的信息运行过程是政府管理平台针对监管对象平台中业务网商务交易平台管理平台的统筹管理运营行为开展监督管理工作而形成的信息运行过程，如图4-15所示。

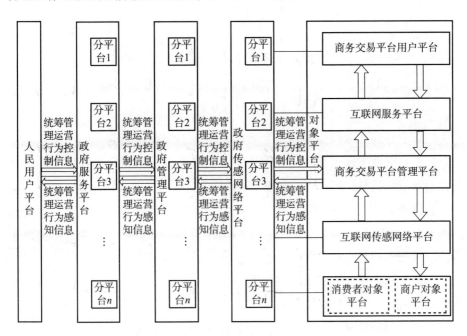

图4-15 监管商务交易平台管理平台的信息运行过程

监管业务网商务交易平台管理平台的信息运行过程包括业务网商务交易平台管理平台统筹管理运营行为感知信息的运行过程和业务网商务交易平台管理平台统筹管理运营行为控制信息的运行过程。

在业务网商务交易平台管理平台统筹管理运营行为感知信息的运行过程中，

业务网商务交易平台管理平台的统筹管理运营行为信息以感知信息的形式，通过相应的政府传感网络分平台传输至对应的政府管理分平台；政府管理分平台对业务网商务交易平台管理平台的统筹管理运营行为感知信息进行分析处理后，再通过相应的政府服务分平台将该感知信息传输给人民用户平台，从而完成业务网商务交易平台管理平台统筹管理运营行为感知信息的运行过程。例如，国家工商行政管理部门通过相应的传感通信方式获取某业务网商务交易平台管理平台运营合规与否的感知信息，并通过其服务网站告知人民大众。

在业务网商务交易平台管理平台统筹管理运营行为控制信息的运行过程中，相应的政府管理分平台在人民用户平台的授权下，直接对业务网商务交易平台管理平台进行控制管理。政府管理分平台根据获取到的业务网商务交易平台管理平台统筹管理运营行为感知信息生成运营行为控制信息，再通过对应的政府传感网络分平台传输到业务网商务交易平台管理平台，由业务网商务交易平台管理平台按要求执行运营行为。例如，国家工商行政管理部门在发现某业务网商务交易平台管理平台出现违反相关法律法规的运营行为时，通过相应的传感通信方式对该业务网商务交易平台管理平台做出相应的处罚、勒令改正等控制管理要求，业务网商务交易平台管理平台必须按要求执行。

4. 监管业务网互联网传感网络平台的信息运行过程

监管业务网互联网传感网络平台的信息运行过程是政府管理平台针对监管对象平台中业务网互联网传感网络平台的传感通信运营行为开展监督管理工作而形成的信息运行过程，如图4-16所示。

监管业务网互联网传感网络平台的信息运行过程包括业务网互联网传感网络平台传感通信运营行为感知信息的运行过程和业务网互联网传感网络平台传感通信运营行为控制信息的运行过程。

在业务网互联网传感网络平台传感通信运营行为感知信息的运行过程中，业务网互联网传感网络平台的传感通信运营行为信息以感知信息的形式，通过相应的政府传感网络分平台传输至对应的政府管理分平台；政府管理分平台对业务网互联网传感网络平台的运营行为感知信息进行分析处理后，再通过相应的政府服务分平台将该感知信息传输给人民用户平台，从而完成业务网互联网传感网络平台传感通信运营行为感知信息的运行过程。

在业务网互联网传感网络平台传感通信运营行为控制信息的运行过程中，相应的政府管理分平台在人民用户平台的授权下，直接对业务网互联网传感

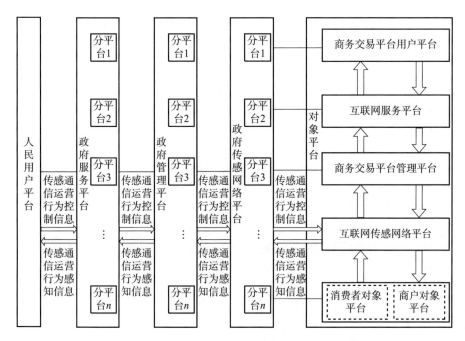

图 4-16　监管互联网传感网络平台的信息运行过程

网络平台进行控制管理。政府管理分平台根据获取到的业务网互联网传感网络平台传感通信运营行为感知信息生成运营行为控制信息，再通过对应的政府传感网络分平台传输到业务网互联网传感网络平台，由业务网互联网传感网络平台按要求执行运营行为。

5. 监管业务网消费者和商户双对象平台的信息运行过程

监管业务网消费者和商户双对象平台的信息运行过程是政府管理平台针对监管对象平台中业务网消费者对象平台和商户对象平台的消费行为和运营行为开展监督管理工作而形成的信息运行过程，如图 4-17 所示。

监管业务网消费者和商户双对象平台的信息运行过程包括业务网中消费者对象平台消费行为感知信息和商户对象平台运营行为感知信息的运行过程，以及消费者对象平台消费行为控制信息和商户对象平台运营行为控制信息的运行过程。

在业务网消费者和商户双对象平台感知信息的运行过程中，业务网消费者对象平台的消费行为信息和商户对象平台运营行为信息以感知信息的形式，通过相应的政府传感网络分平台传输至对应的政府管理分平台；政府管理分平台对业务网消费者对象平台的消费行为感知信息和商户对象平台运营行为感知信息进行分析处理后，再通过相应的政府服务分平台传输给人民用户平台，从而

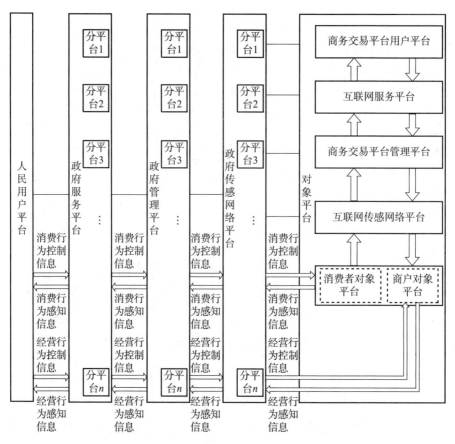

图4-17 监管消费者和商户双对象平台的信息运行过程

完成业务网消费者和商户双对象平台感知信息的运行过程。例如，相应的国家经济市场管理部门通过各种传感通信方式获取某业务网消费者对象平台的消费行为信息（如购买商品的类型、数量、总消费额等）和商户对象平台的经营行为信息（如商品来源、商品质量、盈利额等），通过对这些信息的统计分析为国家经济政策的制定提供依据。

在业务网消费者和商户双对象平台控制信息的运行过程中，相应的政府管理分平台在人民用户平台的授权下，直接对业务网消费者对象平台的消费行为和商户对象平台的经营行为进行控制管理。相应的政府管理分平台基于对市场消费的引导、对市场秩序和社会稳定的维护，生成相应的消费行为控制信息和经营行为控制信息，并通过对应的政府传感网络分平台传输到消费者和商户双对象平台，从而促使消费者对象平台和商户对象平台的商务交易行为合规合法。例如，国家公安部门在刀具、枪支、化学品等危险品管制中，通过相应传感通信方式与广大消费者和商户取得信息交互关系，以禁止商户非法销售违规商品，引导消费者避免消费违禁商品。

6. 监管网的信息整体运行过程

在监管网中，政府管理平台在履行职能以及对业务网中商务交易平台用户平台、互联网服务平台、商务交易平台管理平台、互联网传感网络平台、消费者对象平台和商户对象平台进行监管的过程中，形成信息整体运行过程，如图 4-18 所示。

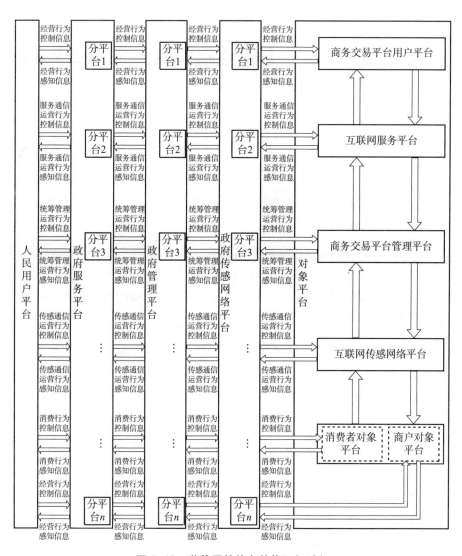

图 4-18 监管网的信息整体运行过程

在监管网的信息整体运行过程中，各被监管对象分平台在对应政府管理分平台的统筹监管，以及政府服务分平台和传感网络分平台的服务通信与传感通信支撑下，与人民用户平台形成不同的单体物联网信息运行闭环。这些不同的单体物联网信息运行闭环不仅以共同用户为节点，同时也可基于某一个或多个共同的政府服务分平台、政府管理分平台或政府传感网络分平台形成不同的节点。在这些节点的联结下，对各被监管对象分平台进行监管形成的信息运行过程构成监管网信息运行整体。

第四节 以商务交易平台为用户的电子商务物联网的功能表现

一、业务网的功能表现

在以商务交易平台为用户的业务网中，各功能平台基于自身需求的实现，在运行中形成各自不同的功能表现。

1. 消费者和商户双对象平台的功能表现

（1）消费者对象平台的功能表现

以电子商务交易平台为用户的业务网具有特殊性，消费者对商品的体验大多来自对已标明商品信息的视听感受和与商户交流时的感性判断，消费者对象平台需求感知信息的确定也基本源自商务交易平台管理平台网购界面中商品的宣传和推荐信息，诸多同类行业的商户在同一电子交易平台中进行销售竞争时，海量的商品信息决定了消费者对搜索引擎和商户的依赖。因此，消费者对商务交易平台营销控制信息的选择和执行是其功能表现的基础。

在以商务交易平台为用户的业务网中，无论何种类型的消费者群体，均作为对象平台而存在，在满足自身购物需求的同时，其消费服务行为功能的最终承担者是商务交易平台用户平台。商务交易平台管理平台通过互联网传感网络平台收集到不同消费者群体发出的消费需求感知信息，进行汇总处理后，再通过商户互联网服务平台传输给商务交易平台用户平台，从而制定出不同的营销策略，完成消费者商品消费需求感知信息的运行过程，使用户平台的控制信息能够得到最终执行，最大限度地实现其商业价值，为用户平台获取较大利润提供服务，表现其对象平台的功能。

（2）商户对象平台的功能表现

商户在该业务网中为对象平台，商户的商品销售需求感知信息能否快速被收集发布，就成为其在电子商务交易活动中能否实现盈利的关键，也是商户能否为商务交易平台用户提供服务、发挥平台功能的关键。因此，商户的需求感知信息的实现就成为该业务网中的参与性需求，促成了该业务网的形成。

在以商务交易平台为用户的业务网中，商户的商品信息描述通过其对应的互联网传感网络平台上传到商务交易平台管理平台中，商务交易平台管理平台对其上传的信息内容进行整理，并经过互联网服务平台输送到商务交易平台用户平台，使用户平台能够获得该商户的商品销售需求感知信息，并依托自身管理平台进行信息展示，从而使商户成为其盈利的基础。商户对象平台不仅需要全盘掌握商品信息，还需通过商务交易平台提供的消费者的账号信息和商品搜索信息来实现与消费者的联系，使商品生产能够更贴近消费者的需求，获得商品销售的先机，更好地服务商务交易平台用户平台，为商务交易平台的营销策略提供实际商品和服务支撑，促使商务交易平台利益需求的达成，实现用户平台利益。

2. 商务交易平台管理平台的功能表现

商务交易平台管理平台在用户平台的直接授权下产生，拥有广泛的信息管理权，能够对不同商户发出的商品营销信息和消费者的需求信息进行筛选、分类、排序和汇总。

在商务交易平台的统筹下，同一类型的商品促销信息即可根据预设的搜索关键词在某一固定区域展示，且促销力度较大的商品和信誉较好的商户能够得到展示的优先权，商品信息也能更快捷地被消费者获取，以便第一时间抓住消费者的眼球。消费者在商务交易平台管理平台搜索商品，或点击商务交易平台管理平台发布的营销信息的同时，也向商务交易平台管理平台输入了购物需求信息。商务交易平台管理平台为用户实施精准的营销控制及服务依赖于对商户商品信息和消费者需求信息的统筹管理。

商务交易平台运营商通过吸纳更多的商户入驻，扩大商品的种类、范围、数量等，吸引更多的消费者登录平台购物消费，使平台商品交易量大幅提升，反过来又吸引更多消费群体和商户入驻，形成良性循环，实现电子商务交易平台的利润最大化。由于管理平台完全为用户平台自行组建产生，拥有用户的最大授权，在其实施信息管理的过程中，会最大限度地维护用户平台利益，这易导致违法侵权风险的出现，进而使商务交易平台用户遭受损失。

3. 商务交易平台用户平台的功能表现

商务交易平台作为用户，需要尽可能多的入驻商户和消费者，以实现自身的商业利益最大化需求。消费者的购买意愿和倾向直接受到其购买决策的影响，且不同个体的购买决策又受多方面因素的影响。良好的营销策略和商务交易环境能够有效吸引诸多商户入驻并刺激消费者消费，商务交易平台要实现其用户平台的功能，就必须制定正确的营销策略，掌握不同商户商品的销售需求和各类消费者的消费习惯，对商户和消费者实行精准的营销控制，在电子商务交易市场中占据优势。电子商务交易活动中的信息具有公开性，要求商务交易平台对市场供需拥有较强的洞察能力和匹配能力，有选择性、有针对性地公开商户商品营销信息的过程，也就是发现和引导对象平台参与性需求的过程。

在以商务交易平台为用户的业务网中，其他功能平台都是在商务交易平台用户平台的主导下建立的。商务交易平台用户为了实现自身的盈利需求，通过互联网服务平台建立起自主经营的管理平台，再通过商务交易平台管理平台与商户联系，收取相应报酬后发布商户的商品营销信息，控制商户为其利益服务；另外，以商务交易平台门户网站作为商品和服务宣传的直接界面，向消费者输送营销控制信息，刺激消费者购物欲望，促成消费者消费行为，最终实现商务交易平台用户平台的利益，表现其用户平台的功能。

二、监管网的功能表现

为实现广大人民需求的可持续发展、推动社会文明的不断进步，人民用户平台授权能够代表其利益的群体，扮演社会管理者的角色，形成政府组织，对社会活动进行监管，以保障和维护人民用户平台的利益。

在人们的电子商务交易活动中，政府对整个业务网进行监管，形成监管网。监管网由政府主导，由政府管理平台对业务网的不同功能平台进行统筹监管，保障商务活动的有序、稳定开展，为监管网中的人民用户提供可持续的文化、物质和精神服务。在监管网运行中，各功能平台形成不同的功能表现。

1. 人民用户平台的功能表现

人民的需求是对生存发展基本权利的追求和对美好生活的需求，人民是监管网的用户，主导整个监管网的形成。监管网为人民消费者的商务交易活动提供权益保障，维护人民用户平台的消费权益。

2. 政府服务平台的功能表现

政府服务平台是连接人民用户平台和政府管理平台、实现二者信息交互的功能平台。政府服务平台通过相应政府服务部门接收人民用户平台的不同服务需求，为人民用户平台提供文化、教育、医疗、科技、就业、社保、商务等方面的政务服务。

3. 政府管理平台的功能表现

政府管理平台立足于人民用户平台的需求，由人民用户平台组织形成，为人民用户平台需求的实现提供统筹管理服务。

政府管理平台在统筹管理中，围绕人类的社会活动，制定出一系列的方针政策、法律法规，建立起一套维护社会有序运行的规则，引导并约束个人和社会组织的行为，为人民用户平台提供高效、全面的社会管理服务，满足人民用户平台的需求，实现人民意志，保障人民权益。

4. 政府传感网络平台的功能表现

政府传感网络平台是实现政府管理平台与对象平台信息交互的功能平台。政府传感网络平台以不同的传感通信方式，将监管对象在社会活动中的行为感知信息传输至政府管理平台，同时也以不同的传感通信方式将政府管理平台的监管指令传输给相应的监管对象，以实现政府对监管对象的管控。

5. 对象平台的功能表现

为满足监管网人民用户的主导性需求，监管网中的政府管理平台将业务网各功能平台作为监管网中的对象平台进行监管，使其更好地为监管网中人民用户服务。

在监管网中，政府网络监管相关部门依据相关法律法规和条例，对业务网中互联网服务平台和互联网传感网络平台实施监管，保证二者在电子商务交易活动中，能够为人民用户提供安全、稳定、可靠的服务通信和传感通信服务。

在业务网中，商务交易平台用户平台、商务交易平台管理平台、消费者和商户双对象平台是商务交易活动的主体，其行为直接关系到监管网中人民用户平台的利益。监管网对业务网的监管重点是对业务网中商务交易平台用户平台、商务交易平台管理平台、消费者对象平台和商户对象平台的监管。

（1）业务网商务交易平台用户平台为监管网对象平台的功能表现

在监管网中，政府管理平台为维护人民消费者的权益，对业务网商务交易平台用户平台的商务活动进行监管。业务网商务交易平台用户平台在监管网中政府管理平台的监管下，形成相应的功能表现，如图 4-19 所示。

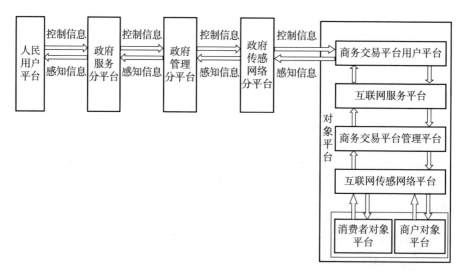

图 4-19   业务网商务交易平台用户平台为监管网对象平台

业务网商务交易平台用户平台通过业务网的运行满足自身商务利益最大化的主导性需求。监管网由人民用户主导，业务网商务交易平台用户平台在监管网中政府管理平台的统筹管理下，获得政府管理平台的法律认可，作为监管网的对象为监管网的人民用户服务，同时实现业务网商务交易平台用户平台在监管网中的参与性需求。

业务网商务交易平台用户平台作为监管网的对象平台时，需要为监管网中人民用户平台提供服务，才能实现其参与性需求；而业务网中商务交易平台用户平台盈利的主导性需求只能通过业务网的运行来实现。商务交易平通过权衡自身在业务网中的主导性需求和在监管网中的参与性需求，可能选择不参与监管网、被动参与监管网或主动参与监管网。

1）业务网商务交易平台用户平台不参与监管网。

在监管网中，政府管理平台要求作为对象的业务网商务交易平台用户平台在电子商务交易业务网的获利以保障监管网中人民用户平台的利益为前提，即业务网商务交易平台用户平台的根本宗旨是为监管网中人民用户服务，监管网中，人民用户平台的利益优先，商务交易平台用户平台的自身利益次之。政府基于这一根本宗旨，对业务网商务交易平台用户平台的商务交易活动进行全面监管，并制定了一系列法律法规约束业务网商务交易平台用户平台的行为，保证其在业务网中的商务交易行为符合监管网中人民用户的利益。业务网中的商务交易平台用户平台按照监管物联网的要求，为监管网中人民用户的利益服务，有可能减少自身在业务物联网中的商务获利。

业务网中的商务交易平台用户平台为实现自身商务利益最大化的需求，避免政府监管对其经济利润产生影响，会选择不参与政府监管物联网的组网，脱离政府监管。这将导致政府职能无法发挥、消费者合法权益无法得到有效保障，造成商务交易秩序混乱，损害国家和人民利益。该类商务交易平台终将受到法律制裁。

2）业务网商务交易平台用户平台被动参与监管网。

在监管网的强制监管下，业务网商务交易平台用户平台只有参与监管物联网的组网、接受政府监管，才能获得政府的经营许可。业务网商务交易平台用户平台为避免受到法律的惩罚，会选择被动参与政府监管物联网。

在业务网中，商务交易平台用户平台的信息由商务交易平台用户平台主导运行。当业务网商务交易平台用户平台被动参与监管网时，为了实现自身在业务网中的最大商务利益，会选择向监管网中政府管理分平台有选择性地提供有利于自身利益的信息，以此规避政府监管产生的部分经营风险，但易造成政府监管职能受阻，侵犯人民合法权益，不利于商务交易平台的长远发展。

3）业务网商务交易平台用户平台主动参与监管网。

业务网商务交易平台用户平台为使自身经营活动得到国家法律保护，会选择主动参与信用监管物联网。

业务网商务交易平台用户平台主动参网时，会按照国家法律法规的要求，在商务经营、税收缴纳等方面形成诚实守信的功能表现。业务网商务交易平台用户平台诚实守信的营销行为可为其赢得更多消费者的信任，在市场竞争中占据一定优势。与不参与监管网和被动参与监管网的业务网商务交易平台用户平台相比，该类业务网商务交易平台用户平台需要付出更多经营成本，将影响其在业务网中主导性需求的实现。

（2）业务网商务交易平台管理平台为监管网对象平台的功能表现

商务交易平台管理平台是电子商务交易的虚拟场所，电子商务商户通过商务交易平台管理平台向消费者呈现商品信息，消费者通过商务交易平台管理平台寻找自己需要的商品，商务交易平台管理平台在业务网中作为商务交易活动的综合管理中心，保证业务网的高效运行。在监管网中，政府将业务网商务交易平台管理平台作为对象平台进行监管，使其商务行为符合监管网中人民用户的利益，为人民用户平台的利益服务。业务网商务交易平台管理平台运营商参与监管网组网，成为其对象平台，为监管网中人民用户服务，同时满足自身的参与性需求，如图4-20所示。

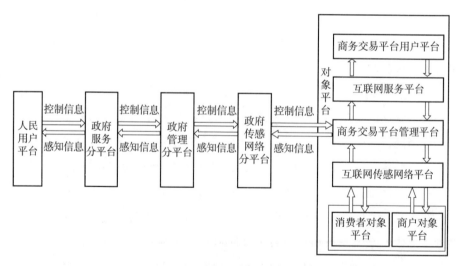

图 4-20　业务网商务交易平台管理平台为监管网对象平台

业务网商务交易平台管理平台运营商根据对自身主导性需求和参与性需求的权衡，决定不参与、被动参与或主动参与监管网的组网。

1）业务网商务交易平台管理平台不参与监管网。

监管网的宗旨是将广大人民作为用户，为人民大众的利益服务。政府通过监管网对业务网商务交易平台管理平台进行全方位监管，不仅对业务网商务交易平台管理平台自身作为商业主体的注册、运营、税务、财务等方面进行严格监管，也要求商务交易平台管理平台对入驻的商户进行严格审核和管理，对商户提交的商品信息进行核查，使其通过商务交易平台展示的商品在质量、价格、售后、服务等方面真实合理，以全面保障人民消费者的利益。业务网商务交易平台管理平台作为商业主体，谋求商业利益是其永恒的目的。政府的监管旨在为人民消费者排除伪劣商品和不良商家，减少人民消费者的利益损失，却在一定程度上减少了商务交易平台管理平台的经济收益，因此有的业务网商务交易平台管理平台为了追求利益最大化，会选择不参与政府的监管网。这样，业务网商务交易平台管理平台完全脱离政府监管，可通过任意手段实现自身商业利益的最大化，监管网名存实亡，监管有效性更无从谈起。

2）业务网商务交易平台管理平台被动参与监管网。

监管网在政府的统筹管理下对业务网进行全面监管，使其符合人民用户的利益。业务网商务交易平台管理平台是业务网的综合管理中心，其所拥有的信息最为完整和全面，监管网对业务网商务交易平台管理平台进行监管，能有效保证业务网被监管信息的全面性，其中包括商户、消费者、商务交易平台的信息以及三者在电子商务活动中的交易信息。政府通过制定法律法规来约束业务网商务交易平台管理平台的商务行为，使其在法律允许的范围内进行商务活动，对非法经营或损害人民消费者利益的业务网商务交易平台管理平台进行打击，以保护监管网人民用户的利益。有的业务网商务交易平台管理平台为了免受法律制裁，会选择被动参与监管网的组网，接受政府监管。监管网对业务网商务交易平台管理平台的监管对业务网商务交易平台管理平台的商业利益有一定影响，业务网商务交易平台管理平台参与监管网牺牲了其在业务网中的商业利益，因此对监管网的参与缺乏主动性，使监管网对业务网的监管只是形式上的监管，难以真正监管到业务网商务交易平台管理平台的商务行为，监管有效性低。

3）业务网商务交易平台管理平台主动参与监管网。

政府为了实现对商务交易平台管理平台的有效监管，通过一系列法律法规来约束业务网商务交易平台管理平台的商务行为，使其在法律允许的范围内进行商务活动，通过打击非法经营或损害人民消费者利益的商业主体，保护业务网商务交易平台管理平台的合法经营权益。因此，监管网对业务网商务交易平台管理平台的监管，对于业务网商务交易平台管理平台来说，既是约束，也是保护。业务网商务交易平台管理平台运营商既想通过业务网实现自身商业利益需求，又想通过监管网得到政府的法律保护，可能通过权衡政府法律保护和商业利益，选择主动参与监管网。主动参与监管网的业务网商务交易平台管理平台运营商会专注自身技术创新，提升服务质量，对入驻商户及其所展示的商品进行严格的信息审核，并对整个业务网的商务交易信息进行全面监管，以确保其行为符合人民消费者的利益。然而由于不参与监管网和被动参与监管网的业务网商务交易平台管理平台可以采取游离于法律之外的不公平竞争手段，主动参与监管网的业务网商务交易平台管理平台的竞争力会被削弱，部分原本主动参与监管网的业务网商务交易平台管理平台可能选择不再参与或被动参与监管网，使监管网的有效性难以长久持续。

（3）业务网对象平台为监管网对象平台的功能表现

在业务网中，消费者和商户作为对象平台，为电子商务交易平台用户平台提供消费者消费相关的感知信息和商户商品销售相关的感知信息；而在监管网中，消费者和商户双对象平台作为监管网的对象平台，为监管网人民用户提供其作为业务网中对象平台所从事的相关商务活动的感知信息，实现监管网对业务网中对象平台的监管，为人民用户服务。其中，消费者作为业务网对象平台所从事的相关商务活动的信息包括消费者的消费需求信息、订单信息、付款信息、确认收货信息等，商户作为业务网对象平台所从事的相关商务活动的信息包括商品销售需求信息、发货信息等。消费者和商户作为监管网中的对象平台，向政府管理平台提供商务交易信息，以利于政府掌握在商务交易活动中广大消费者的消费行为信息和商户的商品信息以及销售行为信息。另外，消费者对象平台和商户对象平台也可以接收并响应政府管理平台的控制指令（政府政策文件），实现监管网为人民用户服务的目标。

1）业务网消费者对象平台为监管网对象平台的功能表现。

监管网的宗旨是为广大人民的利益服务，而业务网中个体消费者的利益不一定与人民大众的利益完全一致，因此业务网中的消费者面对监管网的监管，可能选择不参与、被动参与或主动参与监管网，从而形成不同的功能表现，如图4-21所示。

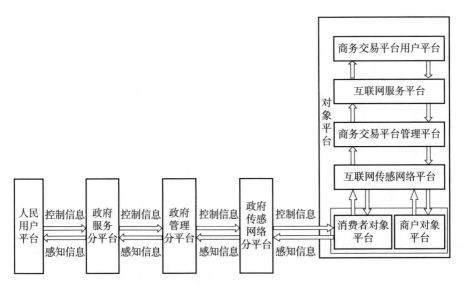

图 4-21　业务网消费者对象平台为监管网对象平台

①业务网消费者对象平台不参与监管网。

在业务网中，消费者可根据自身喜好，自由选择心仪的商品，而业务网商务交易平台用户平台为了实现自身利益，会尽可能地为消费者提供满足其需求的商品，以获取经济收益。监管网对业务网的监管，在一定程度上会约束消费者的购物行为，例如，消费者如果购买政府严禁售卖的商品（毒品、国家保护动物、国家管制枪支等），会触犯法律，受到制裁。有些消费者为了能够自由购买任意商品，不受法律约束，满足自身需求或牟取利益，选择不参与监管网，在政府的监管之外购买违禁商品，使得监管网不能有效监管到消费者的消费行为，导致监管失效。

②业务网消费者对象平台被动参与监管网。

监管网的监管对业务网消费者的商务行为有一定的制约作用，使其购买商品限于法律允许的范围之内，影响了业务网中部分消费者对象平台参与性需求的实现，因此，业务网中的消费者一方面要实现自身参与性需求，另一方面又碍于法律约束，从而会选择被动参与监管网。被动参与监管网的消费者针对政府监管力度和覆盖面积的不同，会结合自身购物需求，有选择性地参与监管网。对于合法的、政府监管严格的商品交易，按照法律要求参与监管网的监管；对于违禁商品或政府监管力度小的商品，进行线下交易或秘密交易，以此躲避政府监管，逃避法律约束和惩罚。这样，监管网就不能有效监管到所有消费者的消费行为，或者不能监管到特定的消费者的所有消费行为，使得监管网的有效性降低。

③业务网消费者对象平台主动参与监管网。

监管网对业务网进行监管，保护人民消费者的合法权益。合法的消费者与监管网中人民用户的利益是一致的，因此，业务网消费者对象平台为了使其在业务网中的购物行为得到法律保护，会遵照国家法律法规，主动参与监管网的组网。消费者的购物需求是其参与组建业务网的驱动力，而参与监管网的驱动力也是为了保证其在业务网中的合法购物需求更好地得到满足，因此这部分消费者在参与业务网的同时，也会主动参与监管网。消费者主动参与监管网、遵守相关法律法规、坚决抵制违禁商品的买卖，虽然有利于监管网的监管，但也在一定程度上降低了业务网的运行效率，影响业务网商务交易平台用户平台利益的实现。

2）业务网商户对象平台为监管网对象平台的功能表现。

商户作为业务网对象平台，在业务网的运行过程中实现其参与性需求，而监管网人民用户的利益与商户的利益不完全一致，因此业务网中的商户面对监管网的监管，可能选择不参与、被动参与或主动参与监管网，从而形成不同的功能表现，如图4-22所示。

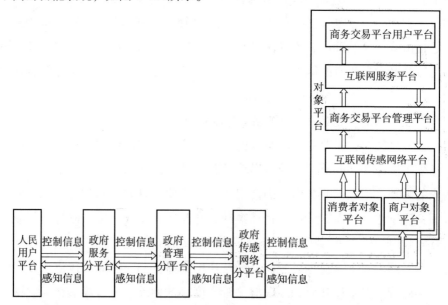

图 4-22　业务网商户对象平台为监管网对象平台

①业务网商户对象平台不参与监管网。

监管网为了保护人民用户的利益，会对商务交易平台的商品信息进行严格全面的监管，如货源、品牌、质量、售后等，以确保人民消费者的合法权益得到有效保障。商户作为商人，最大限度地获取经济利润是其永久性需求。政府的监管在一定程度上限制了商户的获利范围，因此，有的商户会选择不参与监管网，尤其是销售假冒伪劣商品和违禁商品的商户，会直接脱离政府监管，私下进行非法交易，以获取巨额利润。这样一来，监管网就形同虚设，无法真正地发挥监管作用。

②业务网商户对象平台被动参与监管网。

政府为了实现对业务网商户对象平台的有效监管，通过法律法规来约束业务网商户对象平台的商务行为，使其在法律允许的范围内进行商务活动，通过打击售卖伪劣产品及违禁商品的行为，维护社会稳定，保护人民消费者的权益。业务网中有的商户受自身商业利益的驱动，又迫于法律责任的压力，会被动参与监管网，一方面通过商务交易平台进行合法经营，另一方面对损害其利益的监管被动响应，使得监管网的监管效率降低。

③业务网商户对象平台主动参与监管网。

商户作为商人，在自身参与性需求的驱动下参与业务网组网，为了长久、稳定地获取其商业利益，商户会选择主动参与监管网，配合政府的监管，销售质量合格、价格合理、服务优质的商品，形成自身的品牌效应。然而，在激烈的市场竞争下，这种品牌优势很快就会被不正当竞争造成的损失所抵消，原本主动参与监管网的商户积极性下降，就又会转为不参与或被动参与监管网，使监管网的有效性降低。

监管网对业务网监管的有效性很难真正实现，根本原因在于监管网和业务网的用户不一致，监管网为人民大众服务，而业务网是为实现其商务交易平台用户平台的商业利益服务，人民大众的利益和商务交易平台用户平台的利益不一致，这一无法调和的矛盾会导致监管网对业务网的监管无法真正有效地实现、人民大众的利益无法真正得到保障。

第五章

以商务交易平台、商户和
消费者为三用户的电子
商务物联网

第一节 以商务交易平台、商户和消费者为三用户的业务网的形成

一、商务交易平台、商户和消费者三用户平台的形成

1. 商务交易平台、商户和消费者三用户的需求

随着商务交易平台商业模式的不断完善，新的互联网技术和经济形态也在不断出现，商务交易平台的经营模式受社会生产力发展、互联网普及度以及国家财政政策等方面的影响逐渐加大。

商务交易平台在前期盈利需求的基础上，还想继续扩大平台规模；商户和消费者的主体利益诉求亦越发明显，对电子商务产业运作模式的要求也逐步提高，想获得更符合自身利益的商品交易体验。

2. 商务交易平台、商户和消费者三用户平台需求主导下的组网

商务交易平台在整合商户和消费者的资源信息之时，不仅需要满足自身的盈利需求、承担中介功能，还需将商户和消费者的利益诉求纳入管理体系，将商务交易平台、商户、消费者三者的多种价值链进行统一整合，进一步实现资源、利润、社会价值的优化分配，在一定程度上提高商务交易平台的竞争力，从而创造出更大的价值。因此，以商务交易平台为主、商户和消费者为辅的三用户平台随之形成，如图 5-1 所示。

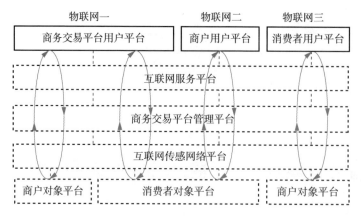

图 5-1 商务交易平台、商户和消费者三用户平台的形成

二、互联网服务平台的形成

1. 互联网服务网络运营商的需求

在商务交易平台、商户和消费者三用户平台的主导下，互联网服务终端需要感知更多有社交网络需求的用户，支撑不同用户与同一管理平台的网络联系，为三方用户提供不同的服务，这就要求互联网服务终端必须拥有更高程度的功能一致性和感知集成度。

2. 互联网服务平台需求驱动下的参网

信息时代飞速发展，通信技术不断变革，现阶段的互联网技术已经足以支撑三用户运作，能够为用户平台提供相应的服务。在三用户的组织下，互联网服务平台形成，如图 5-2 所示。

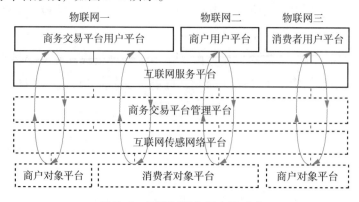

图 5-2 互联网服务平台的形成

三、商务交易平台管理平台的形成

1. 商务交易平台运营商的需求

在三用户平台的业务网中，用户平台的信息较为复杂，商户的商品销售需求和消费者的购物需求需要一个统一的管理平台进行统筹安排和协调管理，而商务交易平台的性质决定了它是唯一能够集商品信息展示和交易于一身的功能平台，且其自身利益需求的达成需要依赖商户和消费者。

2. 商务交易平台管理平台需求驱动下的参网

商户和消费者用户均与商务交易平台用户达成一致，在共同利益的驱使下，以商务交易平台用户为主要组织者，搭建了商务交易平台管理平台，为三者提供信息管理服务，如图 5-3 所示。

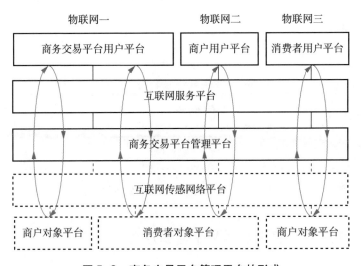

图 5-3　商务交易平台管理平台的形成

四、互联网传感网络平台的形成

1. 互联网传感网络运营商的需求

商务交易平台管理平台在为用户提供信息管理的过程中，需通过互联网终端与对象平台形成联系，从而确定能够为用户平台提供服务的具体对象平台；同时，互联网运营商的利润获取也来源于业务网的运行。

因此，为了获取更多的利润，互联网运营商开放了诸多不同类型的网络服务器，能够与更广范围和更高质量的对象物理实体取得联系，从而满足商务交易平台、商户和消费者的不同需求。

2. 互联网传感网络平台需求驱动下的参网

互联网运营商在商务交易平台管理平台的统筹安排下，为商务交易平台开放了更多的网络接口，形成了特定的互联网传感网络平台，参与三用户平台业务网的组网，为商务交易平台管理平台更大范围地寻找对象平台提供了便利，如图 5-4 所示。

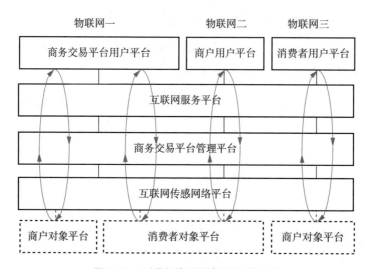

图 5-4　互联网传感网络平台的形成

五、商户和消费者双对象平台的形成

1. 商户和消费者双对象的需求

三用户平台的形成是电子商务交易平台迫于商品市场和社会压力，与商户、消费者妥协的结果，其本质仍是以电子商务交易平台用户的利益需求为主导，为其提供服务的对象平台仍由商户对象和消费者对象构成。

商户需要在商品交易平台管理平台的营销宣传下，实现商品的销售，获取相应的销售利润；消费者需要在商务交易平台管理平台的商品展示中获取满足自身购物需求的商品信息。

2. 商户和消费者双对象平台需求驱动下的参网

商户和消费者互为用户和对象，在商务交易平台管理平台的统筹安排和自身参与性需求的驱动下，形成三用户平台业务网的对象平台——商户和消费者双对象平台，如图5-5所示。

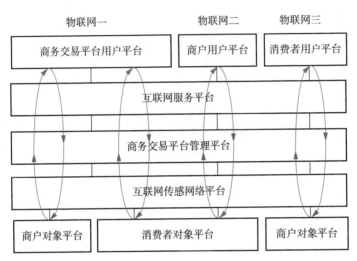

图5-5　商户和消费者双对象平台的形成

六、业务网的整体形成

商务交易平台在商业活动价值链上主要作为商户和消费者之间的中介平台存在，以其覆盖广、成本低、效率高等优势整合双方资源，吸引双方在其平台上进行经济活动，创造利润。由此可知，获取自身利益为商务交易平台构建的基本出发点。在三用户平台的业务网中，商务交易平台、商户、消费者均作为用户平台存在，由商务交易平台管理平台为三者寻求对象，为其提供服务，如图5-6所示。其中，商户和消费者支撑形成的双对象平台为商务交易平台用户服务；消费者支撑形成的对象平台为商户用户服务；商户支撑形成的对象平台为消费者用户服务。

在该业务网结构中，由于商务交易平台为管理平台，是在商务交易平台用户平台的控制下形成的，其统筹协调功能首要为自身服务，即商务交易平台用户平台为主用户，与其他四平台构成该业务网的主物联网；商户用户和消费者用户则与其他平台形成该业务网中的两个次物联网，三个以不同主

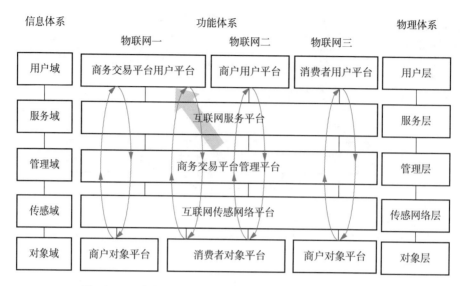

图 5-6   以商务交易平台、商户和消费者为三用户的业务网

体用户为首的物联网共同组成了以商务交易平台、商户和消费者为三用户的业务网。

第二节 以商务交易平台、商户和消费者为三用户的电子商务物联网的结构

一、业务网的结构

以商务交易平台、商户和消费者为三用户的业务网由商务交易平台用户平台需求主导下的物联网一、商户用户平台需求主导下的物联网二和消费者用户平台需求主导下的物联网三，在共同商务交易平台管理平台的联结下组成，如图 5-7 所示。

在该业务网中，用户平台由商务交易平台用户平台、商户用户平台和消费者用户平台组成。各用户平台各自对应于信息体系中的用户域和物理体系中的用户层，分别实现对业务网中物联网一、物联网二和物联网三的体系主导。

互联网服务平台对应于信息体系中的服务域和物理体系中的服务层。该功能平台由不同的互联网服务通信支网形成其中的分平台，分别实现商务交

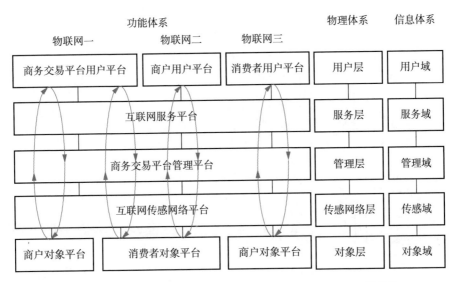

图 5-7 以商务交易平台、商户和消费者为三用户的业务网的结构

易平台用户平台、商户用户平台、消费者用户平台与商务交易平台管理平台间的服务通信。

商务交易平台管理平台是业务网中物联网一、物联网二和物联网三的共同管理平台,对应于信息体系中的管理域和物理体系中的管理层。商务交易平台管理平台将物联网一、物联网二和物联网三联结在一起,形成业务网整体并实现对业务网的体系运营管理。

互联网传感网络平台对应于信息体系中的传感域和物理体系中的传感网络层。该功能平台由不同的互联网传感通信支网形成其中的分平台,分别实现物联网一、物联网二和物联网三中相应对象平台与商务交易平台管理平台间的传感通信。

对象平台包括商户对象平台和消费者对象平台,其中商户对象平台同时参与组成物联网一和物联网三,消费者对象平台同时参与组成物联网一和物联网二。各对象平台分别对应于信息体系中的对象域和物理体系中的对象层,在各自用户平台需求主导及自身需求驱动下,参与相应物联网的组网运行,实现用户和自身的需求。

二、监管网的结构

政府部门在人民大众的需求主导下,对以商务交易平台、商户和消费者

175

为三用户的业务网进行监管，形成相应的监管网，如图5-8所示。

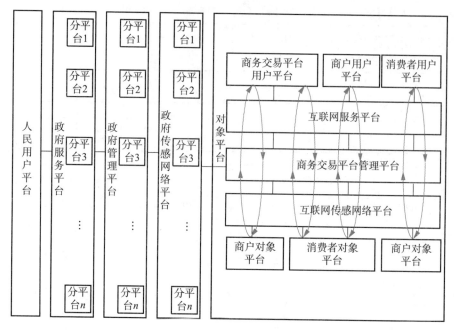

图 5-8　监管网的结构

该监管网是以人民用户平台为基础功能平台，以政府服务平台、政府管理平台、政府传感网络平台和对象平台为复合功能平台，形成的复合物联网。在该物联网中，人民用户平台与各复合功能平台间的不同分平台依次有序组合，形成不同的单体物联网。人民用户平台作为不同的单体物联网的交汇节点，使不同单体物联网整体上组合形成复合物联网。

区别于其他监管网，该监管网中的对象平台由以商务交易平台、商户和消费者为三用户的业务网中的各功能平台形成，即业务网中的商务交易平台用户平台、商户用户平台、消费者用户平台、互联网服务平台、商务交易平台管理平台、互联网传感网络平台、商户对象平台和消费者对象平台各自成为监管网中的不同对象分平台。

在监管网中，政府管理平台中的不同分平台具有不同的监管分工。在人民用户平台的监管需求下，不同政府管理分平台通过单个或多个政府传感网络分平台，对不同对象分平台或同一对象分平台的不同业务活动予以监管。

第三节 以商务交易平台、商户和消费者为三用户的电子商务物联网的信息运行

三用户平台业务网功能需要通过信息的运行来实现，该类业务网中的信息运行过程较为复杂，根据三个物联网中用户平台的不同，信息的运行可分为三种不同方式：在商务交易平台用户主导下，以商户和消费者为对象的信息运行方式；在商户用户主导下，以消费者为对象的信息运行方式；在消费者用户主导下，以商户为对象的信息运行方式。

以商务交易平台为用户的信息运行方式是该物联网中的主要信息运行方式，包括：商务交易平台商品和服务营销控制信息的运行过程、商户商品销售需求感知信息的运行过程、消费者商品消费需求感知信息的运行过程、消费者购物付款感知信息的运行过程以及商户发货感知信息的运行过程。商户用户主导下的次要信息的运行方式包括：商户商品营销控制信息的运行过程、消费者商品消费需求感知信息的运行过程、商户发货控制信息的运行过程、消费者购物付款感知信息的运行过程。消费者用户主导下的次要信息的运行方式包括：消费者购物控制信息的运行过程、商户商品销售需求感知信息的运行过程、消费者支付控制信息的运行过程、商户发货感知信息的运行过程。

一、业务网的信息运行

1. 商品营销信息的运行过程

（1）商务交易平台主导下的物联网一的信息运行过程

三用户平台业务网中的主用户为商务交易平台，为其服务的对象平台则为诸多商户和消费者群体，这一结构成为该业务网中的主物联网，其信息的运行方式主导着物联网整体的信息运行，如图 5-9 所示。

物联网一的信息运行方式与前章所述以商务交易平台为用户的业务网信息运行方式相似，但在对象平台为商务交易平台用户平台提供服务的过程中，其商户和消费者还作为三用户平台业务网的用户平台存在，商务交易平台在

177

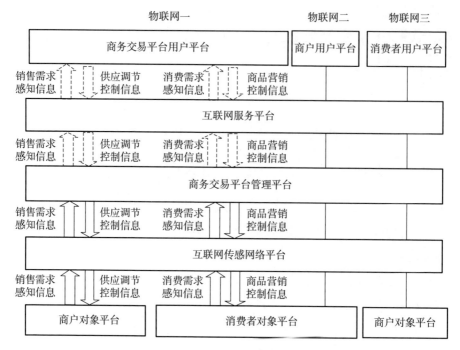

图 5-9　商务交易平台主导下的物联网一的信息运行过程

获取商户和消费者提供的服务的同时，也适当地为二者谋求更大的利益，兼顾二者的用户平台角色。

　　商务交易平台在该物联网中扮演用户平台和管理平台的双重角色。商务交易平台作为用户平台时，在收集到管理平台上传的感知信息后，通过互联网服务平台下发商品和服务营销控制信息，根据商户和消费者的不同需求，调整交易平台展示的商品信息，以便消费者更快捷地找到自己所需的商品，促进商户销售需求的达成；其作为管理平台时，通过互联网传感网络平台收集对象平台上传的商户商品销售需求感知信息和消费者商品消费需求感知信息，经过分类、汇总和筛选后，通过互联网服务平台将信息传输给商务交易平台用户，为商务交易平台用户的营销决策提供感知信息服务，并在用户平台的许可下，收取双方的服务费用，为双方提供交易场所。

　　（2）商户主导下的物联网二的信息运行过程

　　在三用户平台物联网中，商户作为用户，需要按照自身意愿控制消费者尽可能多地购买商品，为其利益获取提供服务，是该业务网中物联网二的组织者。该物联网的信息运行方式与以商户为用户的业务网相类似，但其对象平台的消费者群体也是物联网三中的用户平台，在商户对消费者实施商品营销控制的同时，也需兼顾消费者的用户平台角色，为消费者实现一定的利益，如图 5-10 所示。

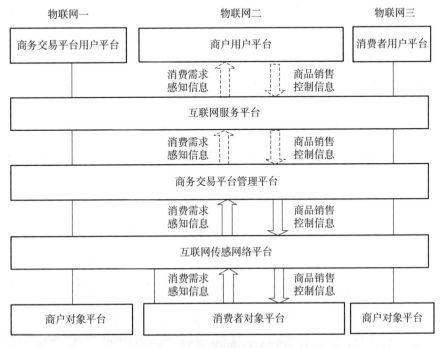

图 5-10　商户主导下的物联网二的信息运行过程

在消费者利用互联网传感网络平台和商务交易平台门户网站进行商品搜索时，其消费需求感知信息和商品偏好信息会经由商务交易平台的大数据分析处理器，发送给商户用户平台，并根据与商户的预设协议为消费者推送相关商户的商品促销信息，达到为商户服务的目的。

在该物联网中，各平台的建立和运行围绕为商户用户提供服务而展开。商户用户为了实现自身的盈利需求，通过互联网服务平台与商务交易平台相联系，向商务交易平台管理平台发布商品营销信息，以商务交易平台门户网站作为其店铺商品宣传的直接界面，实现营销控制信息向消费者的输送，刺激消费者的购物欲望，促进消费者消费行为的最终发生，从而实现商户用户平台的利益。

信息可根据解读者的需要表现出不同的组合方式，同一件商品也会因描述侧重点和描述语言风格的不同而展示出不同的信息。在业务网中，商户对商品信息不同的描述和具体的营销模式会对消费者消费需求感知信息产生很大的影响。例如，同一商品信息以不同语言风格描述，消费者接收到的信息就会千差万别，这种感知信息的差异性会直接反映在消费者的购买决策上。在电子商务营销领域，促销和广告是商户最常使用的两种销售刺激方式。上文已论述过不同类型的消费者通过互联网传感网络平台获取到商品营销信息时，会产生不同的信息反馈。商户的营销方式就在于发掘不同消费者的商品服务需求，制定相应的营销策略获取消费者的信任，进而接收其发出的营销控制信息，提升其控制消费者购买决策的能力。

（3）消费者主导下的物联网三的信息运行过程

在该业务网中，消费者的购买意愿和倾向直接受其购买决策的影响，且不同个体的购买决策又受多方面因素的影响。消费者用户平台输送的商品消费需求控制信息使得商务交易平台用户平台能够掌握消费者的商品消费需求，为其提供相应的信息服务，这样，商户和商务交易平台管理平台在实现消费者利益需求时，才能在电子商务交易市场中占据优势，实现盈利，如图5-11所示。

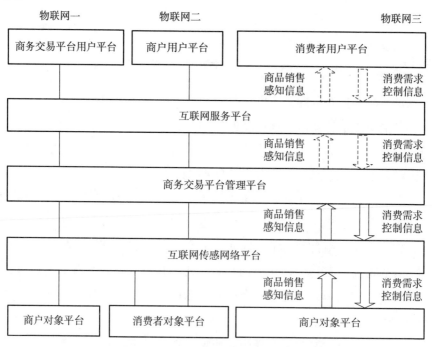

图5-11 消费者主导下的物联网三的信息运行过程

市场经济的迅速发展，使得电子商务交易活动中的信息具有巨大的公开性，消费者用户能够掌握更多的商品信息，以寻求更符合自我意志的产品和服务，这就要求商户对市场供需有较强的洞察能力和匹配能力，商户有选择性、有针对性地公开商品信息的过程，就是执行消费者控制信息的过程。

对于以消费者为用户的业务网来说，商户能否快速发现和执行消费者的消费需求控制信息，成为其在电子商务交易活动中能否占据主动的制胜点。诸多同类行业的商户在同一电子交易平台中进行销售竞争时，海量的商品信息决定了消费者对搜索引擎和商户的依赖。商户不仅需要全盘掌握商品信息，还需通过消费者个人定制信息，明确其商品生产和交易走向，这样才能更贴近消费者需求，获得消费者的青睐。以消费者为用户的业务网具有特殊性，消费者对商品的体验大多来自对已标明商品信息的视听感受和与商户交流时的感性判断，消费者控制信息的确定也基本源自商户的宣传和推荐。

2. 商品订单发货信息的运行过程

（1）消费者购物付款感知信息的运行过程

在三用户平台的业务网中，消费者的付款信息和电子现金支付信息存在两种传输方式。付款信息经过各平台的传输，直接以电子信息代码的形式发送给商户；电子现金支付信息则通过消费者关联银行账户汇入第三方支付代理，该支付代理与商务交易平台签订了代理协议，将电子现金暂时寄存于由该支付代理与商务交易平台共同管理的账户中，商务交易平台以商户和消费者联系的中间人和交易担保人的角色而存在，对消费者支付的电子现金进行暂时管理，充当消费者的暂时资金保管人，并向商户发送付款信息，通知其发货，在消费者确认收货后再将消费者的付款汇入商户的关联账号中。

在此期间，消费者的资金一直存放在商务交易平台的账户中，其产生的利息本应归消费者所有，但在现实操作中，商务交易平台并不会将相应的利息返还给消费者，而是将这部分资金私自处理，因此，商务交易平台可能在获得较大利益的同时承担相应的法律风险。

（2）商户收货控制信息的运行过程

商户用户平台收到互联网服务平台传输的消费者付款成功的信息后，做出发货决策，向消费者发送货物并将发货信息（收货控制信息）通过互联网服务平台传输给商务交易平台管理平台，商务交易平台管理平台对货物的物流信息进行跟踪和实时上传，使得商户用户和消费者都能够及时了解货物的物流信息，商务交易平台管理平台通过互联网传输网络平台将货物相应的物流信息传输给对应的消费者对象分平台，最终由消费者确认收货，完成整个收货控制信息的运行。

商务交易平台管理平台为了实现商户用户和自身利益，在实现消费者用户快速便捷购物利益的驱使下，为了促使交易快速完成，可能会忽略对影响交易达成率诸多环节的审查，如对用户平台商户发出的货物的信息认证及发货、物流监测等，易造成物联网中信息运行规则得不到有效规范，会使商户的商品营销控制信息得不到有效管理，被不加调整地直接输送给消费者，在商品营销信息与实物不相符合时，会造成消费者预期消费体验的缺失，进而无法良好执行商户用户的控制信息，影响该业务网信息的运行，商户的盈利需求也难以得到满足。

另外，商务交易平台不对发货信息进行有效管理，过度依赖物流公司的个体经营水平，商品虽然可以快速到达消费者手中，完成收货控制信息的传输，实现更高效地为消费者和商户用户服务的目标，但这种以低管理成本换取商品高效率销售的经营模式势必会出现信息统筹漏洞，这种情况下消费者的利益得不到保证，其可能会采取一些维权行动，甚至会与商户发生法律纠纷，进而导致商户信誉度降低，影响其对物联网服务的体验和利益的获取。

二、监管网的信息运行

监管网在人民用户平台的主导下，授权政府管理平台对以商务交易平台、商户和消费者为三用户的业务网进行监管，形成不同的信息运行过程。

1. 监管三用户平台的信息运行过程

监管业务网中的商务交易平台、商户和消费者三用户平台的信息运行过程，是监管网中政府管理平台针对业务网三用户平台的网络经营行为和消费行为实施监督管理而形成的，包括商务交易平台用户平台和商户用户平台各自的经营行为感知信息的运行过程和控制信息的运行过程，以及消费者用户平台消费行为感知信息的运行过程和控制信息的运行过程，如图5-12所示。

在商务交易平台、商户和消费者三用户平台感知信息的运行过程中，三用户平台作为被监管对象，其经营行为信息和消费行为信息以感知信息的形

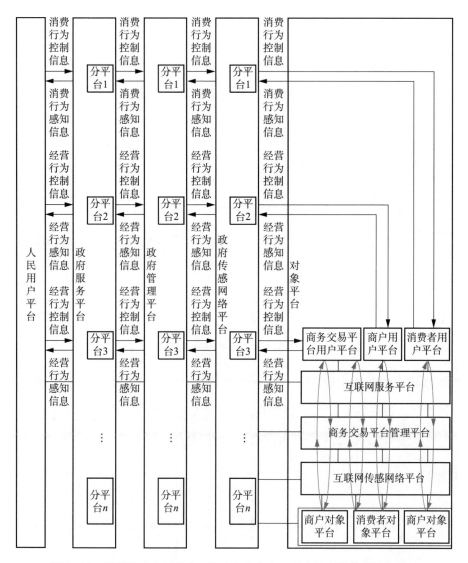

图 5-12 监管商务交易平台、商户和消费者三用户平台的信息运行过程

式，经相应政府传感网络分平台传输至相应政府管理分平台进行处理，随后再通过相应政府服务分平台，传向人民用户平台，完成三用户平台经营行为和消费行为感知信息的运行过程。

在商务交易平台、商户和消费者三用户平台控制信息的运行过程中，相应的政府管理分平台在人民用户平台的授权下，对监管对象平台中三用户平台各自的经营和消费行为感知信息实施控制和管理。政府管理分平台生成对三用户平台的控制信息，并通过相应的政府传感网络分平台向三用户平台传达，由三用户平台执行。

2. 监管互联网服务平台的信息运行过程

监管业务网互联网服务平台的信息运行过程，是监管网政府管理平台在监管对象平台中业务网互联网服务平台的服务通信运营行为时形成的信息运行过程，包括互联网服务平台服务通信运营行为感知信息的运行过程和控制信息的运行过程，如图 5-13 所示。

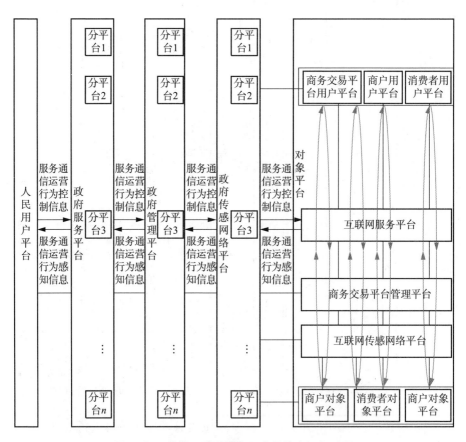

图 5-13　监管互联网服务平台的信息运行过程

业务网互联网服务平台将服务通信运营行为感知信息通过相应政府传感网络分平台传输至相应政府管理分平台进行处理，再通过相应政府服务分平台将该感知信息传输给人民用户平台，完成互联网服务平台服务通信运营行为感知信息的运行过程。

在业务网互联网服务平台服务通信运营行为控制信息的运行过程中，相应的政府管理分平台在人民用户平台的授权下，直接对业务网互联网服务平台进行控制管理，根据服务通信运营行为感知信息生成运营行为控制信息，再通过相应政府传感网络分平台传输到业务网互联网服务平台，由其执行控制信息。

3. 监管商务交易平台管理平台的信息运行过程

监管商务交易平台管理平台的信息运行过程，是监管网政府管理平台监管对象平台中业务网商务交易平台管理平台统筹管理运营行为的信息过程，包括业务网商务交易平台管理平台统筹管理运营行为感知信息的运行过程和控制信息的运行过程，如图 5-14 所示。

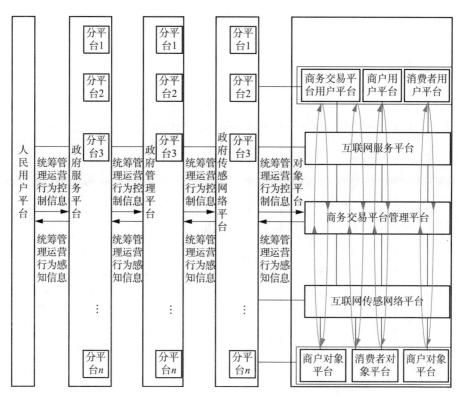

图 5-14　监管商务交易平台管理平台的信息运行过程

在业务网商务交易平台管理平台统筹管理运营行为感知信息的运行过程中，商务交易平台管理平台的统筹管理运营行为信息以感知信息的形式，通过相应政府传感网络分平台传输至相应政府管理分平台进行处理，再通过相应的政府服务分平台将该感知信息传输给人民用户平台，完成业务网商务交易平台管理平台统筹管理运营行为感知信息的运行过程。

在业务网商务交易平台管理平台统筹管理运营行为控制信息的运行过程中，相应的政府管理分平台在人民用户平台的授权下，直接控制和管理业务网商务交易平台管理平台，根据获取到的统筹管理运营行为感知信息生成运营行为控制信息，再通过相应政府传感网络分平台传输到业务网商务交易平台管理平台，由商务交易平台管理平台按要求执行。

4. 监管互联网传感网络平台的信息运行过程

监管互联网传感网络平台的信息运行过程，是监管网政府管理平台监管业务网互联网传感网络平台的传感通信运营行为的信息运行过程，包括业务网互联网传感网络平台传感通信运营行为感知信息的运行过程和控制信息的运行过程，如图5-15所示。

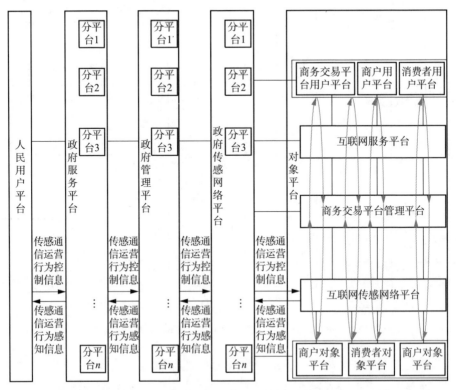

图5-15　监管互联网传感网络平台的信息运行过程

在业务网互联网传感网络平台传感通信运营行为感知信息的运行过程中，互联网传感网络平台的传感通信运营行为信息以感知信息的形式，通过相应政府传感网络分平台传输至相应政府管理分平台进行处理，再通过相应政府服务分平台将该感知信息传输给人民用户平台，完成业务网互联网传感网络平台传感通信运营行为感知信息的运行过程。

在业务网互联网传感网络平台传感通信运营行为控制信息的运行过程中，相应的政府管理分平台在人民用户平台的授权下，直接控制和管理业务网互联网传感网络平台。政府管理分平台根据获取到的互联网传感网络平台传感通信运营行为感知信息生成运营行为控制信息，再通过相应政府传感网络分平台传输到业务网互联网传感网络平台，由业务网互联网传感网络平台按要求执行运营行为。

5. 监管双对象平台的信息运行过程

监管商户和消费者双对象平台的信息运行过程，是政府管理平台针对监管对象平台中商户对象平台的经营行为和消费者对象平台的消费行为开展监督管理工作而形成的信息运行过程，包括商户对象平台经营行为感知信息的运行过程和控制信息的运行过程、消费者对象平台消费行为感知信息的运行过程和控制信息的运行过程，如图5-16所示。

在业务网商户对象平台经营行为感知信息和消费者对象平台消费行为感知信息的运行过程中，商户和消费者对象平台各自的感知信息通过相应的政府传感网络分平台传输至相应的政府管理分平台进行处理后，再通过相应的政府服务分平台传输给人民用户平台，完成商户和消费者双对象平台感知信息的运行过程。

在业务网商户对象平台经营行为控制信息和消费者对象平台消费行为控制信息的运行过程中，相应的政府管理分平台在人民用户平台的授权下，直接引导和管理双对象平台的行为，生成相应的经营行为和消费行为控制信息，通过相应的政府传感网络分平台传输到商户和消费者双对象平台，促使商户合法经营、消费者合规消费。

6. 监管网的信息整体运行过程

在监管网中，政府管理平台同时对业务网商务交易平台用户平台、商户用户平台、消费者用户平台、互联网服务平台、商务交易平台管理平台、互联网传感网络平台、商户对象平台和消费者对象平台进行监管，形成监管网

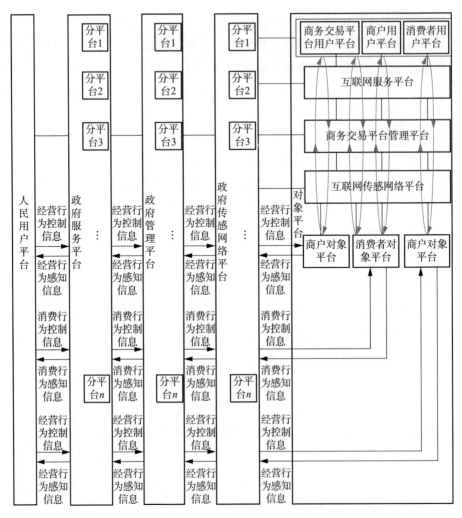

图 5-16 监管商户和消费者双对象平台的信息运行过程

的信息整体运行过程，如图 5-17 所示。

在监管网的信息整体运行过程中，各被监管对象分平台在相应的政府管理分平台的统筹监管下，通过政府服务分平台和政府传感网络分平台服务通信与传感通信的连接，与人民用户平台形成不同的单体物联网信息运行闭环。这些不同的单体物联网信息运行闭环不仅以共同用户为节点，同时也可基于某一个或多个共同的政府服务分平台、政府管理分平台或政府传感网络分平台形成不同的节点。在这些节点的联结下，对各被监管对象分平台进行监管形成的信息运行过程构成了监管网信息运行整体。

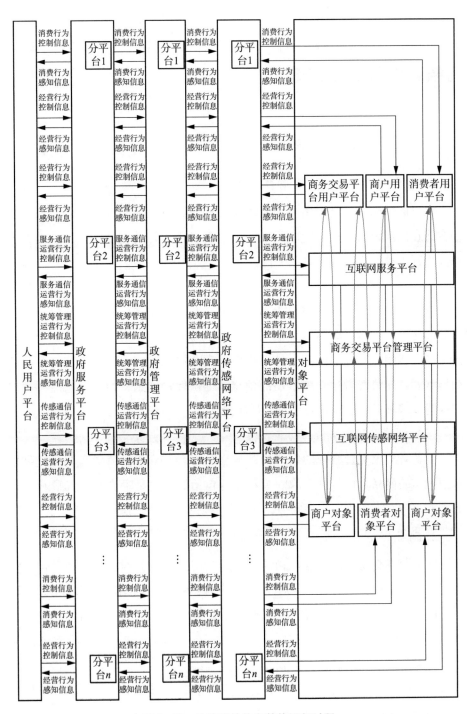

图 5-17　监管网的信息整体运行过程

第四节 以商务交易平台、商户和消费者为三用户的电子商务物联网的功能表现

一、业务网的功能表现

1. 商户和消费者双对象平台的功能表现

在以商务交易平台为用户的物联网一中，商户和消费者作为双对象平台存在；在以商户为用户的物联网二和以消费者为用户的物联网三中，消费者和商户则单独作为彼此的对象平台，为彼此提供服务。

（1）商户对象平台的功能表现

商户对象平台服务的用户为商务交易平台和消费者。其中，商户为了获得商务交易平台对其商品销售信息及时、全面的展示，为商务交易平台用户提供中介费用，促进了商务交易平台用户利益需求的实现；为了获得商品的销售利润，向消费者用户展示商品信息、提供促销优惠，为实现消费者用户的购物需求服务，表现出对象平台的功能。

（2）消费者对象平台的功能表现

消费者对象平台服务的用户为商务交易平台和商户。消费者购买交易平台中展示的商品时，所付出的购买费用即包括商务交易平台用户和商户用户的利润，为双方提供了直接服务，实现了其对象平台的功能。

2. 商务交易平台管理平台的功能表现

在以商务交易平台、商户和消费者为三用户的业务网中，管理平台统一为商务交易平台，该管理平台由主用户——商务交易平台用户平台筹建。

商务交易平台会以实现自身和商户的盈利需求为优先，对商户发出的营销信息和消费者的商品需求信息进行管理，在不损害商务交易平台利益的前提下，保证商户营销信息能够较完整地传达给对象平台的消费者；且为消费者提供便捷的信息搜索服务，通过为商户和消费者服务来获得商品销量信息管理中介服务费，最终以增加消费者所购商品价值的手段实现商务交易平台用户和商户用户的双赢，同时也可满足消费者用户便捷购物的需求。商务交

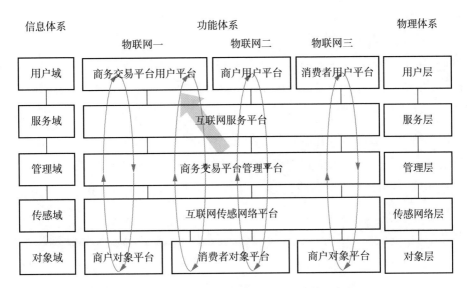

图 5-18　商务交易平台管理平台优先管理方向

易平台管理平台优先管理方向如图 5-18 所示。

3. 商务交易平台、商户和消费者三用户平台的功能表现

（1）商务交易平台用户平台的功能表现

商务交易平台用户平台作为三用户业务网中的主用户平台，对信息的运行起主导作用，且商务交易平台管理平台由其组建而成，相对其他两个用户平台而言，能获得管理平台的无条件优先服务，充分掌握商户和消费者双方的信息，在保证自身利益的前提下，给予二者相对的用户主导权。

商户和消费者虽名义上为用户平台，但在以商务交易平台为用户的主物联网中，均作为对象平台存在，为商务交易平台的利益获取提供服务，所以商务交易平台用户平台仍为三用户业务网的首要主导者，该物联网的运行仍以维护商务交易平台的利益为目的，着重实现商务交易平台用户平台的控制功能。

（2）商户用户平台的功能表现

商户用户平台在组建业务网时，寻求第三方商务交易平台为其管理平台，双方在互利的基础上建立服务契约。商务交易平台为获取商户提供的利润服务，在双方协议的基础上，尽可能地尊重商户的商品销售意愿，最大限度地保留商户的商品营销信息，吸引消费者对象平台进行商品采购。这样，不但商户的利益及其用户平台的功能得以实现，而且可以使商务交易平台获取来

自商户和消费者的双重利润，促进了主用户平台功能的实现。

（3）消费者用户平台的功能表现

在三用户平台的业务网中，消费者用户平台仅为次要用户平台，整体物联网的服务享受者仍为商务交易平台用户平台，无论何种类型的消费者群体，均非该业务网服务的优先选择，且消费者在满足自身购物需求的同时，其消费服务行为的最终承担者是商务交易平台和电子商务商户，二者也可针对不同的消费者群体发出的消费需求感知信息，制定出不同的营销策略，从而使其控制信息能够得到最终执行，最大限度地实现其商业价值，获取利润。

二、监管网的功能表现

人民的聪明智慧形成了强大的生产力，为人们带来了解决生存、幸福和发展问题的巨大财富，人民应是各类商业活动发展的最终受益者。因此，人民主导监管网的形成，并在政府服务平台、政府管理平台、政府传感网络平台的参与下，实现对业务网的监管，保证人民能够最终享有社会发展带来的物质、精神和文化财富。在监管网运行中，各功能平台形成了不同的功能表现。

1. 人民用户平台的功能表现

人民用户平台是监管网运行的主导，其他各功能平台在人民用户平台的控制下各司其职，为人民用户平台主导性需求的实现提供平台服务。

2. 政府服务平台的功能表现

政府服务平台居于人民用户平台与政府管理平台之间，保障二者信息的有效传递，为人民用户平台服务。

3. 政府管理平台的功能表现

政府管理平台从人民用户平台的主导性需求出发，统筹管理电子商务监管网中的各类信息，建立起一套监管机制，保证对象平台中的网络商品交易活动能为人民用户平台的利益服务。

4. 政府传感网络平台的功能表现

政府传感网络平台作为政府管理平台与对象平台之间的信息传输通道，协助寻找对象平台，获取对象平台的感知信息，并将政府管理平台的控制信息向监管对象传输。

5. 对象平台的功能表现

对象平台即业务网，由人民用户平台授权政府管理平台对其实施监管。监管网对业务网的监管重点在于对业务网中用户平台、管理平台、对象平台的监管，从而保障监管网中人民用户平台主导性需求的实现。

（1）业务网用户平台为监管网对象平台的功能表现

1）业务网商务交易平台用户平台为监管网对象平台的功能表现。

在监管网中，政府管理平台在人民用户的授权下，为消费者人民用户提供电子商务管理服务，维护消费者的合法权益。因此，监管网政府管理平台制定了一系列规章制度，将业务网商务交易平台用户平台作为监管网中的对象平台，对其经营行为实施监管，如图 5-19 所示。

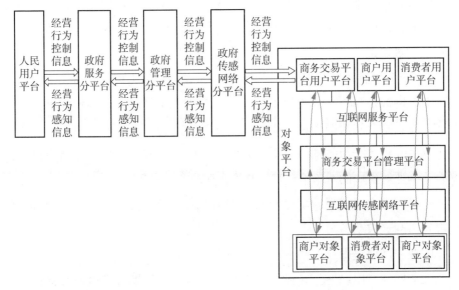

图 5-19　业务网商务交易平台用户平台为监管网对象平台

在三用户平台业务网中，商务交易平台用户平台协调商户用户平台和消费者用户平台的关系，为二者提供交易市场，根据自身的利益需求，选择不参与、被动参与或主动参与监管网的组网。

①业务网商务交易平台用户平台不参与监管网。

在三用户平台业务网中，商务交易平台用户平台主导建立主物联网，为主要用户平台，通过主导业务网的运行获取营销利益，其商品营销策略作为监管网对象平台时将受到政府的监管和制约，不利于其营销控制信息在业务网中的传输，影响其营销利润的实现，因此会选择不参与监管网，导致政府无法保障消费者合法权益。该类商务交易平台的违法行为将受到法律制裁。

②业务网商务交易平台用户平台被动参与监管网。

业务网商务交易平台用户平台被动参与监管网时，则可获得政府授予的经营资格，接受政府提供的法律和行政监管，但其商品营销信息的传输仍在其主导下运行于业务网中，无须经过监管网政府管理平台的监管即可表现出相应的功能，造成监管网政府管理平台执法困境，消费者合法权益易受到侵害。该类商务交易平台将遭到消费者淘汰，其长远利益也无法实现。

③业务网商务交易平台用户平台主动参与监管网。

在业务网中，商务交易平台用户平台为实现长期利益，兼顾商户用户平台和消费者用户平台的利益需求，主动参与监管网时，按照监管网中政府管理平台制定的电子商务交易规则进行商品营销，能够保障监管网消费者人民用户的利益需求。

2）业务网商户用户平台为监管网对象平台的功能表现。

业务网商户用户平台为实现自身利益需求，主导形成业务物联网二，通过商务交易平台与消费者进行线上商品交易。监管网中政府管理平台为规范业务网商品销售行为、维护消费者人民用户的合法权益，将业务网商户用户平台作为监管网中的对象平台实施监管，如图5-20所示。

业务网商户用户平台根据自身在业务网中的利益需求和经营策略选择，选择不参与、被动参与或主动参与监管网的组网。

①业务网商户用户平台不参与监管网。

业务网商户用户平台盈利需求的实现与商务交易平台管理平台营销手段息息相关，在商务交易平台的统筹下，商户用户平台可以利用多种宣传手段获得更大的销售利润，因此无须参与监管网即可满足自身需求，易造成业务网商户用户忽视消费者诉求、侵害消费者合法权益的现象，危害社会的稳定发展和人民的利益。这类平台终将受到法律制裁。

②业务网商户用户平台被动参与监管网。

业务网商户用户平台为取得合法经营资格，被动参与监管网，但在实际商品销售中以实现自身在业务网中的利益为先，商品销售信息不经过监管网中政府平台即可有效运行，监管网不能实时监控其网络交易行为，无法有效

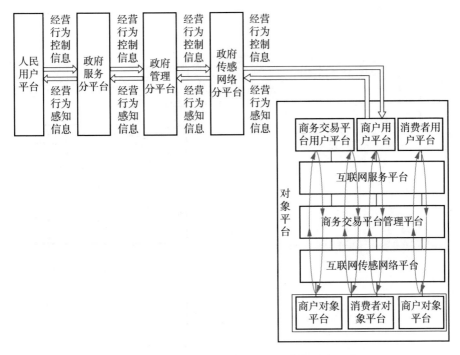

图 5-20　业务网商户用户平台为监管网对象平台

保障人民合法权益，但商户如出现违法经营行为，将会受到法律制裁。

③业务网商户用户平台主动参与监管网。

业务网商户用户平台主动参与监管网的组网，作为对象平台接受政府管理平台的监管，能够保证其合法商品交易活动的进行，但在商品销售信息传输和商品宣传手段上会受到一定制约，不利于其在业务网中主导性需求的实现。

3）业务网消费者用户平台为监管网对象平台的功能表现。

在消费者主导产生的业务网三中，消费者用户平台能够主动对所需商品进行大范围的快速比较和选择，购买符合自身需求的最优商品。监管网中政府管理平台为规范消费者的消费行为、维护市场秩序，将业务网消费者用户平台作为监管网中的对象平台实施监督管理，如图 5-21 所示。

业务网消费者用户平台根据自身在业务网中的消费需求，选择不参与、被动参与、主动参与监管网。

①业务网消费者用户平台不参与监管网。

业务网消费者用户平台在业务网中进行购物消费活动，其购物消费的需求在业务网中即可实现，无须参与监管网的组网，但若其购物行为不受监管

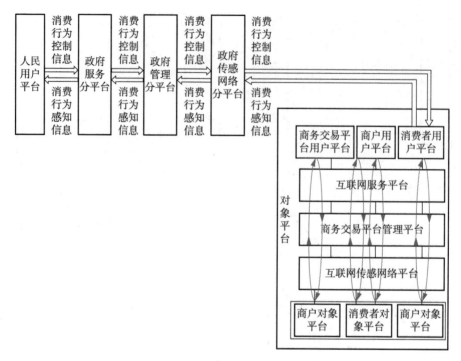

图 5-21   业务网消费者用户平台为监管网对象平台

网中政府管理平台的约束，可能实施购买毒品、保护动物、违禁药品等违法行为，危害社会秩序和公共安全。这类平台将受到法律制裁。

②业务网消费者用户平台被动参与监管网。

业务网消费者用户平台在购物消费时，为了应对商务交易平台和商户的共同营销策略，获得监管网对其消费权益的保护，会被动参与监管网，但其购物信息全部运行于业务网中，监管网中的政府管理平台无法有效监管，不能及时制止损害消费者的商品交易行为，不利于实现消费者的合法权益，危害社会稳定。

③业务网消费者用户平台主动参与监管网。

业务网消费者用户平台主动参与监管网，将自身购物需求信息和消费行为信息传输至监管网中政府管理平台，接受政府监督，从而维护自身合法消费的权利，但这样势必会影响其业务网中的商品交易信息运行效率，影响业务网商务交易平台用户平台和商户用户平台利益的实现。

（2）业务网商务交易平台管理平台为监管网对象平台的功能表现

业务网商务交易平台管理平台在商务交易平台、商户和消费者三用户平台的共同授权下，管理三方的商品交易信息，为三方提供渠道、支付、物流、安全认证、售后等服务。监管网中的政府管理平台为人民用户平台服务，需将业务网商务交易平台管理平台作为监管网中的对象平台，通过监管业务网商务交易平台管理平台对三用户平台之间的线上商品交易活动进行监管，依法管理发生于商务交易平台中的交易行为，营造良好的市场环境，如图 5-22 所示。

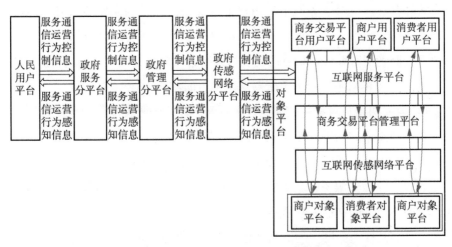

图 5-22　业务网商务交易平台管理平台为监管网对象平台

业务网中的商务交易平台管理平台在国家法律体制的规范下，作为监管网中的对象平台，能够以商业主体的身份取得合法的经营许可；能够获得政府管理平台对其商业载体身份的保护，帮助其协调业务网三用户平台的需求，稳定平台运作；亦能得到国家政府的经济支持，规范金融业务。因此，业务网商务交易平台管理平台可以衡量其在业务网和监管网中的不同需求，选择不参与、被动参与或主动参与监管网。

1）业务网商务交易平台管理平台不参与监管网。

业务网商务交易平台管理平台不参与监管网，可不受政府对其经营范围和商品信息传输权限的制约，在经营成本、税收缴纳、信息管理投入、金融业务等方面，根据自身需求对业务网的运行实施管理，满足自身利益需求，但缺乏政府监管，会造成违法行为的发生，损害人民利益。这类平台将受到法律制裁。

2）业务网商务交易平台管理平台被动参与监管网。

业务网商务交易平台管理平台被动参与监管物联网，能够获得政府对其经营权限的保护，规避由于买卖双方自行交易产生的法律风险，但其商品营销信息仅在业务网中运行即可实现其利益需求，政府监管职能无法有效实现，不利于该类商务交易平台的长远发展。

3）业务网商务交易平台管理平台主动参与监管网。

业务网商务交易平台管理平台主动参与监管网，能够在法律的保障下开展合法经营活动，对业务网中三用户平台的商品交易信息实施监管，但业务网仍由三用户平台主导，只有满足三用户平台各自的需求才能保证信息的运行效率，监管网对业务网信息的管理约束则会影响业务网信息的运行。

（3）业务网对象平台为监管网对象平台的功能表现

1）业务网商户对象平台为监管网对象平台的功能表现。

业务网商户对象平台参与组成商务交易平台用户平台需求主导下的物联网一和消费者用户平台需求主导下的物联网三，在商务交易平台管理平台的统筹下为二者提供服务。监管网中的政府管理平台制定了相应的规章制度，为人民用户平台的利益需求服务，将业务网商户对象平台作为监管网中的对象平台，对其在业务网中的商品销售行为实施监管，如图5-23所示。

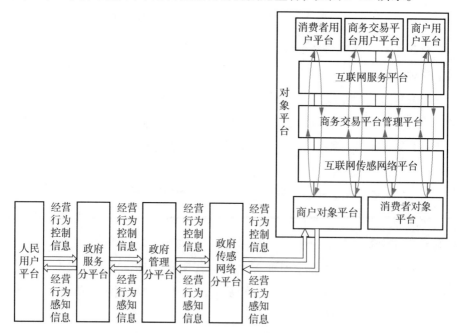

图5-23　业务网商户对象平台为监管网对象平台

198

业务网商户对象平台参与性需求的实现受制于商务交易平台用户平台和消费者用户平台，商务交易平台管理平台在主物联网商务交易平台用户平台的主导下，对商户对象平台进行管理。业务网商户对象平台为借助商户交易平台的资源优势，并获得消费者提供的商品销售利润，实现自身在业务网中的参与性需求，可衡量在监管网中的参与性需求，选择不参与、被动参与或主动参与监管网。

①业务网商户对象平台不参与监管网。

业务网商户对象平台不参与监管网时，其在业务网中的商品销售行为可避免受到国家法律制度的约束，最大限度地利用商务交易平台的营销策略实现自身在业务网中的参与性需求。

②业务网商户对象平台被动参与监管网。

业务网商户对象平台被动参与监管网时，可获得政府行政经营许可，但其具体商品销售的信息仍只运行于业务网中，在业务网商务交易平台用户平台和消费者用户平台的主导下，监管网对其商品销售信息的监管权实际上有限。

③业务网商户对象平台主动参与监管网。

业务网商户对象平台主动参与监管网时，能得到监管网中政府管理平台经营授权，并将商品销售信息传输至监管网中政府管理平台，接受国家相关规则制度的约束，但商户对象平台的参与性需求的实现依赖于业务网的有效运行，商户对象平台的销售信息在监管网中的流通，会降低商品的销售效率，影响业务网商户对象平台在业务网中参与性需求的实现。

2）业务网消费者对象平台为监管网对象平台的功能表现。

监管网中的政府管理平台为维护人民用户平台的利益，制定相应的法律法规，将业务网消费者对象平台作为监管网中对象平台，对其消费行为进行约束。在三用户平台业务网中，消费者对象平台分别为物联网一中的商务交易平台用户平台和物联网二中的商户用户平台的主导性需求服务，如图5-24所示。

业务网消费者对象平台权衡自身在业务网和监管网中的利益需求，会选择不参与、被动参与或主动参与监管网。

①业务网消费者对象平台不参与监管网。

业务网消费者对象平台不参与监管网时，其购买行为可不受监管网中法律制度的制约，其商品需求信息和交易活动只发生于业务网中，即可实现其

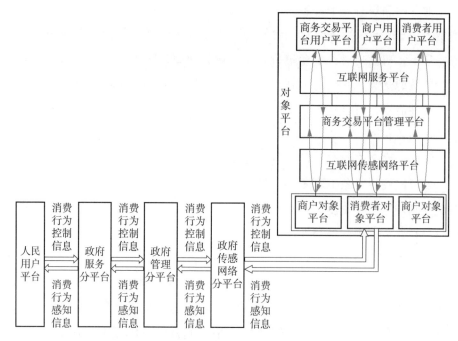

图 5-24　业务网消费者对象平台为监管网对象平台

购买商品的参与性需求。

②业务网消费者对象平台被动参与监管网。

业务网消费者对象平台被动参与监管网时，其消费者权益可以得到政府管理平台的保障，但其商品需求信息只运行于业务网中，受商务交易平台用户平台和商户用户平台的控制，监管网中政府管理平台不能有效监管消费者的购物信息。

③业务网消费者对象平台主动参与监管网。

业务网消费者对象平台主动参与监管网时，寻求监管网政府管理平台对其消费权益的保护，但业务网消费者对象平台的购物信息在监管网中的运行，会影响业务网运行的有效性，影响业务网消费者对象平台参与性需求的实现，这会削弱业务网消费者对象平台参与监管网的意愿。

第六章

以商务交易平台和消费者
为双用户的电子商务物联网

以商务交易平台和消费者为双用户的业务网的形成

一、商务交易平台和消费者双用户平台的形成

1. 商务交易平台运营商和消费者双用户的需求

（1）商务交易平台运营商作为用户的需求

随着电子商务的发展，商务交易平台运营商不断调整商业策略，以满足自身获取更多商业利益的需求。自以商务交易平台、商户和消费者为三用户的业务网形成以来，电子商务规模不断扩展，已积累了大量的商户资源；同时，商务交易平台运营商基于自身商业利益的需求，越发关注消费者数量的增长，以扩大其经济来源、增加收入。因此，广泛地扩大消费者的规模是商务交易平台运营商获得竞争优势的重要策略。

（2）消费者作为用户的需求

业务网的形成，满足了消费者便捷、高效购物的需求。但是，消费者通常在业务网中处于对象平台，该角色特点使其较难获得真正优质优价的消费服务。随着业务网类型的不断增加，消费者希望在电子商务交易活动的参与过程中，尽可能地获得质量优异、价格合理的购物消费服务，进而争取机会使自身成为用户平台。

2. 商务交易平台和消费者双用户平台需求主导下的组网

商务交易平台运营商在自身商业利益需求的主导下，发起业务网的组建，继续保持自身在业务网中的用户角色，形成业务网中的用户平台。同时，商务交易平台运营商基于自身利益考虑，为在激烈的竞争环境中争取到更多消

费者，从而响应消费者的需求，对外宣传以消费者为用户的商业策略，为消费者提供优质服务。消费者在自身需求的主导下，形成业务网中的另一用户平台。基于两类用户的主导性需求，业务网中的商务交易平台和消费者双用户平台得以形成，如图6-1所示。

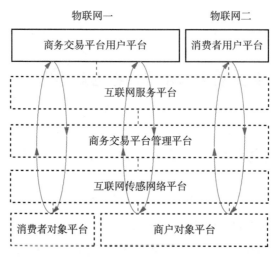

图6-1　商务交易平台和消费者双用户平台的形成

二、互联网服务平台的形成

1. 互联网服务网络运营商的需求

互联网是服务网络运营商用于换取经济回报的网络产品，每一位互联网服务网络的使用者都需向服务网络运营商缴纳一定的网络服务费用。服务网络运营商为获得更多的经济收益，希望其所运营的互联网能够拥有包括商务交易平台用户平台和消费者用户平台在内的尽可能多的使用者。

2. 互联网服务平台需求驱动下的参网

商务交易平台和消费者双用户平台形成后，其各自需求的对外传达及服务的获取均离不开相应的通信服务，互联网服务网络运营商能够为二者需求的实现提供通信服务支撑。

互联网服务网络运营商通过提供通信服务获得经济回报的需求是业务网中的一种参与性需求，与商务交易平台用户平台和消费者用户平台的主导性需求相匹配。互联网服务网络运营商在自身参与性需求的驱动下参与业务网，形成互联网服务平台，如图 6-2 所示。

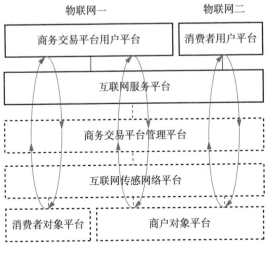

图 6-2　互联网服务平台的形成

三、商务交易平台管理平台的形成

1. 商务交易平台运营商作为管理者的需求

自业务网这一商务交易模式形成以来，商务交易平台运营商在各种类型的业务网运营管理中获得了丰厚的回报。随着商务交易平台和消费者双用户平台、互联网服务平台的形成，商务交易平台运营商希望继续扮演管理者的角色，通过对业务网的统筹管理获得相应的经济收益。

2. 商务交易平台管理平台需求驱动下的参网

在业务网中，商务交易平台和消费者双用户平台主导性需求的实现需有相应管理平台的统筹管理支撑。商务交易平台运营商洞悉商务交易平台和消费者双用户平台的需求，在自身需求的驱动下参与业务网的组建，形成商务交易平台管理平台，如图 6-3 所示。商务交易平台管理平台的需求是业务网中的一种参与性需求，与商务交易平台和消费者双用户平台的主导性需求相匹配。商务交易平台管理平台通过对业务网的统筹运营，实现商务交易平台和消费者双用户平台的主导性需求；同时也向二者提供信息管理服务，获得相应的经济回报。

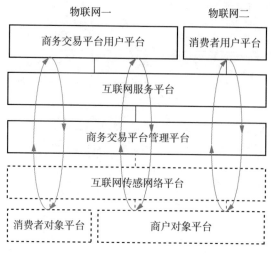

图 6-3　商务交易平台管理平台的形成

四、互联网传感网络平台的形成

1. 互联网传感网络运营商的需求

互联网传感网络运营商在向互联网使用者提供传感通信服务的过程中，获得相应的经济报酬。基于获取更多经济收益的考虑，互联网传感网络运营商希望其所管理运营的互联网传感网络拥有越来越多的使用者，以扩大收益来源、增加收入。

2. 互联网传感网络平台需求驱动下的参网

商务交易平台管理平台在业务网的运营管理中，通过相应的信息传输方式为用户寻找所需的对象。互联网作为现代社会电子信息通信方式的典型代表，是商务交易平台管理平台实现与对象信息交互的支撑。对于互联网传感网络运营商来说，其在为业务网提供传感通信支撑的过程中，可获得相应的经济收益。因此，互联网传感网络运营商在自身利益驱动下，参与业务网的组建，形成互联网传感网络平台，如图 6-4 所示。

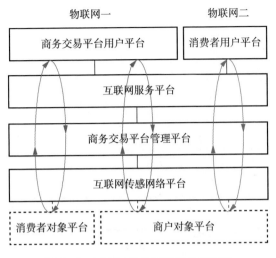

图6-4　互联网传感网络平台的形成

五、商户和消费者双对象平台的形成

1. 商户和消费者双对象的需求

在商务活动中，商户通过商品的经营销售从消费者处换取相应的利润收益。为了实现利润最大化，商户希望所经营的商品拥有更广的销售范围、更大的消费者规模、更高的销售效率和更低的销售成本。

在社会活动中，消费者基于对生产生活资料的需求，从商务交易平台上购买相应商品。随着社会文明的进步，消费者除了对商品本身有需求外，还希望能够在商品的购买方式上获得更加便捷、高效的消费体验。

2. 商户和消费者双对象平台需求驱动下的参网

商户在参与其他类型业务网的过程中，获得了相较传统实体商业模式更加便捷、高效、低成本的经营体验。随着业务网的发展，商户已形成对商务交易平台运营商的依赖，需要借助商务交易平台运营商的资源实现自身商品的更好销售。因此，商户在自身商品销售需求的驱动下，参与商务交易平台用户平台和消费者用户平台需求主导下的业务网的组建，形成商户对象平台。

在商务交易平台管理平台的统筹组织下，消费者对便捷、高效的购物方式的需求能够得到实现。消费者在这一需求的驱动下参与商务交易平台用户平台主导下的业务网，形成消费者对象平台。

207

商户对象平台与消费者对象平台共同组成以商务交易平台和消费者为双用户的业务网中的双对象平台，如图 6-5 所示。商户对象平台与消费者对象平台的需求均为业务网中的参与性需求，与对应用户平台的主导性需求相匹配。二者在实现用户平台主导性需求的同时也能满足自身参与性需求。

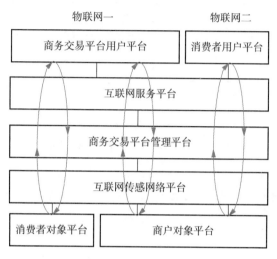

图 6-5　商户和消费者双对象平台的形成

六、业务网的整体形成

随着商务交易平台和消费者双用户平台、互联网服务平台、商务交易平台管理平台、互联网传感网络平台、商户和消费者双对象平台的依次形成，各功能平台在协同运行中实现各自需求的相互满足，组合形成以商务交易平台和消费者为双用户的业务网。

在以商务交易平台和消费者为双用户的业务网中，商务交易平台运营商凭借其运营管理权限，全力保障自身作为用户的需求；同时在对外营销宣传上，将消费者视为名义上的用户而响应消费者的心理需要，以获得消费者的信任。商务交易平台运营商通过吸引更多的消费者参与业务网并消费，赢得市场竞争优势，进一步保障自身的利益。

第二节 以商务交易平台和消费者为双用户的电子商务物联网的结构

一、业务网的结构

在商务交易平台和消费者双用户平台需求的主导下，商务交易平台运营商、消费者和商户凭借互联网服务通信和传感通信的支撑，形成以商务交易平台和消费者为双用户的业务网，结构如图6-6所示。

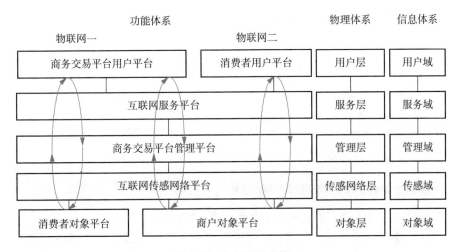

图 6-6　业务网的结构

以商务交易平台和消费者为双用户的业务网由信息体系、物理体系和功能体系组成，信息体系在物理体系上运行形成功能体系。结构上，商务交易平台用户平台和消费者用户平台的不同需求主导形成物联网一和物联网二。二者在共同商务交易平台管理平台的联结下，组成电子商务复合物联网。

物联网一由商务交易平台用户平台、互联网服务平台、商务交易平台管理平台、互联网传感网络平台及商户和消费者双对象平台组成。商务交易平台用户平台对应信息体系中的用户域和物理体系中的用户层，实现对物联网一的体系主导；互联网服务平台对应信息体系中的服务域和物理体系中的服务层，实现物联网一中商务交易平台用户平台与商务交易平台管理平台间的商务信息交互；商务交易平台管理平台对应信息体系中的管理域和物理体系中的管理层，实现对物联网一的体系运营管理；互联网传感网络平台对应信息体系中的传感域和物理体系中的传感网络层，实现物联网一中商务交易平台管理平台与商户和消费者双对象平台间的商务信息交互；商户和消费者双对象平台均对应信息体系中的对象域和物理体系中的对象层，分别实现物联网一中的商品销售感知与控制功能和商品消费感知与控制功能。

物联网二由消费者用户平台、互联网服务平台、商务交易平台管理平台、互联网传感网络平台和商户对象平台组成。各功能平台分别对应信息体系中的用户域、服务域、管理域、传感域、对象域，以及物理体系中的用户层、服务层、管理层、传感网络层、对象层。各功能平台通过对应信息域信息在对应物理层物理实体支撑下运行，表现出相应功能。

在整个业务网中，商务交易平台用户平台和消费者用户平台组成复合用户平台，消费者对象平台和商户对象平台组成复合对象平台，复合用户平台和复合对象平台在互联网服务平台和互联网传感网络平台的通信支撑下，由共同的商务交易平台管理平台统筹运营和管理。

二、监管网的结构

在人民大众的需求主导下，政府部门对以商务交易平台和消费者为双用户的业务网实施监管，形成相应的监管网，结构如图6-7所示。

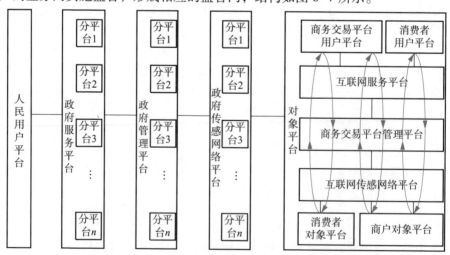

图6-7　监管网的结构

　　该监管网是以人民用户平台为基础的复合物联网，其中的政府服务平台、政府管理平台、政府传感网络平台及对象平台为复合功能平台。在人民用户平台的需求主导下，各复合功能平台的不同分平台与人民用户平台有序组合，形成不同的单体物联网，为共同的人民用户服务。

　　不同于其他监管网，该物联网中的对象平台由以商务交易平台和消费者为双用户的业务网中的各功能平台组成。在以商务交易平台和消费者为双用户的业务网中，从用户平台到对象平台的商业业务开展，均需在政府管理平台的监管范围内进行。业务网中的不同功能平台作为被监管对象，形成监管网中的不同对象分平台。这些对象分平台受单个或多个政府管理分平台的监管，并通过一种或多种传感网络通信方式与相应的政府管理分平台建立信息交互关系。

第三节　以商务交易平台和消费者为双用户的电子商务物联网的信息运行

一、业务网的信息运行

　　以商务交易平台和消费者为双用户的业务网的信息运行即各功能平台在商务交易平台管理平台的统筹运营管理下，实现其主导性或参与性需求的过程。该业务网通过信息在商务交易平台用户平台需求主导下的物联网一和消费者用户平台需求主导下的物联网二中的运行，实现电子商务交易活动各参与方的需求。

　　该业务网中，商务交易平台用户平台需求主导下的物联网一和消费者用户平台需求主导下的物联网二的信息运行均由商品营销的信息运行过程和商品订单发货的信息运行过程组成。

　　1. 商品营销的信息运行过程

　　在商务交易平台用户平台需求主导下的物联网一中，商品营销的信息运行过程包括消费者商品消费需求感知信息和商户商品销售需求感知信息的运行过程，以及商务交易平台商品营销控制信息和商品供应调节控制信息的运行过程，如图 6-8 所示。

　　消费者商品消费需求感知信息的运行过程是消费者所需购买的商品的类型、品牌、功能、价格等信息从消费者对象平台传输至商务交易平台用户平

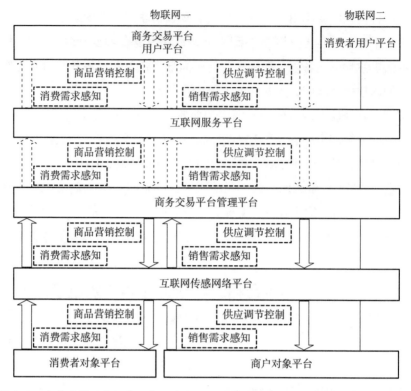

图6-8 商务交易平台用户平台需求主导下的物联网一中商品营销的信息运行过程

台的过程；商务交易平台商品营销控制信息的运行过程是商务交易平台管理平台在商务交易平台用户平台的授权下，将商户的商品销售信息有针对性地向消费者对象平台传输的过程。

商户商品销售需求感知信息的运行过程是商户销售商品的类型、品牌、功能、价格等信息从商户对象平台传输至商务交易平台用户平台的过程；商务交易平台商品供应调节控制信息的运行过程是商务交易平台管理平台在商务交易平台用户平台的授权下，根据对市场供需情况的把握经互联网传感网络平台向商户对象平台传输商品供应调节控制信息的过程。

消费者商品消费需求感知信息的运行过程与商务交易平台商品营销控制信息的运行过程，在商务交易平台用户平台和消费者对象平台之间形成信息运行闭环；商户商品销售需求感知信息的运行过程与商务交易平台商品供应调节控制信息的运行过程，在商务交易平台用户平台和商户对象平台之间形成信息运行闭环。这两个信息运行闭环，实现了商务交易平台用户平台对消费者消费需求和商户商品经营的影响和控制。

　　而在消费者用户平台需求主导下的物联网二中，商品营销的信息运行过程包括商户商品营销感知信息的运行过程和消费者消费需求控制信息的运行过程，如图 6-9 所示。

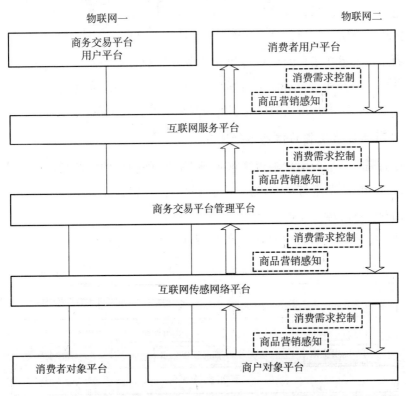

图 6-9　消费者用户平台需求主导下的物联网二中商品营销的信息运行过程

　　商户商品营销感知信息的运行过程是对象平台中的商户将各自的商品营销信息以感知信息的形式传输给消费者用户平台的过程。在具体的信息运行过程中，商户将商品属性信息转化为文字、图片、音频、视频等形式（即商品营销感知信息具体表现为商品属性等信息），通过对应的互联网传感网络平台传输至商务交易平台管理平台；商务交易平台管理平台汇集各商户的商品属性等信息，并将这些信息按照一定的规律进行分类，再通过互联网服务平台有序地呈现给消费者用户平台。

　　消费者消费需求控制信息的运行过程是消费者用户将自身的消费需求信息以控制信息的形式传输给相应的商户对象平台，由商户对象平台执行控制信息的过程。在具体的信息运行过程中，消费者作为用户，获取到不同商户发送的商品营销感知信息后，根据自身需求选择相应的商品形成需求订单（即消费需求控制信息具体表现为订单信息），并将订单信息通过互联网服务平台传输到商务交易平台管理平台；商务交易平台管理平台对消费者的订单信息进行分析处理后，确定执行订单的商户对象平台，并通过相应的互联网传感网络平台实现订单信息向该商户对象平台的传输。

商品营销感知信息的运行过程和消费者消费需求控制信息的运行过程在消费者用户平台和商户对象平台间形成信息运行闭环，实现消费者用户在购物消费过程中对商品市场的广泛了解及对商品的有效选择。

2. 商品订单发货的信息运行过程

在商务交易平台用户平台需求主导下的物联网一中，商品订单发货的信息运行过程由消费者订单需求感知信息的运行过程、商务交易平台用户平台收货控制信息的运行过程、商户对象平台商品发货感知信息的运行过程以及商务交易平台用户平台发货控制信息的运行过程四部分组成，如图6-10所示。

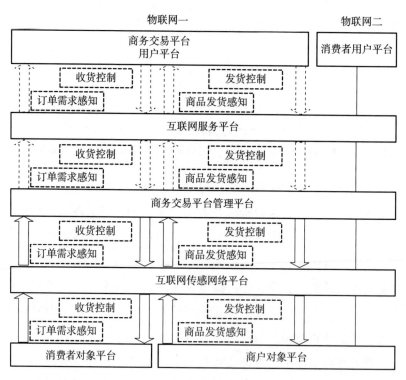

图6-10　商务交易平台用户平台需求主导下的物联网一中商品订单发货的信息运行过程

商务交易平台用户平台发货控制信息的运行过程与商户对象平台商品发货感知信息的运行过程在商务交易平台用户平台与商户对象平台间形成信息运行闭环；消费者订单需求感知信息的运行过程与商务交易平台用户平台收货控制信息的运行过程在商务交易平台用户平台与消费者对象平台间形成信息运行闭环。商务交易平台用户平台通过上述两个信息运行闭环促成消费者和商户间的商务交易，实现自身的利益获取。

在消费者用户平台需求主导下的物联网二中，商品订单发货的信息运行过程包括订单反馈感知信息的运行过程和发货控制信息的运行过程，如图 6-11 所示。

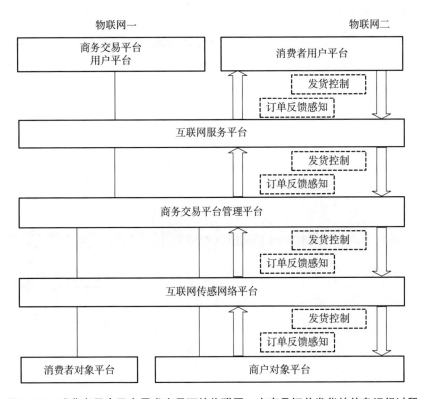

图 6-11 消费者用户平台需求主导下的物联网二中商品订单发货的信息运行过程

订单反馈感知信息的运行过程是商户对象平台将消费者消费需求控制信息的执行结果以感知信息的形式传输给消费者用户平台的过程。在具体的信息运行过程中，商户根据消费者的商品订单需求确认商品信息，并生成下单成功与否的反馈信息，再以感知信息的形式将该信息依次通过互联网传感网络平台、商务交易平台管理平台、互联网服务平台传输给对应的消费者用户平台，以被消费者接收。

发货控制信息的运行过程是指消费者进行商品支付，并将支付信息以控制信息的形式传输给商户对象平台，由商户对象平台执行控制——向消费者发送其所购买商品的过程。在具体的信息运行过程中，消费者获取订单反馈感知信息后，选择相应的方式支付，并将支付信息依次通过互联网服务平台、商务交易平台管理平台、互联网传感网络平台传输给对应的商户对象平台。

二、监管网的信息运行

监管网中的政府管理平台根据人民用户平台的切身利益需求，对以商务交易平台和消费者为双用户的业务网中的各功能平台的商务活动实施监督管理，形成相应的信息运行过程。

1. 监管商务交易平台用户平台的信息运行过程

业务网商务交易平台用户平台参与监管网的组建，成为监管网中的对象分平台之一。监管网中政府管理平台对业务网商务交易平台用户平台的经营行为开展监督管理工作，形成相应的信息运行过程，如图6-12所示。

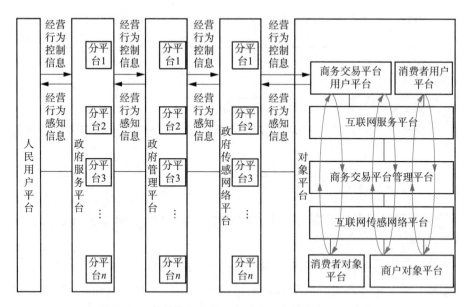

图6-12　监管商务交易平台用户平台的信息运行过程

监管商务交易平台用户平台的信息运行过程包括监管业务网商务交易平

台用户平台经营行为感知信息的运行过程和监管业务网商务交易平台用户平台经营行为控制信息的运行过程。

监管业务网商务交易平台用户平台经营行为感知信息的运行过程是指业务网商务交易平台用户平台的经营行为信息以感知信息的形式，经一种或多种传感网络通信方式传输至相应的政府管理分平台，再由政府管理分平台通过相应的政府服务分平台传输至人民用户平台的信息运行过程。该信息运行过程可帮助政府管理分平台获悉业务网商务交易平台用户平台的经营行为信息，为其进一步对业务网商务交易平台用户平台的控制管理提供依据。

监管业务网商务交易平台用户平台经营行为控制信息的运行过程是指监管网中相应政府管理分平台在人民用户平台的授权下，根据掌握的业务网商务交易平台用户平台经营行为感知信息，对其发出相应控制指令的信息运行过程。该信息运行过程有助于实现政府管理分平台对业务网商务交易平台用户平台经营行为的管控，使其经营行为更符合人民用户平台的利益需求。

2. 监管消费者用户平台的信息运行过程

业务网消费者用户平台参与监管网的组建，成为监管网中的对象分平台之一。监管网中的政府管理平台对业务网消费者用户平台的消费行为开展监督管理工作，形成相应的信息运行过程，如图 6-13 所示。

监管消费者用户平台的信息运行过程包括监管业务网消费者用户平台消费行为感知信息的运行过程和监管业务网消费者用户平台消费行为控制信息的运行过程。

监管业务网消费者用户平台消费行为感知信息的运行过程是指业务网消费者用户平台的消费行为信息以感知信息的形式，经一种或多种传感网络通信方式传输至相应的政府管理分平台，再由政府管理分平台通过相应的政府服务分平台传输至人民用户平台的信息运行过程。该信息运行过程有利于实现政府管理分平台对业务网消费者用户平台消费行为信息的获悉，为其进一步对消费者用户平台的控制管理提供依据。

监管业务网消费者用户平台消费行为控制信息的运行过程是指监管网中相应的政府管理分平台在人民用户平台的授权下，根据掌握的业务网消费者用户平台消费行为感知信息，对其发出相应控制指令的信息运行过程。该信息运行过程有利于政府管理分平台实现对业务网消费者用户平台消费行为的

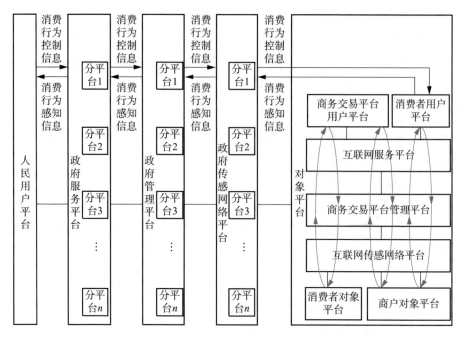

图 6-13　监管消费者用户平台的信息运行过程

管控，并使其消费行为不损害人民用户平台的利益。

3. 监管网互联网服务平台的信息运行过程

业务网互联网服务平台参与监管网的组建，成为监管网中的对象分平台之一。监管网中的政府管理平台对业务网互联网服务平台的服务通信运营行为开展监督管理工作，形成相应的信息运行过程，如图 6-14 所示。

监管互联网服务平台的信息运行过程包括监管业务网互联网服务平台服务通信运营行为感知信息的运行过程和监管业务网互联网服务平台服务通信运营行为控制信息的运行过程。

监管业务网互联网服务平台服务通信运营行为感知信息的运行过程是指业务网互联网服务平台的服务通信运营行为信息以感知信息的形式，经一种或多种传感网络通信方式传输至相应的政府管理分平台，再由政府管理分平台通过相应的政府服务分平台传输至人民用户平台的信息运行过程。该信息运行过程有利于政府管理分平台实现对业务网互联网服务平台服务通信行为信息的获悉，为其进一步对互联网服务平台的控制管理提供依据。

监管业务网互联网服务平台服务通信运营行为控制信息的运行过程是指

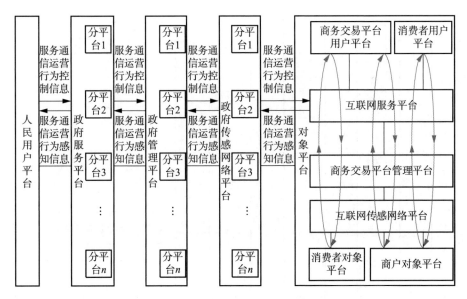

图6-14　监管互联网服务平台的信息运行过程

监管网中相应政府管理分平台在人民用户平台的授权下，根据掌握的业务网互联网服务平台服务通信运营行为感知信息，对其发出相应控制指令的信息运行过程。该信息运行过程有利于政府管理分平台实现对业务网互联网服务平台服务通信运营行为的管控，以保障人民用户平台的利益。

4. 监管商务交易平台管理平台的信息运行过程

业务网商务交易平台管理平台参与监管网的组建，成为监管网中的对象分平台之一。监管网中的政府管理平台对业务网商务交易平台管理平台的统筹管理运营行为开展监督管理工作，形成相应的信息运行过程，如图6-15所示。

监管商务交易平台管理平台的信息运行过程包括监管业务网商务交易平台管理平台统筹管理运营行为感知信息的运行过程和监管业务网商务交易平台管理平台统筹管理运营行为控制信息的运行过程。

监管业务网商务交易平台管理平台统筹管理运营行为感知信息的运行过程是指业务网商务交易平台管理平台的统筹管理运营行为信息以感知信息的形式，经一种或多种传感网络通信方式传输至相应的政府管理分平台，再由政府管理分平台通过相应的政府服务分平台传输至人民用户平台的信息运行过程。该信息运行过程有利于政府管理分平台实现对业务网商务交易平台管理平台统筹管理运营行为信息的获悉，并为其进一步对业务网商务交易平台

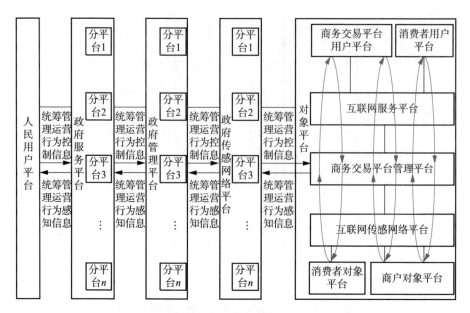

图 6-15　监管商务交易平台管理平台的信息运行过程

管理平台的控制管理提供依据。

监管业务网商务交易平台管理平台统筹管理运营行为控制信息的运行过程是指监管网中相应的政府管理分平台在人民用户平台的授权下，根据掌握的业务网商务交易平台管理平台统筹管理运营行为感知信息，对其发出相应控制指令的信息运行过程。该信息运行过程有利于政府管理分平台实现对业务网商务交易平台管理平台统筹管理运营行为的管控，以保障人民用户平台的利益。

5. 监管互联网传感网络平台的信息运行过程

业务网互联网传感网络平台参与监管网的组建，成为监管网中的对象分平台之一。监管网中的政府管理平台对业务网互联网传感网络平台的传感通信运营行为开展监督管理工作，形成相应的信息运行过程，如图 6-16 所示。

监管互联网传感网络平台的信息运行过程包括监管业务网互联网传感网络平台传感通信运营行为感知信息的运行过程和监管业务网互联网传感网络平台传感通信运营行为控制信息的运行过程。

监管业务网互联网传感网络平台传感通信运营行为感知信息的运行过程是指业务网互联网传感网络平台的传感通信运营行为信息以感知信息的形式，

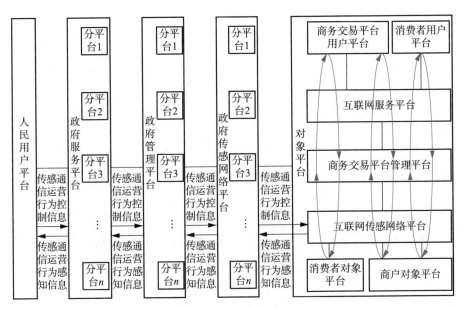

图 6-16　监管互联网传感网络平台的信息运行过程

经一种或多种传感网络通信方式传输至相应的政府管理分平台，再由政府管理分平台通过相应的政府服务分平台传输至人民用户平台的信息运行过程。该信息运行过程有利于政府管理分平台实现对业务网互联网传感网络平台传感通信运营行为信息的获悉，并为其进一步对业务网互联网传感网络平台的控制管理提供依据。

监管业务网互联网传感网络平台传感通信运营行为控制信息的运行过程是指监管网中相应的政府管理分平台在人民用户平台的授权下，根据掌握的业务网互联网传感网络平台传感通信运营行为感知信息，对其发出相应控制指令的信息运行过程。该信息运行过程有利于政府管理分平台实现对业务网互联网传感网络平台传感通信运营行为的管控，以保障人民用户平台的利益。

6. 监管消费者对象平台的信息运行过程

业务网消费者对象平台参与监管网的组建，成为监管网中的对象分平台之一。监管网中的政府管理平台对业务网消费者对象平台的消费行为开展监督管理工作，形成相应的信息运行过程，如图 6-17 所示。

监管消费者对象平台的信息运行过程包括监管业务网消费者对象平台消费行为感知信息的运行过程和监管业务网消费者对象平台消费行为控制信息的运行过程。

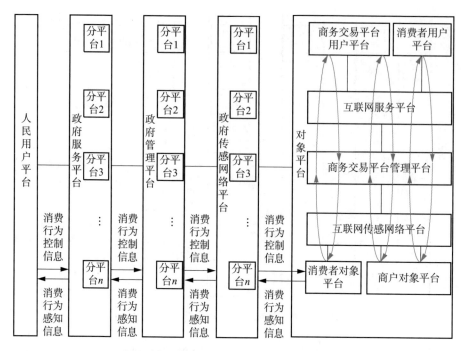

图 6-17　监管消费者对象平台的信息运行过程

　　监管业务网消费者对象平台消费行为感知信息的运行过程是指业务网消费者对象平台的消费行为信息以感知信息的形式，经一种或多种传感网络通信方式传输至相应的政府管理分平台，再由政府管理分平台通过相应的政府服务分平台传输至人民用户平台的信息运行过程。该信息运行过程有利于政府管理分平台实现对业务网消费者对象平台消费行为信息的获悉，为其进一步对业务网消费者对象平台的控制管理提供依据。

　　监管业务网消费者对象平台消费行为控制信息的运行过程是指监管网中相应的政府管理分平台在人民用户平台的授权下，根据掌握的业务网消费者对象平台消费行为感知信息，对其发出相应控制指令的信息运行过程。该信息运行过程有利于政府管理分平台实现对业务网消费者对象平台消费行为的管控，以保障人民用户平台的利益。

　　7. 监管商户对象平台的信息运行过程

　　业务网商户对象平台参与监管网的组建，成为监管网中的对象分平台之一。监管网中的政府管理平台对业务网商户对象平台的经营行为开展监督管理工作，形成相应的信息运行过程，如图 6-18 所示。

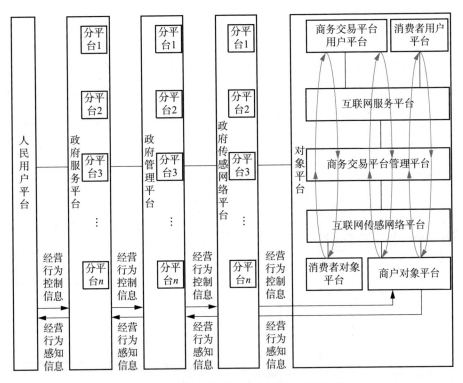

图6-18　监管商户对象平台的信息运行过程

　　监管商户对象平台的信息运行过程包括监管业务网商户对象平台经营行为感知信息的运行过程和监管业务网商户对象平台经营行为控制信息的运行过程。

　　监管业务网商户对象平台经营行为感知信息的运行过程是指业务网商户对象平台的经营行为信息以感知信息的形式，经一种或多种传感网络通信方式传输至相应的政府管理分平台，再由政府管理分平台通过相应的政府服务分平台传输至人民用户平台的信息运行过程。该信息运行过程有利于政府管理分平台实现对业务网商户对象平台经营行为信息的获悉，并为其进一步对业务网商户对象平台的控制管理提供依据。

　　监管业务网商户对象平台经营行为控制信息的运行过程是指监管网中相应政府管理分平台在人民用户平台的授权下，根据掌握的业务网商户对象平台经营行为感知信息，对其发出相应控制指令的信息运行过程。该信息运行过程有利于政府管理分平台实现对业务网商户对象平台经营行为的管控，以保障人民用户平台的利益。

8. 监管网的信息整体运行过程

监管网中的政府管理平台同时对业务网中商务交易平台用户平台、消费者用户平台、互联网服务平台、商务交易平台管理平台、互联网传感网络平台、消费者对象平台和商户对象平台进行监督管理，形成信息整体运行过程，如图 6-19 所示。

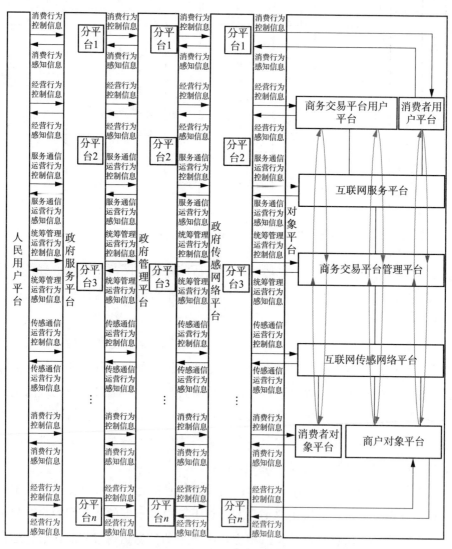

图 6-19　监管网的信息整体运行过程

在监管网中，不同职能的政府管理分平台在人民用户平台的统一授权下，对业务网中各功能平台的商务活动进行监管，形成不同的监管单体物联网信息运行闭环。

在监管网的信息整体运行过程中，不同监管单体物联网间彼此拥有共同的人民用户平台，同时也可能拥有共同的政府服务分平台、政府管理分平台、政府传感网络分平台或共同的对象分平台。这些共同的功能平台或分平台作为不同监管单体物联网的联结点，使不同的监管单体物联网的信息运行形成一个整体。

第四节 以商务交易平台和消费者为双用户的电子商务物联网的功能表现

一、业务网的功能表现

在以商务交易平台和消费者为双用户的业务网中，各功能平台在自身需求的驱动下协同运行，形成相应的功能表现。

1. 商户和消费者双对象平台的功能表现

在以商务交易平台和消费者为双用户的业务网中，商户和消费者在各自需求的驱动下分别支撑形成不同的对象平台，为满足相应用户平台的需求服务。

商户对象平台同时参与组成商务交易平台用户平台需求主导下的物联网一和消费者用户平台需求主导下的物联网二。在商务交易平台用户平台需求主导下的物联网一中，商户对象平台在商品经营活动的功能表现上遵从商务交易平台管理平台的统一策划组织，在商品供应类型、营销策略等方面与商务交易平台管理平台的运营理念和需求保持一致。在消费者用户平台需求主导下的物联网二中，商户对象平台同样在商务交易平台管理平台的统筹组织下开展商品经营活动。商户对象平台按照商务交易平台管理平台的运营管理需求，尽可能为消费者用户平台提供具有权益保障的购物消费服务。但事实上，无论是在商务交易平台用户平台需求主导下的物联网一中，还是在消费者用户平台需求主导下的物联网二中，商务交易平台管理平台都会基于自身利益的优先考虑，即在保证商户对象平台商品经营满足用户利益的情况下运行，其通常不会对商户对象平台的商品经营进行过多的监督干涉。因此，商户对象平台能够在多大程度上向消费者提供具有权益保障的购物消费服务，往往取决于商户对象平台自身诚信与否。

消费者对象平台参与组成商务交易平台用户平台需求主导下的物联网一，与商户对象平台共同为满足商务交易平台用户平台的需求服务。在功能表现上，消费者对象平台通过互联网传感网络平台访问商务交易平台管理平台，将自身的身份信息、消费需求信息向商务交易平台管理平台展示，并在商务交易平台管理平台所管理的各种营销信息的支撑下购物消费。消费者对象平台在满足商务交易平台用户平台利益需求的同时，实现自身对生活资料及便捷购物方式的需求满足。

2. 商务交易平台管理平台的功能表现

在以商务交易平台和消费者为双用户的业务网中，商务交易平台用户平台和消费者用户平台的需求凭借商务交易平台管理平台的统筹运营管理得以实现。

要使商务交易平台用户平台的需求最终得到满足，就需要商务交易平台管理平台在运营管理中尽可能多地促成商户和消费者间的商品交易。因此，商务交易平台管理平台具有以市场细分、大数据分析等手段全面掌握市场供需状况等功能表现，通过精准化的营销和供需匹配，推动商品交易的达成。同时，商务交易平台管理平台在业务网的商品供应上，向商户对象平台提供便捷、简易、准入门槛较低的入驻流程以及几乎畅通无阻的商品销售模式，吸引更多的商户加入其运营管理下的业务网，从而在商品供应规模上实现以量取胜，最大化地保障商务交易平台用户平台获取其利润。

业务网中的消费者用户平台希望在电子商务交易活动中以相对优惠的价格获得质量可靠、信息安全、售后服务有保障的消费享受。消费者用户平台需求的实现需要商户诚信经营、保证货源质量，同时需要商务交易平台管理平台加强对商户身份信息、商品质量、商品价格等方面的审核，并保证交易中的个人信息不被泄露。显然，消费者用户平台的需求与商务交易平台用户平台的需求有着不太一致、相互制约的特点，若要使消费者用户与商务交易平台用户和谐共赢，尽可能地保障消费者用户平台的合法权益，必然需要商务交易平台用户平台在自身利益上做出一定让步。

在业务网中，商务交易平台管理平台与商务交易平台用户平台为利益共同体。商务交易平台管理平台在业务网的运营管理中，面对商务交易平台用户平台和消费者用户平台二者需求相互制约时，会在统筹全局的基础上有选择性地保障和维护商务交易平台用户平台的利益，如图6-20所示。对于消费者用户平台的权益保障和维护力度，商务交易平台管理平台还有较大的提升空间。

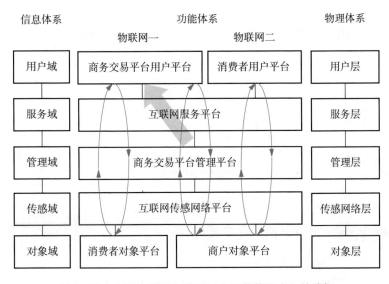

图6-20 商务交易平台管理平台运营管理方向的选择

3. 商务交易平台和消费者双用户平台的功能表现

以商务交易平台和消费者为双用户的业务网在商务交易平台运营商需求和消费者需求的主导下形成。商务交易平台运营商和消费者分别支撑形成该业务网中的不同用户平台，并在各自需求的主导下形成不同的功能表现。

商务交易平台运营商作为用户的需求是凭借对业务网的运营管理，从商户对象平台和消费者对象平台之间的商务交易活动中获得相应收益，并且尽可能地实现收益最大化。因此，在功能表现上，商务交易平台用户平台从盈利模式的策划、商务交易平台的品牌打造和营销推广等方面出发，做出有利于自身的决策并通过其管理平台的身份代理实施，形成对商户对象平台和消

227

费者对象平台商品供需市场强有力的掌控。

消费者作为用户的需求是在方便、快捷的消费方式基础上，享受能够使其个人权益得到充分保障的消费服务。随着越来越多的商务交易平台运营商参与到电子商务交易活动中，形成不同品牌、类型的商业模式，进而形成不同的业务网，消费者更愿意选择在能够保障其权益的业务网中进行消费。

在以商务交易平台和消费者为双用户的业务网中，商务交易平台运营商对外宣传以消费者作为用户而对其利益予以保障和维护。消费者由此选择参与该业务网，并在功能表现上基于对商务交易平台运营商的信任，通过商务交易平台管理平台放心大胆地消费。

在业务网中，互联网服务平台与互联网传感网络平台是用户平台、管理平台和对象平台间服务和传感通信的连接平台。两者在参与业务网的过程中，为相应功能平台提供满足它们需求的通信服务，并实现自身参网的目的。

二、监管网的功能表现

在监管网中，各功能平台在人民用户平台需求的主导下运行，形成不同的功能表现。

1. 人民用户平台的功能表现

人民用户平台是监管网中的主导性功能平台，在对美好生活的向往这一需求主导下，发起监管网的组建。

人民用户平台的功能表现为，选择值得信赖的人民代表群体成为帮助其达成目标、满足需求的政府管理平台。在监管网的运行中，人民用户平台授予政府管理平台相应的社会活动管理权限，由政府管理平台根据人民用户平台的需求统筹管理监管网的运行。

2. 政府服务平台的功能表现

政府服务平台是监管网中人民用户平台与政府管理平台间的服务通信连接平台。相应的政府服务部门承担监管网中的服务通信职能，形成不同的政府服务分平台。

政府服务平台的功能表现为，该平台中各个分平台根据职能划分来获取人民用户平台相应方面的服务需求。不同政府服务分平台获取人民用户平台的服务需求后，以相应方式实现向政府管理平台中对应分平台的传达，由政府管理分平台进一步落实处理。同时，政府服务分平台也以相应的服务通信方式，将服务需求的落实处理结果反馈于人民用户平台。

3. 政府管理平台的功能表现

政府管理平台是监管网中的统筹管理功能平台，其分平台由具有不同职能的政府管理部门构成，如工商管理分平台、市场监督管理分平台、环保管理分平台等。

政府管理平台的功能表现为以保障与维护人民用户平台的利益为目标，制定相应的商务活动规则，并根据这些规则对监管网中各对象平台的商务活动进行监管。

4. 政府传感网络平台的功能表现

政府传感网络平台是监管网中连接政府管理平台与对象平台的功能平台。政府管理平台中不同的分平台通常有各自的传感通信方式，这些传感通信方式形成不同的传感网络分平台。

各传感网络分平台的功能表现为实现相应政府管理分平台与对象分平台间的信息交互。在各传感网络分平台的传感通信支撑下，相应政府管理分平台获取到其所监管对象的商务活动信息，实现对这些对象商务活动的掌握，同时，政府管理分平台在传感网络分平台的传感通信支撑下向这些对象传输相应的控制指令。

5. 对象平台的功能表现

在监管网中，对象平台由以商务交易平台和消费者为双用户的业务网中的各功能平台组成。业务网中的各功能平台作为监管网对象平台中的分平台，在政府管理平台的监管下形成相应的功能表现。

在业务网中，互联网服务平台和互联网传感网络平台为相应用户平台、管理平台和对象平台间的商务活动提供服务和传感通信支撑。众多的网络使用者作为监管网中人民用户平台的组成部分，拥有安全、舒适、稳定的网络使用需求。据此，监管网中的人民用户平台授权给相应的网络监管分平台，对业务网中的互联网服务平台和互联网传感网络平台进行监管。业务网中的互联网服务平台和互联网传感网络平台作为监管网中的对象分平台，在国家法律法规的约束下运行，并在提供用户所需的网络服务过程中满足自身的利益获取需求，并获得国家政府部门的支持和相关法律法规的保护。

业务网中的商务交易平台和消费者双用户平台、商务交易平台管理平台、商户和消费者双对象平台是商务交易活动的主体，其功能表现对监管网中人民用户平台的利益保障产生重要影响。因此，监管网对业务网的监督管理重心，主要在于对商务交易平台和消费者双用户平台、商务交易平台管理平台、商户和消费者双对象平台的监管。

（1）业务网用户平台作为监管网对象平台的功能表现

1）业务网商务交易平台用户平台作为监管网中的对象平台的功能表现。

在业务网中，商务交易平台用户平台是主导性功能平台，凭借业务网的运行在商务活动中获得相应的利益。在监管网中，人民用户平台是主导性功能平台，其需求的实现需要对象平台的参与和配合。业务网商务交易平台用户平台权衡自身在业务网中的主导性需求和在监管网中作为对象平台的参与性需求，选择不参与监管网、被动参与监管网或主动参与监管网。业务网商务交易平台用户平台被动参网或主动参网时，形成如图 6-21 所示的监管网。

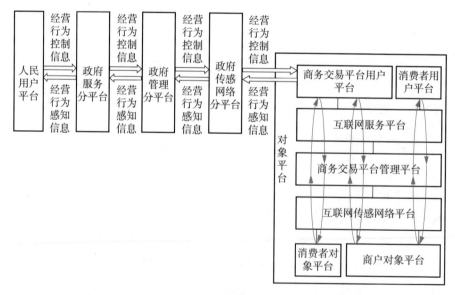

图 6-21　业务网商务交易平台用户平台为监管网对象平台

①业务网商务交易平台用户平台不参与监管网。

业务网中商务交易平台用户平台作为监管网中的对象平台时，需在商业活动中考虑并维护人民用户平台的利益需求。业务网中的商务交易平台用户平台在参与监管网时虽可获得政府支持认可的身份，但其在业务网中的经营决策需受到政府监管，相应的制约有可能会减少其自身在业务网中所获取的利益。

业务网中的商务交易平台用户平台为了在短期内最大限度地获取利益，会选择不参与该监管网。在这种情况下，业务网商务交易平台用户平台在业务网的运行中会尽可能制定和实施符合自身利益的决策，不考虑人民大众的利益，其违法商务活动会损害人民的利益，也会承担相应的法律风险。

②业务网商务交易平台用户平台被动参与监管网。

监管网中的政府管理平台在人民用户平台的授权下，依据法律法规对业务网商务交易平台用户平台的商务活动进行强制监管。只有参与监管网并作为该物联网对象平台的业务网商务交易平台用户平台，才能获得政府管理平台的法律认可和保护。业务网商务交易平台用户平台为获得法律许可内的长远安稳经营，会选择被动参与监管网的组建。

业务网商务交易平台用户平台被动参与监管网的组建时，在工商注册、税务登记、环境评估等方面遵照政府管理平台制定的相应规章程序开展商务活动，以取得合法经营许可。在实际的商务活动中，商务交易平台用户平台的商务经营信息在业务网中运行，监管网中的政府管理平台对其商务经营信息的采集依赖于该平台本身的配合，但若业务网商务交易平台用户平台从事违法的商务活动，也需承担一定的法律风险。

③业务网商务交易平台用户平台主动参与监管网。

监管网中的政府管理平台通过对作为对象平台的业务网商务交易平台用户平台进行监管，营造公平、有序、稳定的市场环境。业务网商务交易平台用户平台为获得政府许可，并让自身商务活动能处于公平、有序、稳定的市场环境中，会选择主动参与监管网的组建。

业务网商务交易平台用户平台主动参与监管网的组建时，会积极配合政府管理平台的监管：业务网商务交易平台用户平台在商务活动许可的取得及实际商务活动的开展中自觉遵守法律法规，并在获取商务利益的同时不损害人民大众的利益。但是，不参网或被动参网的业务网商务交易平台用户平台常常使用不正当竞争方式，主动参网的业务网商务交易平台用户平台长期处在这种失衡的竞争环境中，可能会降低主动参网的积极性，不利于政府部门的监督管理。

2）业务网消费者用户平台作为监管网中的对象平台的功能表现。

消费者在业务网中作为用户主导该物联网的运行，获得相应的消费服务，在参与性需求的驱动下参与到监管网中，并作为监管网的对象平台受到政府管理平台的监督管理。业务网消费者用户平台权衡自身在业务网中的主导性需求和在监管网中的参与性需求，选择不参与监管网、被动参与监管网或主动参与监管网。业务网消费者用户平台被动参网或主动参网时，形成如图 6-22 所示的监管网。

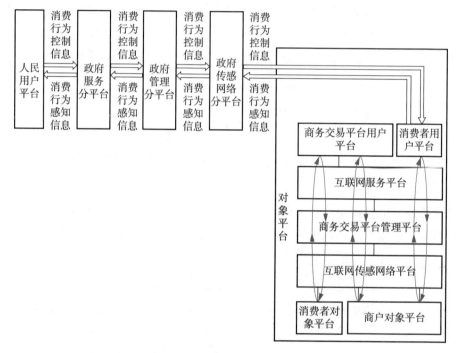

图 6-22 业务网消费者用户平台为监管网对象平台

①业务网消费者用户平台不参与监管网。

若业务网消费者用户平台参与监管网，则其在业务网中的消费自由将因政府管理平台的监管而受到相关法律法规的约束。例如，参与监管网的业务网消费者用户平台不能消费国家法律法规明令禁止买卖的物品。为此，有的业务网消费者用户平台会选择不参与监管网。

业务网消费者用户平台不参与监管网时，可能会逃避法律法规的约束，任意开展消费活动，但也将承担相应的法律风险。

②业务网消费者用户平台被动参与监管网。

在监管网中政府管理平台的强制监管要求下，有的业务网消费者用户平台为规避法律责任和风险，会选择被动参与监管网。

业务网消费者用户平台被动参与监管网时，只是从法律层面上表明实施合法消费行为。业务网消费者用户平台的消费行为信息产生并运行于业务网中，监管网中的政府管理平台不能直接、实时地掌握业务网消费者用户平台的消费行为，因此业务网消费者用户平台从事不符合相关法律法规要求（如违反社会秩序、损害人民权益）的消费活动时，政府管理平台也较难对消费者行为进行有效监管，长此以往，市场消费秩序将变得混乱，最终导致业务网消费者用户平台无法更好地满足自身需求。

③业务网消费者用户平台主动参与监管网。

监管网中的政府管理平台通过统筹监督管理满足人民用户平台需求，保护参与监管网组建的业务网消费者用户平台的合法消费行为。业务网消费者用户平台为了使自身消费行为得到法律的保护，会选择主动参与监管网的组建。

业务网消费者用户平台主动参与监管网时，会自觉遵守相关法律法规，放弃和拒绝购买违禁商品，在满足自身消费需求的同时不损害其他方的利益。凭借合法的消费行为，在业务网消费者用户平台的消费权益受到侵害时，政府管理平台可依据相关法律法规维护其合法权益。

（2）业务网商务交易平台管理平台作为监管网对象平台的功能表现

业务网中的商务交易平台管理平台同时为商业主体、商业载体和金融主体，承担着企业本身运营、业务网的统筹运营及商务交易资金管理的职责，其功能表现对监管网中的人民用户平台的利益实现有着重要影响，是监管网中的政府管理平台对业务网实施监管的重要环节。

1）政府监管下的业务网商务交易平台管理平台作为商业主体的功能表现。

业务网中的商务交易平台管理平台本身是企业商业主体，与其他各类商业主体相同，该平台的运营必须遵守政府管理平台制定的一系列商业运营规则。在人民用户平台的授权下，政府管理平台在对作为商业主体的业务网商务交易平台管理平台进行监管的过程中，形成商业主体监管网，如图6-23所示。

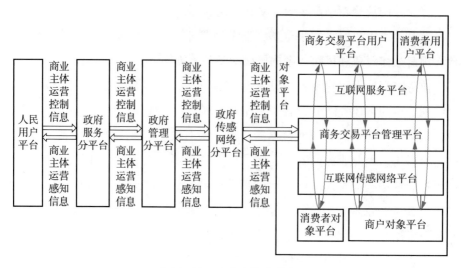

图 6-23　商业主体监管网

在监管网政府管理平台的监管下，业务网商务交易平台管理平台作为商业主体的经营活动受到法律法规约束。业务网商务交易平台管理平台权衡自身作为商业主体的经营利益需求和获得政府认可的需求，形成三类功能表现：

一是业务网商务交易平台管理平台不参与商业主体监管网。相较于获得政府的认可，业务网商务交易平台管理平台更加注重自身作为商业主体的利益获取，因而选择不参与商业主体监管网。此时，业务网商务交易平台管理平台在各类商业主体的运营过程中，需不断地采取各种方式规避政府管理平台的监管，这会使其承担法律风险，情节严重者会受到法律的制裁。

二是业务网商务交易平台管理平台被动参与商业主体监管网。政府管理平台对商业主体的监管是法律强制行为，只有参与物联网的商业主体才能获得相应的经营许可。业务网商务交易平台管理平台为让自身作为商业主体的运营不受阻碍，会选择被动参与商业主体监管网。在这种情况下，业务网商务交易平台管理平台只是程序上接受监管网中政府管理平台的监管。在实际的商业主体运营中，业务网商务交易平台管理平台为尽可能多地获取商业利益，会利用业务信息不在监管网中运行的特点，适时地实施满足自身需求的商业行为，导致监管网的监管有效性降低，不利于实现人民需求。该类商务交易平台将会遭到市场的淘汰。

三是业务网商务交易平台管理平台主动参与商业主体监管网。监管网中的政府管理平台对参与物联网的业务网商务交易平台管理平台的合法商务行为予以保护。业务网商务交易平台管理平台为寻求在法律保护下的长远稳定经营，会选择主动参与商业主体监管网，在法律法规框架内通过商业主体运营获利的同时，不损害人民用户平台的利益。

2）政府监管下的业务网商务交易平台管理平台作为商业载体的功能表现。

业务网中的商务交易平台管理平台作为商业载体，承载并促成众多消费者与商户间的商品交易。监管网中的政府管理平台在对业务网商务交易平台管理平台的商业载体职能进行监管的过程中，形成了商业载体监管网，如图6-24所示。

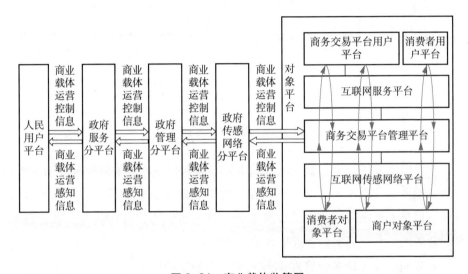

图6-24　商业载体监管网

业务网商务交易平台管理平台在统筹运营管理业务网的过程中，获得相应的商业利益。在监管网中政府管理平台的强制监管要求下，不参与物联网的业务网商务交易平台管理平台将面临被相关法律处罚的风险。为规避法律风险，业务网商务交易平台管理平台会被动参与商业载体监管网。

被动参网的业务网商务交易平台管理平台在形式上遵照法律法规的要求，对商户的经营活动进行审核监管，但在具体的审核监管方法和执行效果上，业务网商务交易平台管理平台并不予以保证。

3）政府监管下的业务网商务交易平台管理平台作为金融主体的功能表现。

业务网中的商务交易平台管理平台作为消费者和商户的中间交易平台，凭借交易支付管理功能聚拢巨量交易资金，成为金融主体。监管网中的政府管理平台为保障社会资金安全，对业务网商务交易平台管理平台的金融行为进行监管，形成金融主体监管网，如图 6-25 所示。

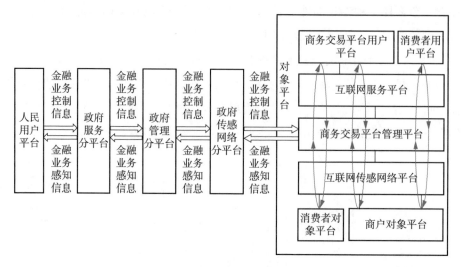

图 6-25　金融主体监管网

业务网商务交易平台管理平台利用对消费者和商户交易资金管理的契机，从事金融活动，获取丰厚的经济收益。由于业务网商务交易平台管理平台金融业务信息未直接运行于电子商务金融主体监管网中，故而政府金融管理平台对业务网商务交易平台管理平台金融活动的监管需要其主动配合。

业务网商务交易平台管理平台基于获取利益的初衷，有选择地向政府金融管理平台传输有利于自身的信息。此种情况下，众多消费者和商户间的巨量交易资金的安全性依赖于其管理者——业务网商务交易平台管理平台本身的道德、诚信、经营活动和采取的安全性保障措施。

（3）业务网对象平台作为监管网对象平台的功能表现

1）业务网商户对象平台作为监管网中的对象平台的功能表现。

商户为了又快又好地销售商品而参与业务网的组建、成为业务网中的对象平台。监管网中的政府管理平台为维护人民作为消费者的权益，将业务网商户对象平台作为监管网的对象平台予以监管。业务网商户对象平台权衡其自身在业务网和监管网中的参与性需求，选择不参与监管网、被动参与监管网或主动参与监管网。业务网商户对象平台被动参网或主动参网，则形成如图 6-26所示的监管网。

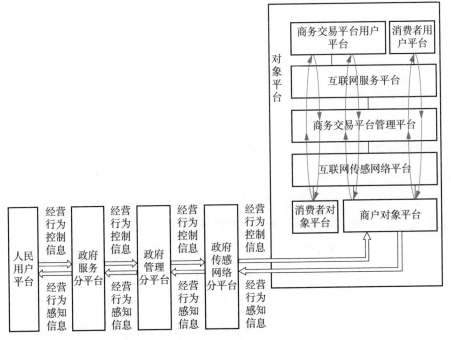

图 6-26　业务网商户对象平台为监管网对象平台

①业务网商户对象平台不参与监管网。

监管网中的政府管理平台制定了一系列法律法规，要求参网的业务网商户对象平台在商品质量、价格、卫生安全、营销宣传、知识产权等方面遵纪守法，不得通过损害其他方的权益来获得自身收益。部分业务网商户对象平台在利益驱动下，选择不参与监管网，以规避政府管理平台的监管约束。

业务网商户对象平台在商品经营中以自身利益最大化为驱动力，不参与监管网，任意地实施满足自身需求的商品经营行为。在这种情形下，业务网商户对象平台需承担其商品经营行为与法律法规相违背的风险。

②业务网商户对象平台被动参与监管网。

面对监管网中政府管理平台的强制监管需要，业务网商户对象平台为获得政府管理平台许可的合法经营者身份，会选择被动参与监管网。

业务网商户对象平台被动参网时，在相应经营手续的申请和办理上，遵照国家相关法律法规要求，取得合法经营手续，以应对政府管理平台的检查。但在经营过程中，业务网商户对象平台有可能在利益驱动下，利用经营业务信息不直接运行于监管网的特点实施一些与社会大众利益不相符的经营行为，无法真正满足人民需求。这类平台终将被市场淘汰。

③业务网商户对象平台主动参与监管网。

监管网中的政府管理平台通过制定经营方面相关的法律法规，营造公平、有序的经营环境。业务网商户对象平台为获得政府保护下的公平、稳定经营环境，选择主动参与监管网的组建。

主动参网的业务网商户对象平台在经营活动中，以相关法律法规为准则，采用合法合规的经营方式，销售价格合理且具有质量、技术和知识产权保障的商品。但相较于不参网或被动参网的业务网商户对象平台，主动参网的业务网商户对象平台可能承受着所获利润低于它们依靠不合规经营所获得利润的落差，这将挫伤其继续主动参网的积极性。

2）业务网消费者对象平台作为监管网中的对象平台的功能表现。

业务网中的消费者在自身需求驱动下，参与商务交易平台用户平台需求主导下的物联网，并成为其对象平台，以满足自身方便、快捷购物的参与性需求。监管网中的政府管理平台基于人民用户平台的利益保障，对业务网消费者对象平台的消费行为予以监管和规范。业务网消费者对象平台权衡自身在业务网和监管网中的参与性需求，选择不参与监管网、被动参与监管网或主动参与监管网。业务网消费者对象平台被动参网或主动参网时，形成如图 6-27 所示的监管网。

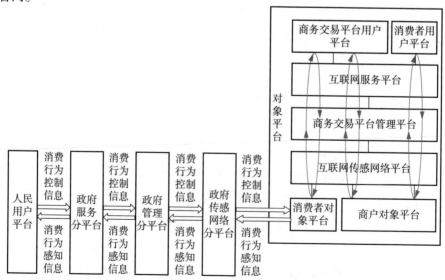

图 6-27　业务网消费者对象平台为监管网对象平台

①业务网消费者对象平台不参与监管网。

监管网中的政府管理平台要求参与该物联网的业务网消费者对象平台在法律允许的范围内从事消费活动。业务网消费者对象平台的消费行为在得到规范的同时，其消费自由可能因影响到社会其他方利益而受到法律的一定约束。基于此，有的业务网消费者对象平台为不受限制地消费，会选择不参与监管网。

业务网消费者对象平台在不参与监管网的情况下，只考虑自身消费需求的满足并根据需求任意实施购物消费行为。此类业务网消费者对象平台虽能充分实现其在业务网中的参与性需求，但也必须承担因消费行为与相关法律法规相违背而产生的风险。

②业务网消费者对象平台被动参与监管网。

在监管网中政府管理平台的强制监管要求下，业务网消费者对象平台为保证消费行为的顺利开展，会选择被动参与监管网。

业务网消费者对象平台被动参与监管网时，相较于其在监管网中获得政府认可的参与性需求，其在业务网中的消费需求更为强烈，后者是影响其行为活动的主要驱动力。由于业务网消费者对象平台的消费行为信息较难被监管网政府管理平台实时掌握，业务网消费者对象平台便可以在消费需求驱动下规避监管，实施满足自身需求的消费行为。但同时，业务网消费者对象平台也会失去获取法律保护的权益。

③业务网消费者对象平台主动参与监管网。

业务网消费者对象平台在不参网或被动参网的情况下，实施与相关法律法规不相符的消费行为而遭受利益侵害时，其权益得不到法律保护。为了规避这种现象，有的业务网消费者对象平台为获得政府管理平台对其合法消费权益的保护，会放弃自身可能存在的与社会利益不相符的消费需求，选择主动参与监管网的组建。

业务网消费者对象平台主动参网时，按照法律法规要求，切实履行自身在消费过程中的责任与义务，使自身合法消费权益受国家法律法规的保护。但由于监管网与业务网现有的结构特点，监管网中的政府管理平台尚不能实时、准确掌握业务网中的相应业务信息，业务网消费者对象平台在需要进行消费维权时，可能面临举证烦琐、困难、费时等一系列问题。

第七章

以商户和消费者为双用户的电子商务物联网

第一节 以商户和消费者为双用户的业务网的形成

自业务网这一商业模式出现以来，在发展过程中的不同阶段形成了以不同商务角色为用户的业务网。其中，商务交易平台运营商将自身作为用户或主要用户之一而主导形成的业务网商业模式就有 4 种，包括了以商务交易平台和商户为双用户的业务网，以商务交易平台为用户的业务网，以商务交易平台、商户和消费者为三用户的业务网，以及以商务交易平台和消费者为双用户的业务网。在这些业务网中，商务交易平台运营商凭借其用户和管理者的双重身份，从商户和消费者间的商务交易活动中获取丰厚的经济收益。

对于商户和消费者来说，这些以商务交易平台运营商为用户或主要用户之一的业务网虽为两者的商品交易活动带来了一定便利，但其均以商务交易平台用户平台为服务重心，以实现商务交易平台用户平台的利益需求为主要目的，各运行环节均以保证和维护商务交易平台用户平台的切身利益为首要出发点，在这些业务网的运营过程中，商户和消费者作为商务交易活动中的重要角色，其本身的利益却时常遭受损害。因此，商户和消费者需要从自身的需求出发，建立由自己主导的业务网。

一、商户和消费者双用户平台的形成

1. 商户和消费者双用户的需求

商户作为商品的销售者，需要按照自身的意志，开展符合自身利益的营销活动，开拓商品消费市场，在业务网中摆脱商务交易平台的强势束缚，真正实现获利。

消费者在消费过程中需要保证自身利益，抵制虚假宣传和假冒伪劣商品，从而保证所购买商品的质量；面临价格欺诈时，消费者需要得到商户的赔偿承诺和真实的价格优惠，以保障其购买商品的知情权；同时，消费者的信息安全需要得到保证，不能出现个人隐私泄露或被盗取等问题。

2. 商户和消费者双用户平台需求驱动下的组网

随着业务网商业模式的发展，商户面对管理平台的强势管理，经营利益常受损害；消费者的购物消费也时常得不到利益对等的消费回报，面临各种权益损害问题。商户和消费者均希望自身能成为电子商务交易活动中的用户，商务交易平台运营商能够充分考虑其需求和权益，并给予保证与维护。

在商户和消费者需求的主导下，形成以商户和消费者为双用户的业务网中的用户平台，即商户用户平台和消费者用户平台，如图 7-1 所示。

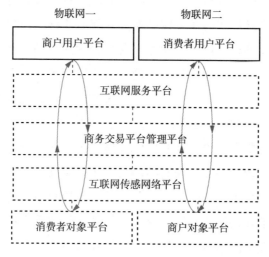

图 7-1　商户和消费者双用户平台的形成

二、互联网服务平台的形成

1. 互联网服务网络运营商的需求

在电子商务交易活动中，互联网为用户平台和管理平台间的信息交互提供支撑。网络运营商作为商人，并不关注互联网使用者在业务网中的身份角色，而是以自身利益的获取为主要考虑对象，尽可能地推销自身网络产品，为更多的互联网使用者提供通信服务，以获得更多的网络服务收益。

2. 互联网服务平台需求驱动下的参网

商户用户平台和消费者用户平台形成后，网络运营商基于自身利益需求的实现，在商户用户平台和消费者用户平台的需求主导下形成互联网服务平台，为二者在电子商务交易活动中的需求实现提供通信服务，如图 7-2 所示。

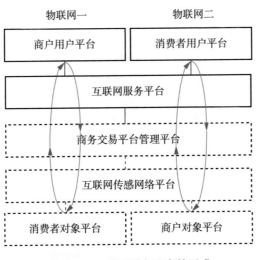

图 7-2　互联网服务平台的形成

三、商务交易平台管理平台的形成

1. 商务交易平台运营商的需求

作为一种物联网结构，以商务交易平台运营商为用户或主要用户之一的业务网可以很好地维护和保障商务交易平台运营商的切身利益。但是作为一种社会生产力，以商务交易平台运营商为用户或主要用户之一的业务网却只是为少数人获取物质财富而服务，其与社会的整体发展并不协调。

随着业务网的发展，商务交易平台运营商之间的竞争越发激烈。部分商务交易平台运营商基于长远利益考虑，为在商业竞争中赢得商户和消费者的支持，开始调整商业策略。商务交易平台运营商不再将自身作为业务网中的用户，而是开始顺应社会发展，迎合商户和消费者的需求，将商户和消费者同时作为用户，凭借其管理者的角色为二者提供管理服务，赚取相应的管理费用，实现平台价值。

2. 商务交易平台管理平台需求驱动下的参网

商务交易平台运营商为了从商户和消费者手中赚取管理利润，在自身利益需求的驱动下成为以商户和消费者为双用户的业务网中的管理平台，即商务交易平台管理平台，如图7-3所示。

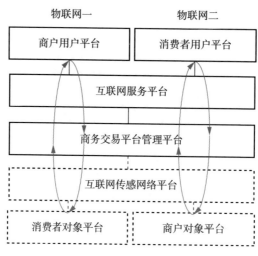

图 7-3 商务交易平台管理平台的形成

四、互联网传感网络平台的形成

1. 互联网传感网络运营商的需求

随着商户和消费者双用户平台、互联网服务平台和商务交易平台管理平台的形成，商户和消费者双用户平台与商务交易平台管理平台之间建立起需求与管理服务的信息交互关系。互联网作为一种信息传输工具，可以在其中起到信息传输的作用，并获得相应的利益。

2. 互联网传感网络平台需求驱动下的参网

商务交易平台管理平台通过互联网服务平台获取商户用户平台和消费者用户平台的需求，并在二者需求实现的统筹管理中，仍然通过互联网这一通信方式，为商户用户和消费者用户寻找满足需求的对象。在此过程中，互联网又形成业务网中的传感网络平台，即互联网传感网络平台，如图7-4所示。

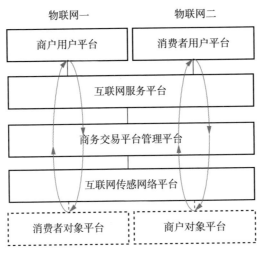

图7-4　互联网传感网络平台的形成

五、消费者和商户双对象平台的形成

1. 消费者和商户双对象的需求

商务交易平台管理平台在业务网的运营管理中，针对不同用户的需求为其寻找不同的对应的商务对象。

商户用户平台的需求是实现商业经营的利益获取，商务交易平台管理平台为此通过互联网传感网络平台为商户用户平台寻找潜在的消费者。这些潜在消费者基于自身生活消费需求，在商户用户平台及商务交易平台管理平台营销宣传信息的影响下购物消费，形成消费者对象平台。

消费者用户平台希望通过商务交易平台管理平台获得方便、快捷且自身权益有保障的消费服务。为此，商务交易平台管理平台通过互联网传感网络平台为其寻找符合要求的经营商户。这些商户基于自身商品的销售需求，形成商户对象平台。

2. 消费者和商户双对象平台需求驱动下的参网

消费者对象平台和商户对象平台在各自利益的驱动下，为了实现各自的参与性需求，共同构成消费者和商户双对象平台，分别为商户和消费者双用户平台的商户用户平台和消费者用户平台提供服务，如图7-5所示。

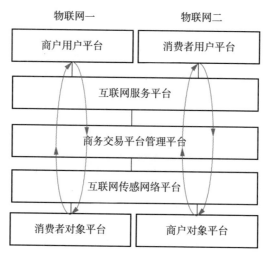

图 7-5　商户和消费者双对象平台的形成

六、业务网的整体形成

随着商户和消费者双用户平台、互联网服务平台、商务交易平台管理平台、互联网传感网络平台、商户和消费者双对象平台的依次形成，各功能平台凭借各自需求的满足以及多种需求间的彼此影响、配合，组合形成以商户和消费者为双用户的业务网，如图 7-6 所示。

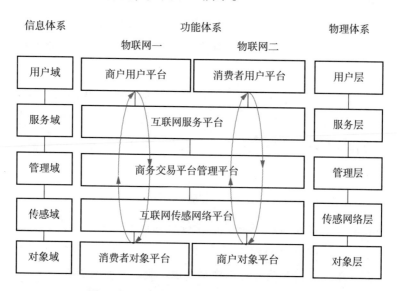

图 7-6　以商户和消费者为双用户的业务网

在以商户和消费者为双用户的业务网中，商户用户平台和消费者用户平台的需求为主导性需求，其他各功能平台的需求为参与性需求。在商户用户平台和消费者用户平台需求主导下，分别形成以商户为用户的物联网一和以消费者为用户的物联网二。物联网一与物联网二作为以商户和消费者为双用户的业务网的组成部分，在共同的商务交易平台管理平台统筹管理下运营，实现各功能平台的主导性或参与性需求。

第二节　以商户和消费者为双用户的电子商务物联网的结构

一、业务网的结构

在商户和消费者需求主导下，商户、消费者、商务交易平台运营商凭借互联网服务通信和传感通信的支撑，形成以商户和消费者为双用户的业务网，如图 7-7 所示。

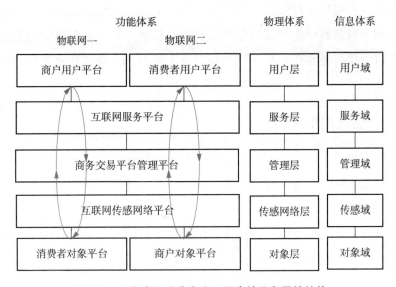

图 7-7　以商户和消费者为双用户的业务网的结构

以商户和消费者为双用户的业务网同样由信息体系、物理体系和功能体系组成。其中，功能体系由商户用户平台、消费者用户平台、互联网服务平台、商务交易平台管理平台、互联网传感网络平台、消费者对象平台和商户对象平台组成。

商户和消费者双用户平台对应信息体系中的用户域和物理体系中的用户层，分别由用户域中商户用户感知与控制信息、消费者感知与控制信息在用户层中商户和消费者互联网终端支撑下运行，实现对整个业务网的体系主导。

互联网服务平台和互联网传感网络平台分别对应信息体系中的服务域、传感域以及物理体系中的服务层、传感网络层。其中，服务域中的互联网网络运营商的感知服务与控制服务信息在服务层中互联网服务通信服务器的支撑下运行；传感域中的互联网网络运营商的感知传感与控制传感信息在传感网络层中互联网服务传感通信服务器的支撑下运行，实现业务网中商户和消费者双用户平台与商务交易平台管理平台间的商务信息交互，也同时实现商务交易平台管理平台与消费者和商户双对象平台间的商务信息交互。

商务交易平台管理平台对应信息体系中的管理域和物理体系中的管理层，由管理域中商务交易平台运营商感知管理与控制管理信息在管理层中商务交易平台管理服务器支撑下运行，实现对整个业务网的体系运营管理。

消费者和商户双对象平台对应信息体系中的对象域和物理体系中的对象层，分别由对象域中消费者对象感知与控制信息、商户对象感知与控制信息在对象层中消费者和商户互联网终端支撑下运行，分别实现业务网的感知与控制功能。

二、监管网的结构

监管网是以人民用户平台为基础的复合物联网，功能体系由人民用户平台、政府服务平台、政府管理平台、政府传感网络平台及所监管的对象平台组成，如图 7-8 所示。

人民用户平台由全体人民组成，授权政府管理平台对监管网进行统筹管理，维护自身的利益；政府服务平台由各政府服务部门组成，为人民用户平台提供不同的服务；政府管理平台由各政府管理部门组成，针对不同的电子商务交易活动，为人民用户平台提供不同的统筹管理服务；政府传感网络平台居于政府管理平台与对象平台之间，为不同的政府管理分平台和相应对象分平台提供多种传感通信方式；对象平台则由以商户和消费者为双用户的业

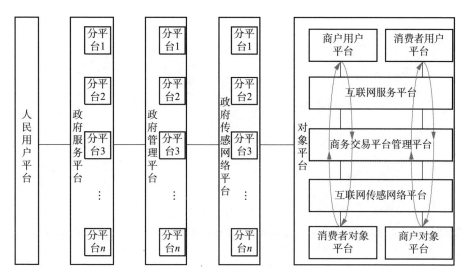

图 7-8　监管网的结构

务网中的各功能平台组成，该业务网中的不同功能平台均为政府监管对象，形成不同的对象分平台，各对象分平台在政府管理平台的监管下，开展各自的电子商务业务。

第三节 以商户和消费者为双用户的电子商务物联网的信息运行

一、业务网的信息运行

1. 商品营销的信息运行过程

在以商户和消费者为双用户的业务网中，商户用户需求主导下的物联网一和消费者用户需求主导下的物联网二在共同商务交易平台管理平台的统筹管理下运行，二者商品营销的信息运行过程如图 7-9 所示。

在图 7-9 中的商户用户需求主导下的物联网一中，在商户用户的需求主导下，商品营销的信息运行过程包括消费需求感知信息的运行过程和商品营销控制信息的运行过程。消费需求感知信息的运行过程是指由消费者对象平

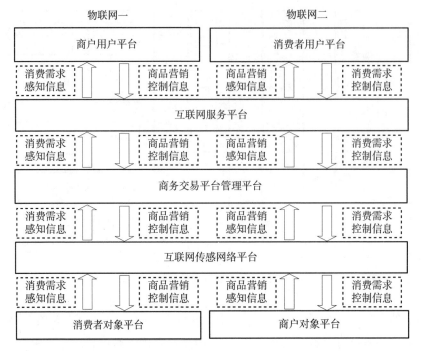

图 7-9 以商户和消费者为双用户的业务网中营销信息运行过程

台将其消费需求信息以感知信息的形式，依次通过互联网传感网络平台、商务交易平台管理平台和互联网服务平台向商户用户平台传输；商品营销控制信息的运行过程是指由商户用户平台将其商品营销信息以控制信息的形式，依次通过互联网服务平台、商务交易平台管理平台和互联网传感网络平台向消费者对象平台传输，再由消费者对象平台根据商品营销控制信息执行消费操作。两种信息运行过程组成商户用户需求主导下的物联网一中商品营销的感知与控制闭环，实现商户对消费者市场需求的把控。

在消费者用户需求主导下的物联网二中，在消费者用户的需求主导下，商品营销的信息运行过程包括商品营销感知信息的运行过程和消费需求控制信息的运行过程。商品营销感知信息的运行过程是指由商户对象平台将其商品营销信息以感知信息的形式，依次通过互联网传感网络平台、商务交易平台管理平台和互联网服务平台向消费者用户平台传输；消费需求控制信息的运行过程是指由消费者用户在自身消费需求促动下，根据商户商品营销信息有选择地生成商品订单信息，并以控制信息的形式依次通过互联网服务平台、商务交易平台管理平台和互联网传感网络平台向商户对象平台传输。两种信息运行过程组成消费者用户需求主导下的物联网二中商品营销的感知与控制闭环，实现消费者对商品市场的整体了解与影响。

2. 商品订单发货的信息运行过程

在以商户和消费者为双用户的业务网中，基于商务交易平台管理平台在不同用户需求下的不同运营管理策略，商品订单发货的信息运行过程在商户用户需求主导下的物联网一和消费者用户需求主导下的物联网二中有着不同的体现，如图 7-10 所示。

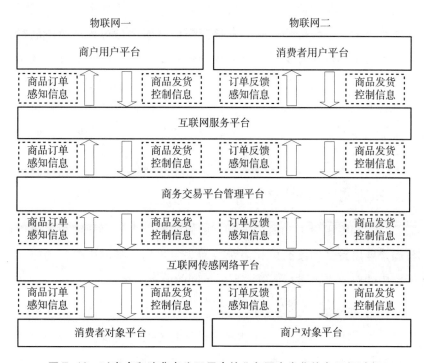

图 7-10　以商户和消费者为双用户的业务网中发货信息运行过程

在图 7-10 中的商户用户需求主导下的物联网一中，基于商户用户需求的主导性，商品订单发货的信息运行包括商品订单感知信息的运行过程和商品发货控制信息的运行过程。商品订单感知信息的运行过程是指由消费者对象平台将其商品订单信息以感知信息的形式，依次通过互联网传感网络平台、商务交易平台管理平台和互联网服务平台向商户用户平台传输；商品发货控制信息的运行过程是指由商户用户平台将其商品发货信息以控制信息的形式，依次通过互联网服务平台、商务交易平台管理平台和互联网传感网络平台向消费者对象平台传输，再由消费者执行收货操作。两种信息运行过程组成商户用户需求主导下的物联网一中商品订单发货的感知与控制闭环，实现商户经营商品向消费者的成功销售。

在消费者用户需求主导下的物联网二中，基于消费者用户需求的主导性，商品订单发货的信息运行过程包括订单反馈感知信息的运行过程和商品发货控制信息的运行过程。订单反馈感知信息的运行过程是由商户对象平台针对消费者用户平台订单需求形成订单反馈，并将其订单反馈信息以感知信息的形式，依次通过互联网传感网络平台、商务交易平台管理平台和互联网服务平台向消费者用户平台传输；商品发货控制信息的运行过程是指由消费者用户平台完成商品支付并将支付信息以控制信息的形式，依次通过互联网服务平台、商务交易平台管理平台和互联网传感网络平台向商户对象平台传输，再由商户对象平台根据支付信息执行发货操作。两种信息运行过程组成消费者用户需求主导下的物联网二中商品订单发货的感知与控制闭环，确保消费者消费需求得以快速、高效地实现。

二、监管网的信息运行

监管网在人民用户平台的主导下，授权政府管理平台从维护人民用户平台利益的角度出发，将以商户和消费者为双用户的业务网中的各功能平台作为监管网中的对象平台进行监管，形成不同的信息运行过程。

1. 监管双用户平台的信息运行过程

监管双用户平台的信息运行过程，即对业务网中的商户和消费者双用户平台实行监管的信息运行过程，是监管网中政府管理平台针对业务网双用户平台的网络经营行为和消费行为实施监督管理而形成的。该信息运行过程包括商户用户平台的经营行为感知信息的运行过程、控制信息的运行过程以及消费者用户平台的消费行为感知信息的运行过程、控制信息的运行过程，如图 7-11 所示。

在监管网商户用户平台经营行为和消费者用户平台消费行为感知信息的运行过程中，双用户平台作为被监管对象，其经营行为和消费行为信息以感知信息的形式经相应政府传感网络分平台传输至相应政府管理分平台进行处

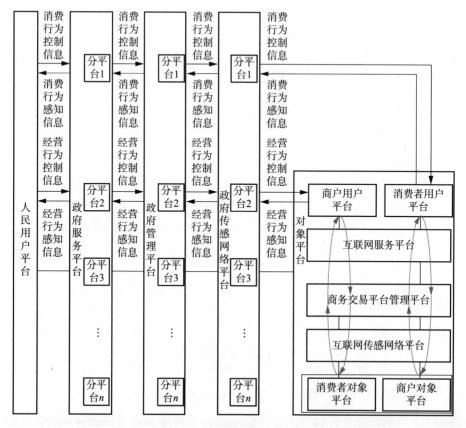

图 7-11　监管商户和消费者双用户平台的信息运行过程

理,随后再通过相应政府服务分平台传向人民用户平台,完成双用户平台行为感知信息的运行过程。

在监管网商户用户平台经营行为和消费者用户平台消费行为控制信息的运行过程中,相应的政府管理分平台在人民用户平台的授权下,对监管对象平台中双用户平台的经营行为和消费行为实施控制和管理。政府管理分平台生成对双用户平台经营行为和消费行为的控制信息,并通过相应政府传感网络分平台向双用户平台传达,由双用户平台执行。

2. 监管互联网服务平台的信息运行过程

监管业务网互联网服务平台的信息运行过程,是监管网中政府管理平台在监管对象平台中业务网互联网服务平台服务通信运营行为时形成的信息运行过程,包括互联网服务平台服务通信运营行为感知信息的运行过程和控制信息的运行过程，如图 7-12 所示。

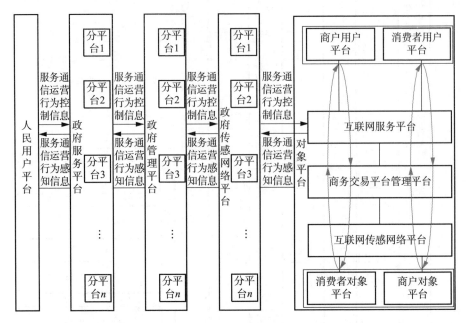

图 7-12　监管互联网服务平台的信息运行过程

在监管网中，业务网互联网服务平台服务通信运营行为感知信息的运行过程为：互联网服务平台将服务通信运营行为感知信息通过相应政府传感网络分平台，传输至相应政府管理分平台进行处理，再通过相应政府服务分平台将该感知信息传输给人民用户平台，完成互联网服务平台服务通信运营行为感知信息的运行过程。

在监管网中，业务网互联网服务平台服务通信运营行为控制信息的运行过程为：相应政府管理分平台在人民用户平台的授权下，直接对业务网互联网服务平台进行控制管理，根据服务通信运营行为感知信息生成运营行为控制信息，再通过相应政府传感网络分平台传输到业务网互联网服务平台，由其执行控制信息。

3. 监管商务交易平台管理平台的信息运行过程

监管商务交易平台管理平台的信息运行过程是监管网中政府管理平台监管对象平台中业务网商务交易平台管理平台统筹管理运营行为时形成的信息运行过程，包括业务网商务交易平台管理平台统筹管理运营行为感知信息的运行过程和控制信息的运行过程，如图 7-13 所示。

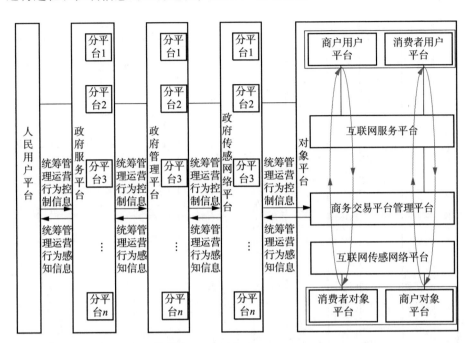

图 7-13　监管商务交易平台管理平台的信息运行过程

在监管网中，业务网商务交易平台管理平台统筹管理运营行为感知信息的运行过程为：商务交易平台管理平台的统筹管理运营行为信息以感知信息的形式，通过相应政府传感网络分平台传输至相应政府管理分平台进行处理，再通过相应政府服务分平台将该感知信息传输给人民用户平台，完成业务网商务交易平台管理平台统筹管理运营行为感知信息的运行过程。

在监管网中，业务网商务交易平台管理平台统筹管理运营行为控制信息的运行过程为：相应政府管理分平台在人民用户平台的授权下，直接控制和管理业务网商务交易平台管理平台，根据获取到的运营行为感知信息生成运营行为控制信息，再通过相应政府传感网络分平台传输到业务网商务交易平台管理平台，由商务交易平台管理平台按要求执行运营行为。

4. 监管互联网传感网络平台的信息运行过程

监管业务网互联网传感网络平台的信息运行过程是监管网政府管理平台监管业务网互联网传感网络平台的传感通信运营行为时形成的信息运行过程，包括业务网互联网传感网络平台传感通信运营行为感知信息的运行过程和控制信息的运行过程，如图 7-14 所示。

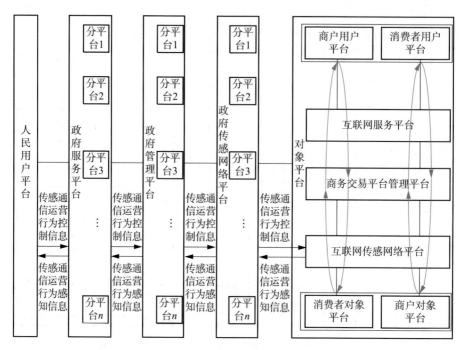

图 7-14   监管互联网传感网络平台的信息运行过程

在监管网中，业务网互联网传感网络平台传感通信运营行为感知信息的运行过程为：互联网传感网络平台的传感通信运营行为信息以感知信息的形式，通过相应政府传感网络分平台传输至相应政府管理分平台进行处理，再通过相应政府服务分平台将该感知信息传输给人民用户平台，完成业务网互联网传感网络平台传感通信运营行为感知信息的运行过程。

在监管网中，业务网互联网传感网络平台传感通信运营行为控制信息的运行过程为：相应政府管理分平台在人民用户平台的授权下，直接控制和管理业务网互联网传感网络平台。政府管理分平台根据获取到的互联网传感网络平台传感通信运营行为感知信息，生成运营行为控制信息，再通过相应政府传感网络分平台传输到业务网互联网传感网络平台，由业务网互联网传感网络平台按要求执行运营行为。

5. 监管双对象平台的信息运行过程

监管消费者和商户双对象平台的信息运行过程是政府管理平台针对监管对象平台中消费者对象平台的消费行为和商户对象平台的经营行为开展监督

管理工作而形成的信息运行过程，包括消费者对象平台消费行为感知信息的运行过程和控制信息的运行过程、商户对象平台经营行为感知信息的运行过程和控制信息的运行过程，如图 7-15 所示。

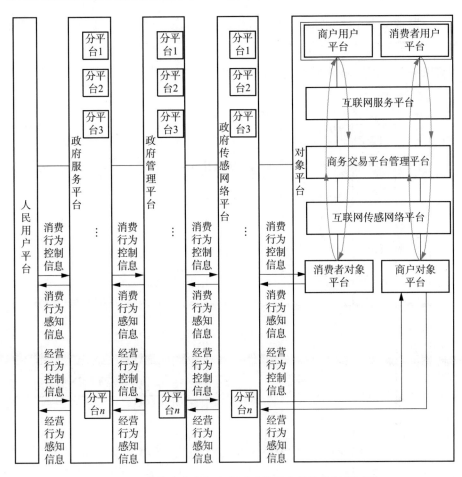

图 7-15　监管消费者和商户双对象平台的信息运行过程

在监管网中，业务网消费者对象平台消费行为和商户对象平台经营行为感知信息的运行过程为：消费者和商户对象平台各自的感知信息通过相应政府传感网络分平台传输至相应政府管理分平台进行处理后，再通过相应政府服务分平台传输给人民用户平台，完成消费者和商户双对象平台感知信息的运行过程。

在监管网中，业务网消费者对象平台消费行为和商户对象平台经营行为控制信息的运行过程为：相应政府管理分平台在人民用户平台的授权下，直接引导和管理双对象平台的行为，生成相应的消费行为和经营行为控制信息，通过相应政府传感网络分平台传输到消费者和商户双对象平台，促使消费者合理、合法消费，商户合法经营。

6. 监管网的信息整体运行过程

在监管网中，政府管理平台同时对业务网商户用户平台和消费者用户平台、互联网服务平台、商务交易平台管理平台、互联网传感网络平台、消费者对象平台和商户对象平台进行监管，形成监管网的信息整体运行过程，如图 7-16 所示。

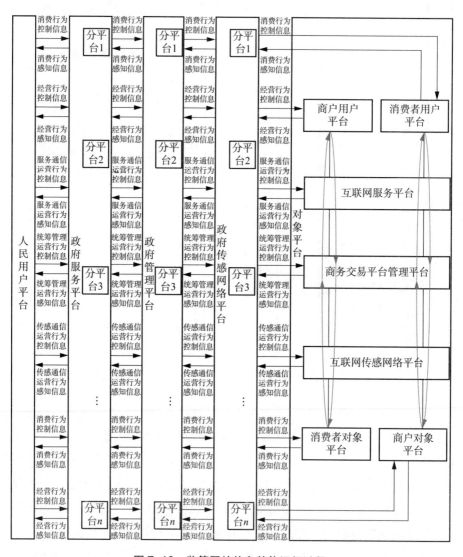

图 7-16　监管网的信息整体运行过程

在监管网的信息整体运行过程中，各被监管对象分平台在相应政府管理分平台的统筹监管下，通过政府服务分平台和政府传感网络分平台服务通信与传感通信的连接，与人民用户平台形成不同的单体物联网信息运行闭环。这些不同的单体物联网信息运行闭环不仅以共同用户为节点，同时也可基于某一个或多个共同的政府服务分平台、政府管理分平台或政府传感网络分平台形成不同的节点。在这些节点的联结下，对各被监管对象分平台进行监管形成的信息运行过程构成监管网信息整体运行过程。

第四节　以商户和消费者为双用户的电子商务物联网的功能表现

一、业务网的功能表现

1. 商户和消费者双对象平台的功能表现

在以商户和消费者为双用户的业务网中，基于商务交易平台管理平台的运营管理策略，商户和消费者又分别形成对象平台，在业务网的运行中呈现出相应的功能表现。

（1）商户对象平台的功能表现

商户对象平台在商务交易平台管理平台的统筹组织下，参与组成以商户和消费者为双用户的业务网中消费者需求主导下的物联网二。在该业务网中，商户对象平台为消费者用户平台提供所需商品，并通过营销宣传为消费者用户平台提供消费服务，形成相应功能表现。

（2）消费者对象平台的功能表现

消费者对象平台在商务交易平台管理平台的统筹组织下，参与组成以商户和消费者为双用户的业务网中商户需求主导下的物联网一，为商户用户平台主导性需求的实现提供服务，并在自身参与性需求及商户用户平台营销信息的影响下，执行消费操作而形成相应的功能表现。

2. 商务交易平台管理平台的功能表现

在以商户和消费者为双用户的业务网中，商务交易平台运营商协调与权衡商户和消费者两者的商务活动需求。商务交易平台运营商作为业务网中的管理者，拥有业务网的运营管理权限，凭借着对业务网的运营管理，同时为作为用户的商户和消费者服务，从中获得相应的管理服务报酬。

在物联网中，用户的需求是商务交易平台管理平台运营管理过程中需要优先满足的主导性需求。在以商户和消费者为双用户的业务网中，商户用户平台和消费者用户平台凭借商务交易平台管理平台在不同运营管理策略中的功能表现实现各自需求，如图 7-17 所示。

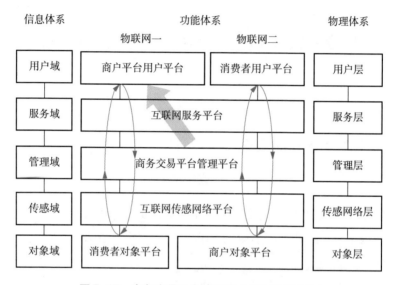

图 7-17　商务交易平台管理平台优先管理方向

在电子商务活动中，商户与消费者作为交易关键方，相互从对方身上获得自身所需。商户往往希望以最小的成本从消费者处换取最大的经济收益；消费者则希望以最少的花费购买到心仪的、具有质量保障的商品。商务交易平台运营商作为管理平台，在运营管理的功能表现中，面对商户时宣称商户为其用户，将为商户商品营销提供优质管理服务，帮助商户准确、快速地寻找到较大范围内的消费者，帮助商户赢得可观的销售收益；面对消费者时，商务交易平台管理平台则又宣称消费者为用户，将为消费者购物消费提供优质管理服务，让消费者获得快捷、舒适、安全的购物消费享受，并使其以最优的价格购买到质量可靠、售后服务有保障的心仪商品。显然，商务交易平台管理平台在全力维护和保障商户或消费者某一方需求的同时，会忽视另一方的需求。

因此，在以商户和消费者为双用户的业务网中，商户和消费者二者的需求在事实上并不能同时成为业务网中的主导性需求。同时以商户和消费者为用户，只是商务交易平台运营商吸引商户和消费者、获取二者信任并从中获得管理服务收益所实施的运营管理策略。实际运营中，商务交易平台管理平台宣称的对商户和消费者两者需求的维护和保障更多浮于表面，二者的需求并未得到有效、全面实现。

3. 商户和消费者双用户平台的功能表现

以商户和消费者为双用户的业务网在商户和消费者二者需求主导下形成，并由商户和消费者形成该业务网中的不同用户平台。在电子商务交易活动中，商户用户平台和消费者用户平台基于各自不同的需求，有着不同的功能表现。

以商户和消费者为双用户的业务网中，用户平台为商户用户平台和消费者用户平台组成的复合功能平台。商户用户平台作为一级用户分平台，由不同商户支撑形成的二级用户分平台组成。在电子商务交易活动中，不同的商户用户分平台在自身利益需求的影响下形成不同的功能表现。其中，具有长远发展利益需求的商户用户分平台在功能表现上注重与消费者对象平台形成良性互动，通过向消费者提供真实、合法、质量优异的商品和完善的售后保障，树立良好的品牌形象，为自身长远发展创造有利条件。与此同时，也存在一些商户用户分平台基于对短期的、眼前的利益的追求，不顾国家相关法律法规的要求而从事违法的经营活动。这些违法经营的商户用户分平台往往通过假冒伪劣商品销售、虚假宣传、不正当竞争、偷漏税等违法手段实现自身利益的最大化，但在此过程中，消费者、竞争商户、国家等相关方的利益必然遭受侵犯和损害。

消费者作为用户平台，不仅希望享受到方便、快捷的购物消费方式，更希望享受到具有权益保障的购物消费服务。在功能表现上，消费者用户平台只能依托商务交易平台管理平台对商户对象平台的管理，在购物消费的过程中尽可能地选择具有良好品牌形象、评价口碑和售后服务保障的商户对象平台为其供应所需的商品。

二、监管网的功能表现

在监管网中，政府管理平台对业务网的不同功能平台进行统筹监管，能够规范业务网中各平台在市场交易中的行为，为人民用户平台营造一个良好的网络交易环境。监管网各功能平台在运行中形成不同的功能表现。

1. 人民用户平台的功能表现

人民用户平台是监管网服务的目标，主导着监管网的运行，其他各平台均在人民用户平台的控制下承担不同的职责，保障人民用户平台主导性利益需求的实现。

2. 政府服务平台的功能表现

政府服务平台连接人民用户平台与政府管理平台，实现人民用户和政府之间的信息传输，为人民用户平台服务。

3. 政府管理平台的功能表现

政府管理平台统筹管理电子商务监管网中的各类信息，在人民用户平台的授权下，制定相应的法律法规，监管对象平台中的网络商品交易活动，为人民用户平台的利益服务。

4. 政府传感网络平台的功能表现

政府传感网络平台在政府管理平台与对象平台之间，为人民用户寻求对象平台提供信息交互服务，实现对象平台与政府管理平台之间的信息传输。

5. 对象平台的功能表现

业务网为监管网的对象平台，在人民用户平台的控制下运行，并由政府管理平台实施监管。监管网对业务网的监管，重点在于对业务网中用户平台、管理平台、对象平台的监管，从而保障监管网中人民用户平台的利益。

（1）业务网用户平台作为监管网对象平台的功能表现

1）业务网商户用户平台作为监管网对象平台的功能表现。

在以商户和消费者为双用户的业务物联网中，商户用户平台主导形成的物联网一为业务网中的主物联网，对业务网信息运行起着决定性的作用。监管网中的政府管理平台为了实现监管网人民用户平台的利益需求，制定了相关的法律法规等制度规范市场竞争，将业务网商户用户平台作为对象平台进行监管，约束其商品销售行为，如图7-18所示。

业务网商户用户平台在对消费者销售商品、赚取销售利润、实现自身在业务网中的主导性需求时，可根据是否要实现自己在监管网中的参与性需求，

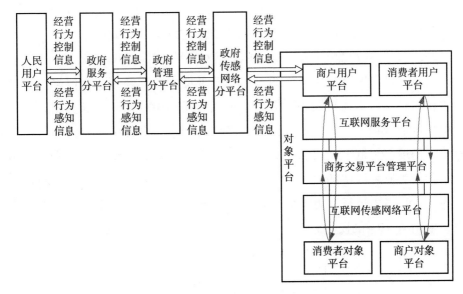

图 7-18　业务网商户用户平台为监管网对象平台

选择不参与、被动参与或主动参与监管网的组网。

①业务网商户用户平台不参与监管网。

业务网商户用户平台不参与监管网的组网时，在进行商品销售时可借助业务网商务交易平台，依据自身在业务网中的盈利需求，向消费者对象平台进行商品推广，最大限度地获取消费者对象平台的利益输送，不受监管网的制约。业务网商户用户脱离政府监管，其非法商品推广行为将直接侵害消费者合法权益，扰乱市场交易秩序，影响国家和人民利益的实现，最终其将会受到法律制裁。

②业务网商户用户平台被动参与监管网。

业务网商户用户平台被动参与监管网的组网时，在经营体制上接受监管网中政府管理平台监管，作为监管网中的对象平台实现其合法营业的参与性需求，但其商品销售信息只是在业务网中运行，未传输于监管网中，监管网中的政府管理平台不能对其商业行为实施有效监管，无法有效保障人民群众的合法权益。该类商户的长远发展受阻，终将遭到市场淘汰。

③业务网商户用户平台主动参与监管网。

业务网商户用户平台主动参与监管网的组网时，成为监管网中的对象平台，将其在业务网中销售的商品信息和交易信息传输至监管网中政府管理平台，接受监管网的实时监管，但业务网中信息的运行效率会因此降低，影响其业务网中主导性需求的实现，这将降低其参与监管网的积极性。

2）业务网消费者用户平台作为监管网对象平台的功能表现。

消费者用户平台主导产生的双用户业务网中的物联网二，使得消费者可以根据自身需求做出购物决策，决定该物联网中的商品流通类型。监管网中的政府管理平台为维护人民用户平台的利益，出台了相应法律法规等政策、制度、规范等，加强了对网络交易市场的监管，将业务网消费者用户平台作为监管网中的对象平台，限制了其购买的商品类型，使其购物行为在合法环境中进行，为人民用户平台打造了一个安全稳定的网络交易空间，如图 7-19 所示。

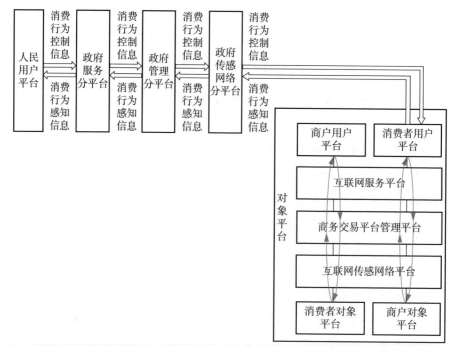

图 7-19　业务网消费者用户平台为监管网对象平台

业务网消费者用户平台可结合其在业务网和监管网中的不同需求，选择不参与、被动参与主动参与监管网的组网。

①业务网消费者用户平台不参与监管网。

业务网消费者用户平台在不参与监管网的情况下，消费者的商品消费信息无须经过监管网即可在业务网中运行。因此，业务网消费者用户平台不参与监管网的组网，可不受时间、空间和监管网中政府管理平台的制约，选择任何适合自己的商品，政府无法对其购买行为实施监管，不能保障其在市场交易中的权益，也无法避免由消费者不合理、合法消费行为造成的对网络交易环境的破坏。

②业务网消费者用户平台被动参与监管网。

监管网中的政府管理平台为了维护人民用户平台的利益，规范了业务网消费者用户的商品购买权限，使其消费行为合法合规。业务网消费者用户平台为了实现商品消费需求，被动参与监管网的组网，作为对象平台接受政府管理平台的监管。业务网消费者用户平台为了快速实现其商品消费需求，会使其消费需求信息只运行于业务网中，监管网中的政府管理平台无法有效对消费者的交易行为实施监管，难以保障其合法权益，也无法维持安全合法的网络交易环境。

③业务网消费者用户平台主动参与监管网。

业务网消费者用户平台在选购商品时，仅能利用商务交易平台管理平台展示的信息与商户进行沟通，所购商品的可信度不确定。消费者用户平台为维护自身利益，会主动参与监管网，作为对象平台接受监管网的监督，将消费需求信息主动传输至监管网中的政府管理平台，接受监管网监管，保证其合法的消费权益。但这样提高了业务网消费者用户平台收集商品信息的成本，降低了商品消费需求信息在业务网中的运行效率，不利于业务网消费者用户平台购物需求的实现。

（2）业务网商务交易平台管理平台作为监管网对象平台的功能表现

在以商户和消费者为双用户平台的业务网中，商务交易平台以商业主体的身份参与业务网的组网，将自身作为沟通商户和消费者的载体平台，在双方授权下为二者提供服务，赚取平台服务利润；同时，商务交易平台还以第三方身份提供平台支付方式，作为金融主体参与网络经济贸易。商务交易平台作为买卖双方交易的中枢，为二者提供商品销售和商品需求配对的信息展示、渠道交易、金融支付等服务，可以同时获得双方的需求控制信息，为双用户平台提供更有针对性的服务。

监管网中的政府管理平台从服务人民用户平台的角度出发，将业务网商务交易平台管理平台作为监管网中的对象平台实施监管，可以有效掌握业务网中商户和消费者双用户平台的需求信息和交易信息，规范业务网商务交易平台的运作，提高经济市场抵御风险的能力，为人民用户平台消费者提供一个良好、可靠、有秩序的电子商务交易平台，如图 7-20 所示。

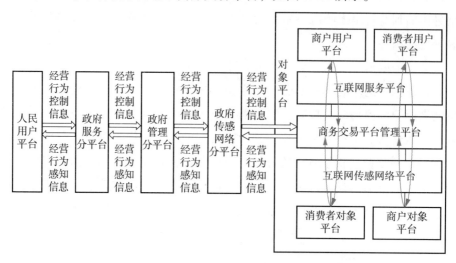

图 7-20　业务网商务交易平台管理平台为监管网对象平台

业务网商务交易平台管理平台可根据自身商业主体、商业载体、金融主体等身份下的不同需求，选择不参与、被动参与或主动参与监管网，表现出不同的功能。

1）业务网商务交易平台管理平台不参与监管网。

业务网商务交易平台管理平台不参与监管网的组网时，能够脱离监管网中政府管理平台的控制，按照自身在业务网中的盈利需求，促进商户和消费者交易的达成，获取中间商利润，并规避政府对其商业主体进行的税收、审计、财务等方面的监管，制定符合自身利益的金融规则，但同时需承担相应的法律风险。

2）业务网商务交易平台管理平台被动参与监管网。

业务网商务交易平台管理平台为了取得监管网中政府管理平台对其商业主体和金融身份的认同，会选择被动参与监管网，获得合法经营权，从而支撑其商业载体的身份，规避在业务网中的经营风险。业务网商务交易平台管理平台收集的商品销售信息和消费需求信息运行于业务网中，监管网中的政府管理平台必须通过业务网商务交易平台管理平台的配合才能实现对业务网的有效监管，故监管网中政府管理平台对商务交易平台的依赖性较强。

3）业务网商务交易平台管理平台主动参与监管网。

业务网商务交易平台管理平台主动参与监管网，将收集到的业务网中的信息传输到监管网中政府管理平台，获得政府的认证和许可。业务网商务交易平台管理平台的利益需求来源于业务网双用户平台，只有实现双用户平台在业务网中的需求，商务交易平台管理平台才能实现自身的利益。当业务网中的信息运行于监管网中时，会影响业务网的运行效率，影响双用户平台需求的达成，进而影响业务网商务交易平台管理平台利益的实现，这导致业务网商务交易平台管理平台参与监管网的意愿较低。

（3）业务网对象平台作为监管网对象平台的功能表现

1）业务网商户对象平台作为监管网对象平台的功能表现。

业务网中的商户对象平台在商务交易平台的管理下，服务于消费者用户平台。消费者用户平台对商品的价格、质量、性能等信息的了解不仅源于对自身需求的定位，更源于商户对象平台关于商品的信息展示。监管网中的政府管理平台为了规范网络交易市场，保证商品质量与宣传相符，维护人民用户的消费权益，将业务网商户对象平台作为监管网中的对象平台进行监管，打造安全合规的网上交易体系，如图7-21所示。

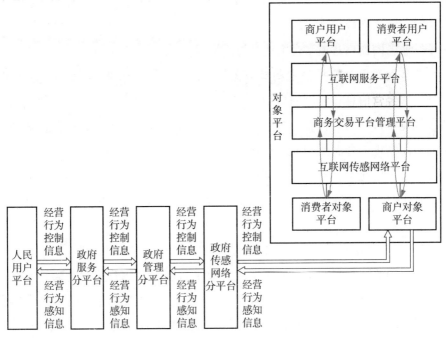

图7-21　业务网商户对象平台为监管网对象平台

业务网商户对象平台的参与性利益需求，需要在满足消费者用户平台主导性需求的基础上才能实现。监管网中的政府管理平台能够为业务网商户对象平台提供经营许可，保障其合法利益的实现。业务网商户对象平台权衡消费者利益需求和自身利益需求，可以选择不参与、被动参与或主动参与监管网的组网。

①业务网商户对象平台不参与监管网。

业务网商户对象平台不参与监管网时，可以不受监管网约束地定位消费者用户平台在业务网中的需求，运用商务交易平台管理平台制定的多种营销宣传手段，向消费者用户平台进行商品宣传，激起消费者的兴趣，促使其产生更多的消费需求。但要面临在营销宣传出现违法行为时受到法律制裁的风险。

②业务网商户对象平台被动参与监管网。

业务网商户对象平台被动参与监管网时，能够获得监管网中政府管理平台授予的经营许可，规范经营主体，为消费者用户平台提供更好的服务。但业务网商户对象平台的商品销售真实信息无须经过监管网中政府管理平台，即可在业务网中完整运行，实现消费者用户平台的需求和自身的需求。因此，业务网商户对象平台在实际经营中可脱离监管网的监管，但会存在相应的经营风险，无法实现长远发展。

③业务网商户对象平台主动参与监管网。

业务网商户对象平台主动参与监管网时，在获得政府经营许可的同时，将其合法经营信息和商品销售信息传输至监管网中政府管理平台，使其正当的市场竞争行为得到保护，捍卫自己的合法经营权益。但这样一来，业务网中的商品销售信息需要同时运行于监管网中，接受国家的法律监督，从而影响商品的销售速率，降低业务网商户对象平台的经营效率，进而影响业务网消费者用户平台便捷购买商品需求的实现，也会影响业务网中各平台利益需求的实现。

2）业务网消费者对象平台作为监管网对象平台的功能表现。

业务网的物联网一中，为消费者对象平台服务的用户平台为商户，在商户商品销售信息的引导下，消费者对象平台通过商务交易平台管理平台的营销信息展示，了解商品由外在描述所表现出来的商品价值，并进行消费决策。监管网中的政府管理平台为了保障人民用户平台的消费权益，将业务网消费者对象平台作为监管网中的对象平台实施监管，约束其消费行为，如图 7-22 所示。

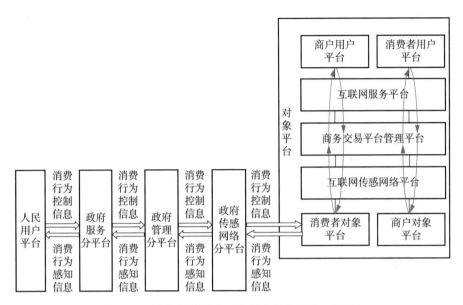

图 7-22　业务网消费者对象平台为监管网对象平台

业务网消费者对象平台可根据自身需求，选择不参与、被动参与或主动参与监管网。

①业务网消费者对象平台不参与监管网。

业务网消费者对象平台不参与监管网时，可自主选择任何需要的商品，并在业务网中完成整个交易信息的传输，与业务网商户用户平台达成交易，不受监管网中政府管理平台的制度约束。但其违法购物行为将会受到法律法规等的制裁管控，不能更好地实现其在业务网中的参与性需求。

②业务网消费者对象平台被动参与监管网。

业务网消费者对象平台被动参与监管网时，监管网中政府管理平台在维护人民用户平台的消费权益时，可对其进行监督，并保障其合法的消费权益。但业务网消费者对象平台的商品需求信息只运行于业务网中，受商户用户平台的控制，监管网中的政府管理平台不能对其消费信息进行有效监管，事实上无法真正保障该平台的利益。

③业务网消费者对象平台主动参与监管网。

业务网消费者对象平台主动参与监管网时，将其消费需求信息传输至监管网中，接受政府管理平台的监督管理，获得合法的消费权益保障。但业务网消费者对象平台的购物信息在业务网中即可完整运行，如在监管网中再次运行，则会影响业务网中信息的运行效率，影响业务网消费者对象平台便捷购物需求的实现，这会降低其参与监管网的意愿。

第八章

以消费者为用户的
电子商务物联网

第一节　以消费者为用户的业务网的形成

一、消费者用户平台的形成

1. 消费者的需求

人类在从事社会活动的过程中，通过货币交换进行商品交易，满足彼此的需求，商务活动由此形成。随着人类文明和科技水平的进步，人类生产资料和生活资料日益丰富，商务交易活动日益增多，人们的需求不仅限于通过商务交易活动获取衣食住行等物质资料，消费者更在乎购物过程中便捷、舒适、愉悦的购物体验所带来的精神享受。

在电子商务交易活动中，消费者足不出户即可通过电子商务物联网获取到琳琅满目的商品信息，并从中寻求需要的商品，满足自身对生产资料、生活资料、精神享受、权益保障等的各种需求。消费者通过电子商务物联网购物的过程是消费者各种需求得到满足的过程。

（1）生产资料需求

生产劳动是人类社会活动的重要部分。生产资料是人们劳动资料和劳动对象的总和，也是人类生产力发展和进步的物质条件。人们需要通过电子商务交易活动获取生产需要的物质资料来支撑其生产活动。便捷高效的商务交易活动能够为人们及时提供有效的生产资料，促进人类生产力的发展和进步。

（2）生活资料需求

人们想要更好地生活，首先表现为对物质的需求，生活资料是保障人们生活的物质基础，其供给直接影响到人们生活的质量。电子商务物联网能够为人们提供更丰富便捷的服务，满足人们的生活资料需求，使人们的生活质量得以提高。

（3）精神享受需求

随着人类社会的进步，人们的需求不再仅仅是对生产资料和生活资料的需求、满足基本的生存需要，而是更加注重服务方式带来的精神享受。相比实体商务，电子商务物联网以高效、便捷的优势获得人们的青睐，这得益于网络购物带给人们省时、省力、高效的精神享受，满足了人们日益增长的精神享受需求。

2. 消费者用户平台需求主导下的组网

消费者在自身生产资料需求、生活资料需求、精神享受需求的主导下，寻求能够同时满足自身各方面需求的利益相关方，共同组成业务网，为自身利益服务。

消费者要获取生产和生活资料，以及由此带来的精神享受，既需要符合自身利益的商户为其提供相应的商品，又需要相应的商务交易平台来实现网上购物带来的精神享受需求。除此之外，消费者要满足自身需求，还需要相应的互联网服务平台来输出自身意志和接收服务信息。消费者寻求相应的商务交易平台、商户和服务平台等各利益相关方，共同组成业务网。它们为消费者用户服务的同时，也为各利益相关方提供相应的商业利益，促使其更好地为消费者用户服务，消费者用户平台由此形成，如图 8-1 所示。

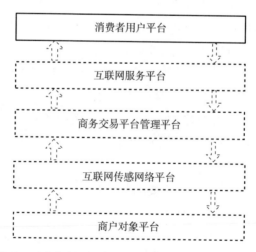

图 8-1　以消费者为用户的业务网消费者用户平台的形成

二、互联网服务平台的形成

1. 互联网服务网络运营商的需求

随着电子信息技术的普及和发展，互联网已成为最普遍的电子通信网络之一，互联网服务网络运营商作为商业主体，其需求促使互联网被应用到更多的领域，从而获取更大的经济利益。

2. 互联网服务平台需求驱动下的参网

消费者用户平台需要通过特定的网络平台来完成需求输出和服务输入。目前消费者主要是通过互联网获取商品信息和服务信息，并通过互联网服务平台提交订单信息完成下单控制信息的输出。

互联网网络运营商在参与消费者为用户的业务网的同时，也可以实现自身商业利益，越多的消费者使用互联网，越有利于互联网运营商商业利益的增长。互联网网络运营商的商业利益需求与消费者用户平台的主导性需求相匹配，是业务网中的一种参与性需求。

在消费者用户平台的主导和组织下，互联网网络运营商在其盈利需求的驱动下，在传统的互联网服务器上融入了社交功能，参与业务网的组网，成为互联网服务平台，如图 8-2 所示。消费者用户平台通过互联网服务平台进行服务信息的获取和控制信息的输出，并通过连接管理平台，发布消费者用户需求信息，对对象平台进行控制，使其为消费者用户提供更优质的服务，互联网服务平台由此形成。

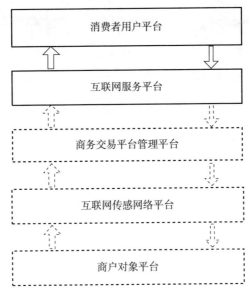

图 8-2 以消费者为用户的业务网互联网服务平台的形成

三、商务交易平台管理平台的形成

1. 商务交易平台运营商的需求

商务交易平台作为商业主体，为商户和消费者之间的商品交易提供网络平台，并对商务交易活动进行综合管理。与此同时，商务交易平台通过商户入驻、商品成交、平台自营的方式获取经济收益。为了获取更大的经济利益，商务交易平台通过全面掌握消费者的需求信息，积极寻求能够满足消费者需求的商户，促进二者在商务交易平台完成交易，在满足消费者用户需求的同时获取相应的经济利润。

（1）掌握更多消费者需求信息的需求

电子商务交易平台的消费者越多，电子商务交易平台获利的可能性越高。商务交易平台运营商通过查阅消费者的网上浏览记录等方式，获取消费者的兴趣、习惯、需求等信息，并通过各种营销手段，吸引更多的消费者，促使商品交易完成，从中获取更高的商业利益。

（2）扩大商户规模的需求

电子商务商户需要通过入驻电子商务交易平台实现商品的网络销售，电子商务交易平台通过对入驻的商户收取相应的管理费用，获取一定的经济利益，入驻的商户越多，电子商务交易平台获得的经济利益就越多。另外，入驻的商户越多，其提供的商品种类越丰富，供消费者选择的空间越大，商品交易成功率就越高，商务交易平台获取的经济利益也就越大。因此，商务交易平台运营商需要吸引尽可能多的商户入驻平台，以获取更多的经济收益。

2. 商务交易平台管理平台需求驱动下的参网

为更好地满足消费者用户平台的需求，消费者和商户之间的商务交易活动需要由统一的平台进行统筹安排和综合管理，为消费者用户提供有序、可靠、安全的购物环境，以及更直接、更全面的商户商品信息，满足消费者用户平台的需求。

商务交易平台运营商在其商业利益需求的驱动下，参与消费者用户平台的组网，形成业务网中的商务交易平台管理平台（见图8-3）。在物联网的实际运行过程中，商务交易平台管理平台为消费者用户寻求符合用户需求的商品，通过商品促销等营销手段吸引更多的商户入驻平台，为消费者提供更丰富的商品信息。在某些情况下，商务交易平台管理平台需要获取消费者用户的直接授权，以便在搜集到商户对象平台的信息时，对其进行集中分析和处理，经过准确筛选加密后，将最符合用户利益的方案传递至用户平台。这样的运作方式有利于减少消费者用户平台的操作环节，提升物联网运行效率，实现消费者用户平台利益最大化。

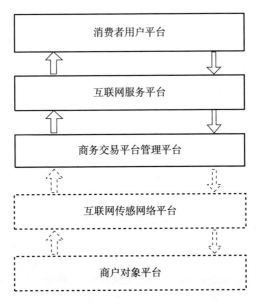

图8-3　以消费者为用户的业务网商务交易平台管理平台的形成

四、互联网传感网络平台的形成

1. 互联网传感网络运营商的需求

互联网传感网络是连接感知控制对象平台与商务交易平台管理平台的传输网络，互联网传感网络运营商作为商业主体，其需求是扩大商业规模、增大商业收益。

2. 互联网传感网络平台需求驱动下的参网

在消费者为用户的业务网中，电子商务交易平台管理平台只是对整个电子商务物联网进行综合管理，要为消费者用户提供具体的商品、服务，还需要相应的商户的参与。商户通过互联网传感网络服务终端登录电子商务交易平台展示其商品信息以及相应的营销信息，供消费者用户选择。对于传感网络平台运营商而言，参与电子商务物联网、与电子商务交易平台管理平台建立合作关系，会带来相应的经济收益，这是符合传感网络运营商的需求的。因此，传感网络运营商在自身经济利益驱动下，积极参与业务网的组网，成为商户和电子商务交易平台管理平台之间的桥梁，形成传感网络平台（见图 8-4），保证商户和商务交易平台管理平台之间传感通信，同时从中实现自身的参与性需求。

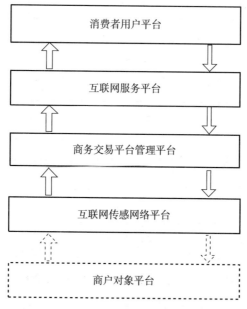

图 8-4　以消费者为用户的业务网互联网传感网络平台的形成

五、商户对象平台的形成

1. 商户的需求

商户作为销售商品的商业主体，其需求就是尽可能多地将自己的商品销售给消费者，最大限度地提高商品销售收益。为了实现这一需求，商户通常通过扩大商品市场、缩减经营成本、加大宣传力度、提高商品服务效率等来实现商品收益最大化。

（1）扩大商品市场的需求

在传统商务活动中，商户的商品通常通过实体店展示，导致商品信息展示范围受限、市场容量较小，制约了商品销量，商户需要将商品信息展示给更多的消费者，扩大商品市场，实现经营利润的最大化。

（2）缩减经营成本的需求

传统的实体经济需要实体店铺及设施投入、人力投入、库存投入及行政审批等相关的经营成本，这些成本会直接或间接地影响商户的经济利润，商户需要尽可能地降低这些经营成本，实现利润最大化。

（3）加大宣传力度的需求

在传统的实体商务活动中，商户的商品信息和营销信息只能展示给经过或进入店铺的消费者，不利于向更多消费者展示商品信息，宣传力度和宣传范围有限，商品销量和利润无法实现最大化。

（4）提高商品服务效率的需求

商户提供给消费者的不仅是商品，更是一种服务。在传统商务活动中，往往需要经过多级分销，才能将商品信息呈现给各地消费者。商品信息的逐级传输需要消耗大量时间，速度慢、效率低，制约了商品的销售效率。在实体商务经营中，消费者需要移步至商户的实体店才能购买到自己所需的商品，商品服务效率低下，影响商户的经济收益。商户需要尽可能地减少中间流程，将商品尽快销售到消费者手中，实现商品经营利润的最大化。

2. 商户对象平台需求驱动下的参网

在电子商务中，商户是交易的主体之一，通过销售商品获得相应的经济收益。在商务交易平台管理平台的主导下，商户出于提高商品销售收益的需求，参与以消费者为用户的业务网的组网，形成商户对象平台，如图8-5所示。商户对象平台通过互联网传感网络平台，将商品信息呈现在商务交易平台管理平台进行商品营销，在为消费者用户提供商品服务的同时，实现其获取商业利益的参与性需求。

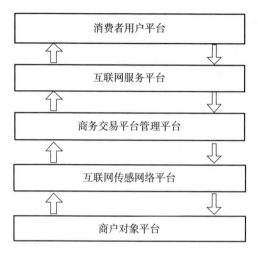

图 8-5　以消费者为用户的业务网商户对象平台的形成

六、以消费者为用户的业务网的整体形成

从消费者用户平台在自身需求主导下发起组网，到互联网服务平台、商务交易平台管理平台、互联网传感网络平台和商户对象平台在各自需求驱动下参与组网，各功能平台凭借各自需求的相互匹配与满足而有序组合，在整体上形成以消费者为用户的业务网，如图 8-6 所示。

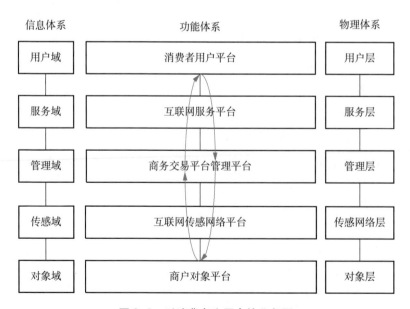

图 8-6　以消费者为用户的业务网

消费者为实现自身购物需求而参与业务网、保障自身各种合法权益，需成为业务网的用户，主导业务网的组网，并由商务交易平台和商户参与，分别作为管理平台和对象平台，形成以消费者用户需求为导向的、完全为实现消费者利益服务的业务网。商务交易平台管理平台综合统筹消费者的需求信息、控制信息和商户的商品信息、感知信息等，保障消费者在购物过程中充分享受便捷的体验和应有的权益保障。

但是由于商务交易平台和商户作为商业主体的本性决定其无法真正为消费者的利益考虑，业务网的服务方向最终会向商务交易平台和商户倾斜，而消费者作为用户的利益得不到应有的保障。

第二节　以消费者为用户的电子商务物联网的结构

一、业务网的结构

消费者为满足自身消费需求和保障合法权益，作为用户发起业务网的组网，商务交易平台和商户在自身参与性需求的驱动下参与业务网，承担管理平台和对象平台的功能，并通过互联网服务平台和互联网传感网络平台完成服务通信功能和传感通信功能，形成以消费者为用户的业务网（见图8-7），共同为消费者用户服务。

以消费者为用户的业务网结构包含功能体系、物理体系和信息体系，其中，功能体系由消费者用户平台、互联网服务平台、商务交易平台管理平台、互联网传感网络平台、商户对象平台组成。

消费者用户平台对应信息体系中的用户域和物理体系中的用户层，由用户域中消费者用户的感知信息与控制信息在用户层中消费者互联网终端的支撑下运行，实现消费者用户对整个业务网体系的主导。

互联网服务平台和互联网传感网络平台分别对应信息体系中的服务域、传感域和物理体系中的服务层、传感网络层，通过信息在物理实体上的运行，实现消费者用户和商务交易平台管理平台之间的服务通信，以及商务交易平台管理平台和商户对象平台之间的传感通信。

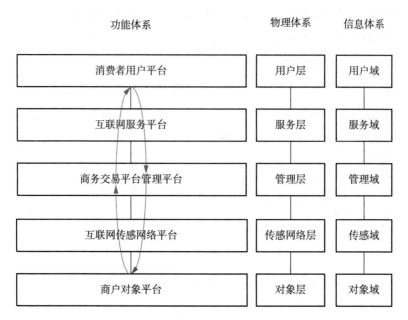

图8-7　以消费者为用户的业务网结构

商务交易平台管理平台对应信息体系中的管理域和物理体系中的管理层，由管理域中商务交易平台运营商感知管理与控制管理信息在管理层中商务交易平台管理服务器支撑下运行，实现对整个业务网体系的运营管理。

商户对象平台对应信息体系中的对象域和物理体系中的对象层，由对象域中商户对象感知与控制信息在对象层中商户互联网终端的支撑下运行，实现业务网商户信息的感知和对商户对象的控制功能。

二、监管网的结构

监管网是以人民用户平台为基础的复合物联网，其功能体系由人民用户平台、政府服务平台、政府管理平台、政府传感网络平台及所监管的对象平台组成，如图8-8所示。

监管网是将整个以消费者为用户的业务网作为对象平台，对其各个功能平台进行全面监管的物联网。在监管网中，以消费者为用户的业务网中的不同功能平台均为政府监管对象，形成监管网的不同对象分平台，各对象分平台在政府管理平台的监管下，开展各自的电子商务业务。此外，监管网的人民用户平台仍由人民大众组成，人民授权政府作为人民代表，充当管理平台

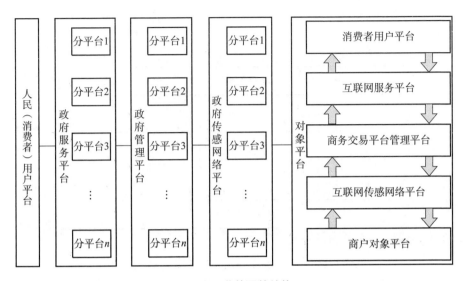

图 8-8 监管网的结构

对监管网进行统筹管理，维护人民大众的利益；政府服务平台由各政府服务
部门组成，为人民用户平台提供不同的服务；政府管理平台由各政府管理部
门组成，针对不同的电子商务交易活动，为人民用户平台提供不同的统筹管
理服务；政府传感网络平台居于政府管理平台与对象平台之间，为不同的政
府管理分平台与和相应对象分平台提供多种传感通信方式。

第三节 以消费者为用户的电子商务物联网的信息运行

一、业务网的信息运行

物联网的功能通过信息的运行来实现。根据以消费者为用户的业务网的
业务特点，其信息运行过程即消费者与商户达成商品和服务交易的过程，包
括商户商品营销—消费者下单信息运行过程和商户发货—消费者收货的信息
运行过程。

1. 商户商品营销—消费者下单信息运行过程

在以消费者为用户的业务网中，商户发布商品营销信息，消费者根据商

户的商品营销信息以及自身需求，选择符合自己需求的商品进行下单，其信息运行过程如图8-9所示。

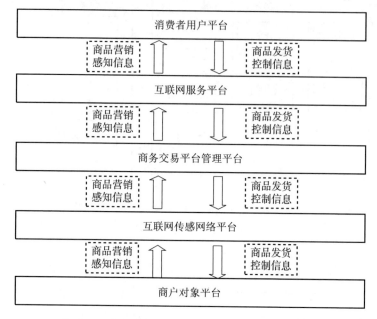

图8-9 商户商品营销—消费者下单信息运行过程

商户商品营销—消费者下单信息运行过程包括商户商品营销信息运行过程和消费者下单信息运行过程。商品营销的信息运行过程为：商户通过互联网传感网络平台将商品营销感知信息发布在电子商务交易平台管理平台，管理平台通过将商品营销感知信息展示给消费者用户，促使消费者通过互联网服务平台获取到商务交易平台管理平台的商品营销感知信息，并根据自己的实际需求和商品营销感知信息，选择符合自身需求的商品，下单并完成付款，生成已付订单信息（商品发货控制信息），再通过互联网服务平台将已付订单信息（商品发货控制信息）传输给商务交易平台管理平台，管理平台对已付订单信息（商品发货控制信息）进行综合处理后，通过互联网传感网络平台将已付订单信息（商品发货控制信息）传输给商户对象平台，完成商户商品营销—消费者下单信息运行过程。

2. 商户发货—消费者收货的信息运行过程

对象平台商户收到已付订单信息后，对消费者用户选择的商品进行发货

操作，生成发货感知信息（商品物流感知信息），并通过互联网传感网络平台
将发货感知信息（商品物流感知信息）传输至商务交易平台管理平台，消费
者用户通过互联网服务平台从商务交易平台管理平台获取到商户的发货感知
信息（商品物流感知信息），并在收到商品后做出确认收货的决定，生成确认
收货信息（付款控制信息），通过互联网服务平台传输至商务交易平台管理平
台，商务交易平台管理平台收到收货信息（付款控制信息）后，将消费者用
户的付款发给商户，并将付款控制信息通过互联网传感网络平台传输给商户，
完成商户发货—消费者收货的信息运行过程，如图 8-10 所示。

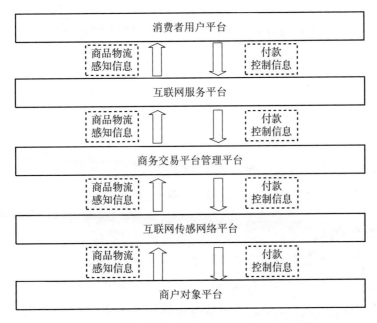

图 8-10　商户发货—消费者收货的信息运行过程

二、监管网的信息运行

监管网是由政府代表人民利益对业务网进行全面监管的物联网。

在监管网的运行中，人民用户平台通过政府服务平台、政府管理平台和
政府传感网络平台，分别与作为监管对象的业务网中消费者用户平台、互联
网服务平台、商务交易平台管理平台、互联网传感网络平台和商户对象平台
进行双向通信，形成相应的信息运行过程。

1. 监管消费者用户平台的信息运行过程

监管消费者用户平台的信息运行过程是政府监管网对业务网消费者用户平台的消费行为开展监督管理工作而形成的信息运行过程，如图 8-11 所示。

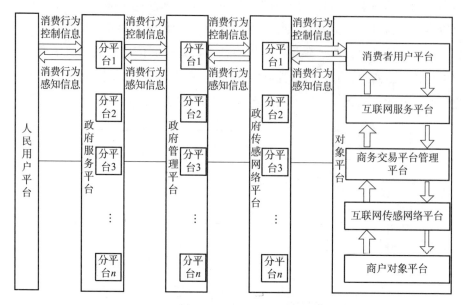

图 8-11　监管消费者用户平台的信息运行过程

监管消费者用户平台的信息运行过程包括消费者用户平台消费行为感知信息的运行过程和消费者用户平台消费行为控制信息的运行过程。

在业务网消费者用户平台消费行为感知信息的运行过程中，业务网消费者用户平台作为被监管对象，其消费行为信息以感知信息的形式经相应的政府传感网络分平台传输至对应的政府管理分平台。例如，各政府管理分平台可以通过对消费者在商务交易平台管理平台的注册信息、商品浏览痕迹、购物记录、信用等级、银行信息等消费行为信息进行监管，保护消费者用户在电子商务交易中的利益。

相应的政府管理分平台在对消费者用户平台消费行为感知信息进行处理后，通过相应的政府服务分平台，向人民用户平台传输监管对象平台中业务网消费者用户平台的消费行为信息，由此完成消费者用户平台消费行为感知信息的运行过程。

在业务网消费者用户平台消费行为控制信息的运行过程中，相应的政府管理分平台通常在人民用户平台的授权下，直接根据获取到的监管对象平台中业务网消费者用户平台的消费行为感知信息开展相应的控制管理工作。政府管理分平台生成业务网消费者用户平台消费行为控制信息，并通过相应的政府传感网络分平台向业务网消费者用户平台传达，业务网消费者用户平台再根据控制信息执行相应的消费行为。

2. 监管互联网服务平台的信息运行过程

监管互联网服务平台的信息运行过程是政府管理平台针对业务网互联网服务平台的服务通信运营行为开展监督管理工作而形成的信息运行过程，如图 8-12 所示。

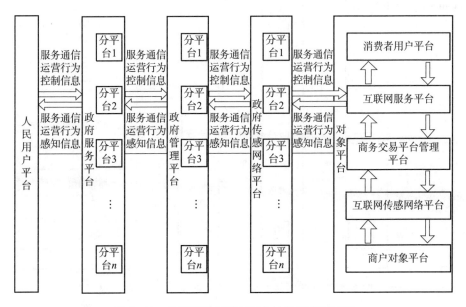

图 8-12　监管互联网服务平台的信息运行过程

监管互联网服务平台的信息运行过程包括业务网互联网服务平台服务通信运营行为感知信息的运行过程和业务网互联网服务平台服务通信运营行为控制信息的运行过程。

在业务网互联网服务平台服务通信运营行为感知信息的运行过程中，业务网互联网服务平台作为对象，其服务通信运营行为信息以感知信息的形式，依次经过政府传感网络分平台、政府管理分平台、政府服务分平台传输给人民用户平台，从而完成业务网互联网服务平台服务通信运营行为感知信息的运行过程。

在业务网互联网服务平台服务通信运营行为控制信息的运行过程中，由相应的政府管理分平台在人民用户平台的授权下，直接对业务网互联网服务平台进行控制管理，以保证互联网服务平台发挥可靠有效的服务通信功能。

3. 监管商务交易平台管理平台的信息运行过程

监管商务交易平台管理平台的信息运行过程是政府管理平台针对对象平台中业务网商务交易平台管理平台的统筹管理运营行为开展监督管理工作而形成的信息运行过程，如图 8-13 所示。

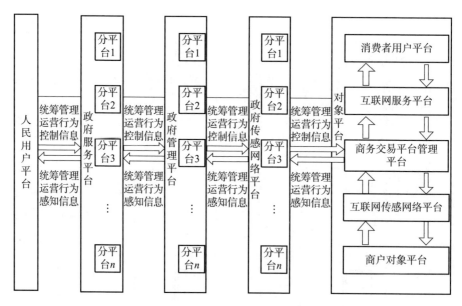

图 8-13　监管商务交易平台管理平台的信息运行过程

监管商务交易平台管理平台的信息运行过程包括业务网商务交易平台管理平台统筹管理运营行为感知信息的运行过程和业务网商务交易平台管理平台统筹管理运营行为控制信息的运行过程。

在业务网商务交易平台管理平台统筹管理运营行为感知信息的运行过程中，业务网商务交易平台管理平台作为监管对象，其统筹管理运营行为信息以感知信息的形式，通过相应的政府传感网络分平台、政府管理分平台、政府服务分平台传输给人民用户平台，从而完成业务网商务交易平台管理平台统筹管理运营行为感知信息的运行过程。

在业务网商务交易平台管理平台统筹管理运营行为控制信息的运行过程中，相应的政府管理分平台在人民用户平台的授权下，直接对业务网商务交易平台管理平台进行控制管理，保证商务交易平台的运营以人民大众的利益为首要目标。

4. 监管互联网传感网络平台的信息运行过程

监管互联网传感网络平台的信息运行过程是政府管理平台针对监管对象平台中业务网互联网传感网络平台的传感通信运营行为开展监督管理工作而形成的信息运行过程，如图 8-14 所示。

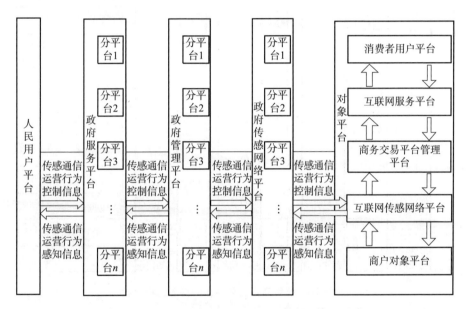

图 8-14　监管互联网传感网络平台的信息运行过程

监管互联网传感网络平台的信息运行过程包括业务网互联网传感网络平台传感通信运营行为感知信息的运行过程和业务网互联网传感网络平台传感通信运营行为控制信息的运行过程。

在业务网互联网传感网络平台传感通信运营行为感知信息的运行过程中，业务网互联网传感网络平台的传感通信运营行为感知信息通过相应的政府传感网络分平台、政府管理分平台、政府服务分平台传输给人民用户平台，从而完成业务网互联网传感网络平台传感通信运营行为感知信息的运行过程。

在业务网互联网传感网络平台传感通信运营行为控制信息的运行过程中，

相应的政府管理分平台在人民用户平台的授权下，直接对业务网互联网传感网络平台进行控制管理，保障互联网传感网络平台发挥有效、可靠的传感通信功能。

5. 监管商户对象平台的信息运行过程

监管商户对象平台的信息运行过程是政府管理平台针对监管对象平台中业务网商户对象平台的经营行为开展监督管理工作而形成的信息运行过程，如图 8-15 所示。

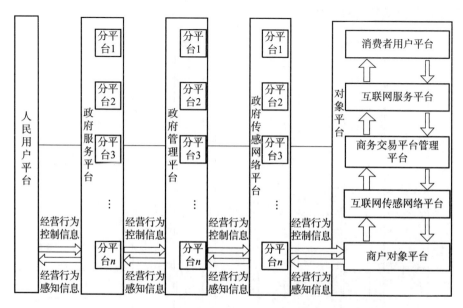

图 8-15　监管商户对象平台的信息运行过程

监管商户对象平台的信息运行过程包括业务网商户对象平台经营行为感知信息的运行过程，以及业务网商户对象平台经营行为控制信息的运行过程。

在业务网商户对象平台经营行为感知信息的运行过程中，商户对象平台经营行为信息以感知信息的形式，通过相应的政府传感网络分平台、政府管理分平台、政府服务分平台传输给人民用户平台，从而完成业务网商户对象平台经营行为感知信息的运行过程。

在业务网商户对象平台经营行为控制信息的运行过程中，相应的政府管理分平台在人民用户平台的授权下，直接对业务网商户对象平台的经营行为进行引导控制管理。商户是电子商务物联网中的交易主体之一，是电子商务物联网商品及服务感知信息的来源和消费者用户控制信息的执行者，政府监管网对业务网商户的监管效果直接影响整个业务网消费者用户和监管网人民用户利益的实现。

6. 监管网的信息整体运行过程

在监管网中，政府管理平台在对业务网中消费者用户平台、互联网服务平台、商务交易平台管理平台、互联网传感网络平台、商户对象平台进行监管的过程中，形成了信息的整体运行过程，如图 8-16 所示。

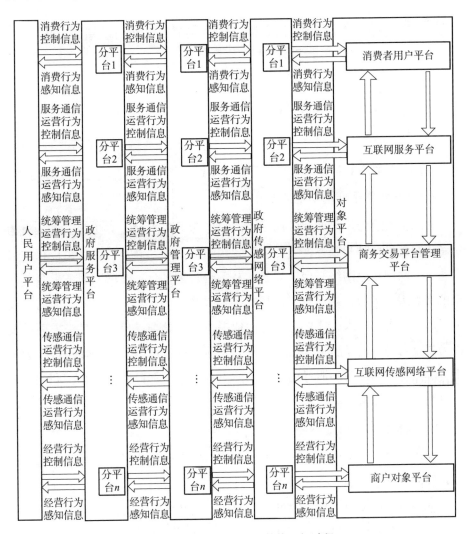

图 8-16 监管网的信息整体运行过程

在监管网的信息整体运行过程中，业务网被监管的各对象分平台与对应的政府传感网络分平台、政府管理分平台、政府服务分平台、人民用户平台形成不同的单体物联网信息运行闭环。这些不同的单体物联网信息运行闭环不仅以共同用户为节点，同时也可基于某一个或多个共同的分平台形成不同的节点。在这些节点的联结下，各信息闭环的信息运行过程构成监管网信息整体运行过程。

第四节 以消费者为用户的电子商务物联网的功能表现

一、业务网的功能表现

以消费者为用户的业务网中，商户对象平台、商务交易平台管理平台、消费者用户平台在物联网运行中形成各自不同的功能表现。

1. 商户对象平台的功能表现

在以消费者为用户的业务网中，商户作为对象平台，其功能主要是为消费者用户提供商品和服务，满足消费者用户的需求。商户的商品销售感知信息通过互联网传感网络平台、商务交易平台管理平台、互联网服务平台传输至消费者用户平台，供消费者选择购买。因此，商户对象平台一方面需要充分了解消费者的需求，才能有针对性地提供全面的商品信息；另一方面需要极力提高自身的商品质量和服务水平，才能更好地服务消费者用户。在为消费者提供优质的商品和服务的同时，商户也从中获取到相应的经济利润，满足自身参与性需求。

2. 商务交易平台管理平台的功能表现

在以消费者为用户的业务网中，商务交易平台管理平台是协调和统筹整个物联网信息运行的综合管理平台，对各功能平台的信息进行综合处理，以维持整个业务网有效、稳定、可靠地运行，全面保障业务网为消费者用户提供服务的服务质量和服务效率。

商户发出的商品营销信息和消费者发出的商品需求信息集中在商务交易

平台管理平台被综合处理。商务交易平台管理平台将对象平台各商户发布的商品促销信息进行分类、筛选、排序等综合分析处理，再根据消费者的浏览记录，获取消费者的购物需求信息，有针对性地为消费者用户提供满足其需求的商品信息，对消费者用户实施精准服务，提高消费者用户的购物体验。

商务交易平台运营商在参与以消费者为用户的业务网的过程中，通过扩大商品的种类、范围、数量等，增强对入驻商户的经营信息、商品信息、服务信息等信息的管理，提高对消费者用户的服务质量，吸引更多的消费者在平台购物消费，从而带动更多的商户入驻，使平台商品交易量大幅提升，从中获取更多的商业利润，满足自身参与性需求。

3. 消费者用户平台的功能表现

在以消费者为用户的业务网中，消费者作为用户，其需求是通过业务网满足自身的物质需求或服务需求。消费者通过手机 APP、电脑终端等方式登录电子商务交易平台管理平台，选择自己心仪的商品，由商务交易平台管理平台控制商户对象平台，为消费者用户提供商品，使消费者足不出户即可得到需要的商品和服务。

以消费者为用户的业务网中，商户和商务交易平台管理平台作为该业务网的参与主体，共同为消费者用户服务，其利益分配以消费者的利益为重，在充分满足消费者需求的前提下，实现商户和商务交易平台自身的参与性需求。

二、监管网的功能表现

监管网是以人民为用户，由政府管理平台对业务网的不同功能平台进行统筹监管，为人民用户提供服务的功能体系。

1. 人民用户平台的功能表现

人民作为监管网的用户，主导整个监管网的形成，其需求是对生存发展基本权利和美好生活的追求。通过监管网的运行，人民的需求可得到满足，相应的权益可得到保障。

2. 政府服务平台的功能表现

政府服务平台是连接人民用户平台和政府管理平台的功能平台，人民用户平台通过政府服务平台进行需求输出，政府管理平台通过政府服务平台向人民用户提供感知控制服务。

3. 政府管理平台的功能表现

政府管理平台是对整个监管物联网进行全面统筹管理的功能平台，为人民用户平台需求的实现提供统筹管理服务，满足人民用户平台的需求，实现人民意志，保障人民权益。

4. 政府传感网络平台的功能表现

政府传感网络平台是连接政府管理平台与对象平台，实现两者信息交互的功能平台。政府传感网络平台通过传感网络，将监管对象的感知信息传输至政府管理平台，并将政府管理平台的监管指令传输给相应的监管对象平台，实现政府对对象的管控。

5. 对象平台的功能表现

政府监管物联网中的对象平台是以消费者为用户的业务网整体。以消费者为用户的业务网中的各功能平台，分别作为监管网中的对象分平台，在监管网的运行中展现出相应的功能。

（1）业务网消费者用户平台作为监管网对象平台的功能表现

以消费者为用户的业务网中，消费者作为用户，其需求是在其作为消费者的合法权益得到应有保障的前提下，享受物联网购物的便捷体验。广大消费者的集合即人民大众，广大消费者的利益即人民大众的利益，因此，业务网消费者用户和监管网人民用户的利益是一致的，业务网消费者即作为消费者角色的人民。当业务网中消费者用户平台作为监管网对象平台时，业务网消费者的消费行为感知信息被上传至监管网政府管理平台，由政府对业务网消费者的消费行为进行监管，并依据人民用户的利益对业务网消费者进行控制，如图8-17所示。

业务网消费者作为监管网对象平台，其消费行为与监管网人民用户的利益一致，这从根本上有利于监管网和业务网的利益一致化。因此，业务网中的消费者用户积极参与监管网，能够更好地服务人民用户，使监管网可以真正发挥监管作用，提高监管效率，同时也可有效保障业务网消费者用户的合法权益，形成良性循环，业务网和监管网相辅相成，有效、稳定地运行，有

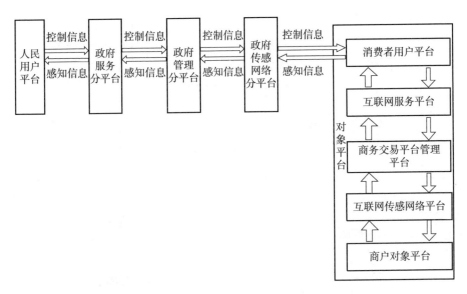

图 8-17　业务网消费者用户平台为监管网对象平台

利于社会和谐稳定发展。

（2）业务网商务交易平台管理平台作为监管网对象平台的功能表现

在以消费者为用户的电子商务物联网中，商务交易平台管理平台是为实现消费者用户的利益，对整个业务物联网进行综合管理的平台。业务网商务交易平台管理平台作为物联网监管对象时，通过政府传感网络平台向政府管理平台提供自身统筹管理运营行为感知信息和业务网的商务交易综合信息，并执行政府管理平台下发的控制信息，以实现政府对商务交易平台的全面监管，如图 8-18 所示。

政府监管网对业务网的监管效率越高，人民用户的利益能越好地实现，越有利于社会的稳定和谐，不正当竞争的生存空间越小，越有利于各种商业主体的稳定经营和健康发展。因此，商务交易平台管理平台作为商业主体，出于长期利益考虑，会积极参与政府监管网，促进政府对业务网的全面有效监管，从而使得业务网消费者用户的利益得到有力保障，消费者对商务交易平台的信任度和支持度有所提高，商务交易平台管理平台作为商业主体的品牌影响力增大，经济收益有所提高。业务网商务交易平台管理平台积极参与政府监管网，有利于人民用户权益的保障及社会和谐稳定发展，可以为商务交易平台管理平台的经营发展提供有利条件，形成良性循环。

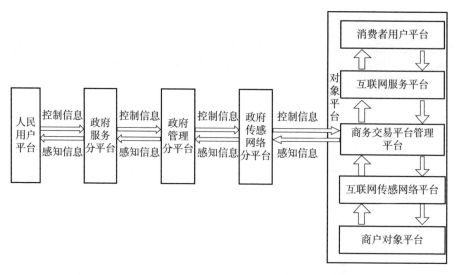

图 8-18　业务网商务交易平台管理平台为监管网对象平台

（3）业务网商户对象平台作为监管网对象平台的功能表现

业务网商户对象平台是为消费者用户提供商品和服务的功能平台，当其作为监管网的对象平台时，通过政府传感网络平台向政府管理平台传输经营感知信息，并执行政府管理平台传输的控制信息，实现政府管理平台代表人民用户对商户对象平台商务行为的全面监管，如图 8-19 所示。

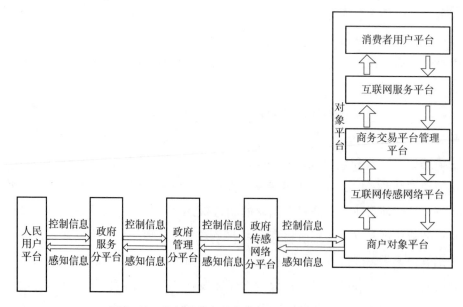

图 8-19　业务网商户对象平台为监管网对象平台

　　商户作为商业主体，出于自身长期利益考虑，会积极参与政府监管网，向政府管理平台提供全面、真实、有效的经营信息，并积极落实执行政府管理平台发送的控制指令，真正实现政府监管。政府监管网的有效监管会为商户提供健康的行业竞争环境，有利于商户的长期、稳定经营发展，从而使其在业务网中更好地服务消费者用户，在监管网中更好地服务人民用户，形成良性循环。

　　消费者是作为消费者角色的公民组成的群体，是人民的一分子。在以消费者为用户的电子商务物联网中，电子商务交易平台和商户均将消费者的需求作为主导性需求、将自身的经济利益作为参与性需求，如此，作为用户的消费者（即消费者人民）的需求能够被充分满足。在监管网中，消费者、电子商务交易平台、商户作为监管网的对象平台时均积极参与政府监管，使得监管网的监管效率提高，人民用户的需求被充分满足。政府监管网的宗旨是为人民服务，包括消费者人民，因此，只有以消费者为用户的业务网和政府监管物联网的服务对象具有一致性，以消费者为用户的业务网才能真正实现消费者的利益最大化，政府监管物联网才能真正发挥监督管理作用。

第九章

以资本拥有者为用户的电子
商务物联网和以人民为
用户的电子商务物联网

　　电子商务只是一种经营方式和手段，电子商务交易平台运营商利用电子信息代码进行商务交易，通过网络寻找买主实现商品营销，因此，运营商必须将商务交易的流通资本运作电子化，在商务交易活动管理上实现信息化，从而整合资源，提升商品流通的效率和水平。电子商务物联网可从资本运作的角度，区别划分主导者，形成以资本拥有者为主导产生的物联网和以人民为主导产生的物联网，即以资本拥有者为用户的电子商务物联网和以人民为用户的电子商务物联网。

第一节　以资本拥有者为用户的电子商务物联网

　　以资本拥有者为用户的电子商务物联网是指在以资本拥有者为用户的商务物联网的基础上，将资本运营与电子商务进行整合，把增大资本拥有者的企业经营利润作为商品流通的目的。以资本拥有者为用户的电子商务物联网交易平台运营商通过网络投入商业资本，获取消费者信息，并在其后续经营中获得和扩大市场渠道，建立商务交易平台、商户与消费者三者之间的关联关系，为商户和消费者创造出具有吸引力的交易环境，从而掌握商品交易的主动权。因此，在以资本拥有者为用户的电子商务物联网中，商务交易平台所投入的商业资本不仅发挥着扩大商品流通的作用，还能够建立以商务交易平台为中心的电子商务物联网体系，主导电子商务运作模式，满足商务交易平台运营商的利益需求。

一、以资本拥有者为用户的电子商务物联网中的用户平台

　　物联网中的需求由用户平台、服务平台、管理平台、传感网络平台和对

象平台各自不同的需求构成，其中用户平台的需求是主导性需求，其他平台的需求是参与性需求。在以资本拥有者为用户的电子商务物联网中，电子商务是推动资本运营的一种方式。资本拥有者进行资本运营的目的在于提高其自身的资源配置能力和企业运作能力，满足其企业资本保值、增值以及扩张的需求。因此，在由资本拥有者建立的电子商务物联网中，资本拥有者始终处于用户平台，主导其电子商务物联网的运行，其需求为主导性需求。

1. 产业资本拥有者主导下的电子商务物联网

在以资本拥有者为用户的电子商务物联网建立初期，由从事产品生产与销售的产业资本拥有者和产品经销商主导，并依托专门从事商品流通的商业资本拥有者所建立的网络商务交易平台进行商品营销信息管理，成为资本主义电子商务物联网中的商户用户平台。网络商务交易平台运营商由专门从事商品流通的商业资本家转化而来，利用互联网媒介控制着商品和服务的线上贸易流通。互联网大数据技术的支撑，使得商务交易平台管理平台可以追踪和梳理消费者的消费行为，根据消费者的订单反馈，与消费者直接互动，实时调整经营策略，为资本主义电子商务物联网中用户平台的商户提供有效的商品交易和营销服务，从而实现商务交易平台运营商从中赚取管理利润的需求，满足其在该物联网中的参与性需求。

在资本主义电子商务物联网建立初期，对象平台由消费者构成。对象平台消费者依赖商务交易平台的信息管理和互联网传感网络平台的信息传递来获取商品交易信息，参与资本主义电子商务物联网，满足自身购物的参与性需求。

电子商务物联网是在互联网技术发展的基础上建立的，互联网运营商通过建立通信设备和网络之间电子信息代码的流转来支撑电子商务交易平台的运作，为实现用户平台的主导性需求服务，消费者对象也可通过互联网，主动接入电子商务交易平台，实现消费需求。在用户平台商户的主导下，互联网运营商承担着用户平台、商务交易平台、对象平台之间的信息通信功能，通过满足资本主义电子商务物联网的用户平台利益诉求来实现自身的利益。

2. 商业资本拥有者主导下的电子商务物联网

用户平台的商户与商务交易平台管理平台的运营商，一为产业资本拥有者及经销商，一为商业资本拥有者，二者同属资产阶级范畴，具有相关联的利益需求，并在以资本拥有者为用户的电子商务物联网中合作，实现对对象平台的控制和管理，获取各自的利润。在以资本拥有者为用户的电子商务物联网中，商务交易平台管理平台运营商能够通过互联网直接获得消费者的需求信息；用户平台商户则更多地依赖于商务交易平台运营商的信息回馈，间接获取消费者信息。

在以资本拥有者为用户的电子商务物联网发展过程中，产业资本拥有者和经销商为了加速资本流通、扩大经营规模、提高销售利润，会更大程度地将产品营销权交付商务交易平台运营商，商务交易平台运营商的商业资本因而得以发展增加，用户平台商户也越来越依赖商务交易平台管理平台的管理和运作。商务交易平台能够通过网络，纵向获取整个以资本拥有者为用户的电子商务物联网中的信息，用户平台与对象平台之间的联系均由商务交易平台管理。商务交易平台运营商依托互联网进行大数据整合，拥有的信息资源愈加丰富，在以资本拥有者为用户的电子商务物联网中发挥的作用逐渐增强，形成了独立的商业资本运作模式。

商务交易平台运营商发挥的作用越来越大，逐步控制以资本拥有者为用户的电子商务物联网的运行。原本主导电子商务物联网运行的产业资本拥有者和经销商用户平台必须选择与商务交易平台合作，才能开发更多的消费者群体，提高自身的销售利润。因此，产业资本拥有者和商业资本拥有者合力主导，建立了双用户平台的电子商务物联网。商业资本在该物联网中是不可取代的，其既保有商务交易平台管理平台的核心地位，又是该电子商务物联网中的用户平台，能够优先主导该物联网的运行。随着以资本拥有者为用户的电子商务物联网发展越来越快，商务交易平台的重要性就越发明显，商业资本拥有者开始逐渐取代产业资本拥有者而占据绝对主导地位，形成以商业资本拥有者为用户的电子商务物联网。

商业资本拥有者和产业资本拥有者的主导地位在与彼此的博弈中此消彼长，且二者为了吸引更多消费者，会为消费者提供一定的购物便利，将消费者设为用户，为其提供服务，以便维护和扩大自身利益。由此，以资本拥有者为用户的电子商务物联网事实上存在着三种不同的结构，即以商业资本拥有者、产业资本拥有者和消费者为三用户的结构，以商业资本拥有者和消费者为双用户的结构，以及以产业资本拥有者和消费者为双用户的结构。但是无论何种结构，其主导用户均是商业资本拥有者和产业资本拥有者，二者获取的利益均源自消费者对象平台，并为其自身的资本积累服务，均表现出以资本拥有者为用户的电子商务特征。

二、以资本拥有者为用户的电子商务物联网中的管理平台

在以资本拥有者为用户的电子商务物联网中，始终处于管理平台的是商务交易平台。商务交易平台依靠互联网独立运作的商业资本，获得商户和消费者的数据信息，联通资本拥有者用户平台和消费者对象平台，为用户平台扩展销售对象，满足用户平台的需求，从而获取用户平台分配的利益资源，实现自身参与电子商务物联网的需求。

商务交易平台运营商要在以资本拥有者为用户的电子商务物联网中实现其利益需求，需要资本拥有者来进行主导，而其自身又属于独立经营的商业资本，能够利用相应的互联网社会资源，与产业资本发生联系、建立合作关系、开发和整合消费者资源，确保资本可在电子商务物联网的不同环节中发挥相应的作用，共同实现以资本拥有者为用户的电子商务物联网的有效运行。因此，以资本拥有者为用户的电子商务物联网运行的核心是商务交易平台的搭建及其管理功能的实现。

商务交易平台由商业资本拥有者运营，在其管理运营下的电子商务物联网与传统商务模式相似，最大的作用在于市场的开拓，以求获得更多消费者的青睐。鉴于此，在商务交易平台商业资本与商户产业资本的整合过程中，以资本拥有者为用户的电子商务物联网会把获取资本利润作为首要出发点，并通过网络进行信息交流，协调用户和对象之间的利益关系，构建用户平台和对象平台之间的行为活动模式，监控消费者对象平台的行为，优先满足资本拥有者用户平台的需求，进而获得用户平台的肯定和认可，赚取商务交易平台的管理利润。将用户平台的利益与自身利益相结合，利用互联网和电子商务技术来推动资本运营，探寻消费者需求进行产品营销，从消费者对象平台处获取利益，是以资本拥有者为用户的电子商务物联网中商务交易平台的管理功能。

三、以资本拥有者为用户的电子商务物联网中的对象平台

在以资本拥有者为用户的电子商务物联网中，资本拥有者的资本增值源

自消费者发生的购买行为，其用户平台和管理平台的利益需求需要通过消费者对象平台来实现。在网络环境影响下，商务交易平台的营销方式不再将产品和服务本身作为唯一重点，而是转变为完善宣传营销策略，尽力搜集消费者信息，引导和迎合消费者的理念和需求，进而最大限度地达到获取商业利润的目的。消费者资源作为商务交易平台的盈利资本，实现了用户平台和商务交易平台的需求，为用户平台提供服务。

消费者参与以资本拥有者为用户的电子商务物联网，其目的在于便利、快捷地获取商品。对于消费者而言，商务交易平台的网络页面提供给他们的是购物"工具"，消费者在进行网络消费时，必须利用该"工具"，才能实现自身需求。因此，在以资本拥有者为用户的电子商务物联网中，消费者对象平台的消费行为必须接受商务交易平台管理平台的管理，受资本拥有者用户平台的控制。

消费者对象平台参与以资本拥有者为用户的电子商务物联网，其出发点在于实现自身的消费需求，这种消费需求包含消费者自身所需和外部环境对其引导产生的需求，抑或由内外两方面因素的共同作用而产生的需求。消费者的消费需求一方面基于消费者实际生产生活的需要，另一方面却是在消费者参与网络消费时，在获取商务交易平台提供的营销信息的基础上创造出来的。在以资本拥有者为用户的电子商务物联网中，商务交易平台管理平台可根据消费者的商品搜索信息和过去的消费经验信息，有针对性地进行商业广告宣传，制定能够提升消费者购买意愿的营销策略，影响和推动消费者做出购买决策，实现用户平台的商品销售。

第二节　以人民为用户的电子商务物联网

现代市场经济体系的主体部门一为消费者，二为企业，两者之间的关系反映出市场供需配比的关系。电子商务作为新兴的互联网产业，在带动消费升级、拉动经济增长方面的作用逐渐凸显，消费者需求在市场经济发展中的作用也越发重要。电子商务作为一种市场手段，依托实体产业转型，通过互联网掌握市场经济发展信息，企业需要按照消费者的需求调整生产结构，从而实现资本利益和效用的最大化。消费者在以资本拥有者为用户的电子商务物联网中的从属地位由此发生改变，能够发起电子商务物联网的组网，主导建立以消费者为用户的电子商务物联网。在商务活动中，人民用户平台主导消费，人民用户平台中的个体就成为消费者。

以人民为用户的电子商务物联网优先保障和服务人民用户平台的利益，电子商务物联网中产业资本和商业资本的运作需以人民的需求为导向，其产品质量、营销服务和售后体系也更有保障。人民作为该电子商务物联网中的用户平台，主导电子商务交易行为的进行，其在购买商品和接受服务时不以盈利为目的，其进行商品交换的目的主要为享有商品的使用价值、满足自身的生活需要。因此，该电子商务物联网中商品的生产和销售均旨在满足人民的需求，从事商品生产的劳动者以自身需求为导向进行生产劳动，商品和服务交换产生的价值由广大人民共有，资本的运作也以服务广大人民的需求为指向，是以人民为主导的电子商务物联网。

一、以人民为用户的电子商务物联网中的用户平台

在以人民为用户的电子商务物联网中，人民的需求为主导性需求，决定着该电子商务物联网的运行和发展。人民的购买价值、口碑价值、交易价值等能够为参与该电子商务物联网的其他平台创造出一个可持续发展的经营环境，并为其带来相应的利润。

人民用户平台利用快速发展的互联网技术，营造了一种自主的网络交易环境，其商务交易活动的诉求能够在网络环境中匹配到市场供给，缩小生产者、市场营销者和消费者之间的距离，满足和扩展自身的消费需求。在消费者用户平台主导下组建的社会主义电子商务物联网，能够为消费者提供广泛的市场供需信息服务，使市场竞争者之间的价格等产品信息透明化，消费者因此可以经常性、大范围地快速比较商品性价比；还能激发产业资本和商业资本的活力，促使其制定符合消费者需求的营销策略，在市场竞争中争取到更多消费者的青睐。

电子商务物联网中的信息沟通是双向沟通，用户平台和对象平台之间可以实现即时双向互动。社会主义电子商务物联网中的广大消费者处于用户平

台的位置，与监管网中的用户平台的人民群体一致，因此，监管网中的政府管理平台能够接收到消费者传输的商品交易信息，并对社会主义电子商务物联网进行有效监督。消费者可以在政府相关部门的管理保障下，及时向商品生产商和营销平台提出建议，主动参与产品的开发、研究和改进，制约生产者和销售者的经营行为，主导社会主义电子商务物联网的运行；也使从事商品生产和营销的企业由于市场不确定因素的减少而能更好地把握市场的需求，为消费者提供稳定、完善的服务，保证消费者用户平台利益需求的实现。

二、以人民为用户的电子商务物联网中的管理平台

以人民为用户的电子商务物联网克服了以资本拥有者为用户的电子商务物联网为资本利益服务的局限性，使人民能够主导电子商务物联网的运行，直接获得电子商务带来的利益。商务交易平台作为买卖双方进行网上交易活动的渠道，在以人民为用户的电子商务物联网中为人民寻找合适的商户对象平台，二者共同为用户平台提供服务，获取人民给予的产品费用和服务费用，实现参与电子商务物联网的需求。

按照物联网和市场运行的规律，电子商务物联网各平台的参与者以实现自身利益为目标，希望利益相关方告知相关信息并采取行动，从而提升自身的价值，实现自身利益需求。商务交易平台管理平台在参与以人民为用户的电子商务物联网时，负责向人民展示具体的商品交易信息，并管理物联网中各类信息的运行，从而获取源自人民的营销利润。在以人民为用户的电子商务物联网中，商务交易平台能够直接获取来自人民用户的需求信息，统计、整理和分析人民大众的共同需求和个体需求，有效地控制对象平台商户的产品销售行为，为人民量身定制符合其消费需求的产品，减轻人民负担，从而提高商品生产和流通的效率，降低自身的营销和管理成本。

在以人民为用户的电子商务物联网中，商务交易平台作为管理平台，需要执行用户平台发出的消费需求控制指令，才能获取相应利润，满足自身的参与性需求。监管网中的政府管理平台在人民用户的主导下，为维护人民用户的权益而服务，同时，人民作为消费者，接受政府管理平台提供的服务。伴随着电子商务行业的繁荣，人民的利益需求更加多样，因而在以人民为用户的电子商务物联网中，商务交易平台管理平台在为人民用户提供服务时，

也需作为对象平台参与监管网的组网，接受政府相关部门对其运营行为的管理和监督，以便更好地服务于人民大众的具体消费需求，实现平台的长远发展。

三、以人民为用户的电子商务物联网中的对象平台

以人民为用户的电子商务物联网中的资本是在人民的主导下运行的，能否满足人民的需求就决定了资本能否增值、商户能否盈利和获得发展。为此，商户对象平台必须以人民的需求为导向，适应人民需求的变化，形成商务经营的整体最优策略，综合考虑自身、商务交易平台和人民等各方面的利益，充分感知和把握人民的消费取向，抓住市场机遇，这样才能在电子商务交易活动中获利，实现自身的参与性需求。

在传统电子商务中，商户一直把销售产品和服务作为中心需求，减少销售成本和完善生产过程等行为均是为了促进资本增值、最大限度地获取商业利润。消费者在这样的营销理念下，被动接受商户所销售的产品和服务。在以人民为用户的电子商务物联网中，商户作为对象平台，以服务作为用户平台的人民为宗旨，从人民的角度感知市场和产品价值，以人民的需求为出发点，解决产品和服务的营销问题；同时能够认真地根据人民的购买导向，按照人民的意愿进行产品优化升级，从而获取人民的认可，实现商品销售，获得销售利润。

以人民为用户的电子商务物联网之下的市场交易活动，不仅在于满足人民的购物需求，还在于为人民提供安全、公平、合法的市场交易环境。商户对象平台在参与以人民为用户的电子商务物联网的组网时，必须接受监管网的监督管理，为人民提供完善的销售和售后服务，充分保障人民的合法权益并遵守国家和政府的法律法规，保证其自身的经营行为合法有序、符合市场经济的发展要求和人民的利益。

参考文献

［1］邵泽华 . 物联网——站在世界之外看世界［M］. 北京：人民大学出版社，2017.

［2］刘文典 . 庄子补正［M］. 北京：中华书局，2015.

［3］杨伯峻 . 论语译注［M］. 北京：中华书局，2009.

［4］黎翔凤 . 管子校注［M］. 北京：中华书局，2004.

［5］（宋）朱熹 . 四书章句集注［M］. 北京：中华书局，2003.

［6］［美］路易斯·亨利·摩尔根 . 古代社会［M］. 杨东莼，张栗原，冯汉骥，译 . 北京：商务印书馆，1977.

［7］［法］卢梭 . 社会契约论［M］. 何兆武，译 . 北京：商务印书馆，2003.

［8］［德］恩格斯 . 自然辩证法［M］. 中共中央编译局，编译 . 北京：人民出版社，1971.

［9］［德］马克思 . 资本论［M］. 中共中央编译局，编译 . 北京：人民出版社，1975.

［10］［苏联］列宁 . 哲学笔记［M］. 中共中央编译局，编译 . 北京：人民出版社，1974.

［11］［苏联］列宁 . 俄国资本主义的发展［M］. 曹葆华，译 . 北京：人民出版社，1957.

跋

物联网在商业方面的应用，使人们了解了商品交换关系。消费者、生产者、销售者是一个共同存在的整体，打破了原有封闭的经济状态，进而产生了各方自发的市场交易活动，形成了商务物联网运行体系。

电子商务物联网是物联网在商务领域的一次新型交易方式的应用，将传统的商务流程电子化、数字化，减少了大量的人力物力成本，能够突破时空限制，使商品生产者、销售者和消费者的交流更为便捷，提高了商务交易效率，使市场资源配置更加合理，成为推动商业发展的可靠助力。

消费者的需求是由作为生活资料的商品来满足的，商品本身的价值是由生产劳动者在生产过程中赋予的，除生产资料成本以外，还凝结着人类的劳动价值，商品来源于人类的生产活动，最终服务于人类的生产生活需求。因此，在电子商务物联网中，每个消费者都应该作为用户平台而存在，成为商品和服务的享受者。

随着电子商务物联网的不断发展，市场环境、政策支持、监管约束等将不断趋于规范和完善，消费者、商户、商务交易平台、互联网运营商参与电子商务的程度也将进一步加深。消费者需求更加具体多样，在消费者的需求主导下，商户、商务交易平台将从技术和制度上致力于保证消费者的合法权益，共同建立一个以消费者为用户的电子商务物联网，为消费者提供服务，维护人民群体当家作主的合法权利。

本书思想以《江城子·商务平台》一词诠释：

江城子·商务平台

三皇五帝也洪荒。

夏周藏，也济商。

越地归秦，吕氏助秦皇。

商佐帝王千载去，

资全国，满西洋。

电通商务网升级。

任飞翔，自成双。

商户平台，都在为谁忙？

今日中华民做主，

商商道，向何方？